Jörg Stoffels

Der elektronische Minimarkttest

Jörg Stoffels

Der elektronische Minimarkttest

Springer Fachmedien Wiesbaden GmbH

CIP-Titelaufnahme der Deutschen Bibliothek

Stoffels, Jörg:
Der elektronische Minimarkttest
Jörg Stoffels. – Wiesbaden : Dt. Univ.-Verl., 1989
Zugl.: Erlangen, Nürnberg, Univ., Diss., 1988

n 2

Der Deutsche Universitäts-Verlag ist ein Unternehmen der Verlagsgruppe Bertelsmann.

ISBN 978-3-8244-0018-8 ISBN 978-3-663-14651-3 (eBook)
DOI 10.1007/978-3-663-14651-3

Inhaltsverzeichnis

Seite

Abbildungsverzeichnis 10

Abkürzungsverzeichnis 12

EINFÜHRUNG 13

HAUPTTEIL 16

A. Begriffliche Grundlagen und Abgrenzungen 16

I. Testmarktforschung 16
1. Bedeutung der Testmarktforschung 16
2. Verfahren der Testmarktforschung 19
2.1. Regionaler Markttest 19
2.1.1. Charakterisierung 19
2.1.2. Schwächen 20
2.2. Testmarktersatzverfahren 24
2.2.1. Testmarktsimulation 24
2.2.2. Minimarkttest 26

II. Elektronischer Minimarkttest 27
1. Begriffsbestimmung 27
2. Methodenelemente 28
2.1. Experiment 29
2.2. Panel 30
2.3. Beobachtung 31
2.4. Befragung 32
3. Einsatz im Prozeß der Neuproduktentwicklung 33

B. Der Aufbau elektronischer Minimarkttests 37

I. Testgebiete 38
1. Größe 38
2. Strukturanforderungen 40
2.1. Repräsentanz 40
2.1.1. Bevölkerungsstruktur 40
2.1.2. Allgemeine Wirtschafts- und Beschäftigungsstruktur 41
2.1.3. Wettbewerbsverhältnisse 41
2.1.4. Handelsstruktur 42
2.1.5. Mediastruktur 43

2.2. Isolation ... 44
2.2.1. Einkaufsverhalten der Konsumenten ... 45
2.2.2. Medienreichweite ... 46
3. Erforderliche Anzahl von Testgebieten ... 47

II. Test-Haushalte ... 49
1. Größe der Stichprobe ... 49
2. Erfüllung der wesentlichen Repräsentanzkriterien ... 52
3. Auswahlverfahren ... 53
4. Motivation zur Teilnahme ... 57

III. Testgeschäfte ... 59
1. Technische Voraussetzungen ... 60
2. Erforderliche Handelsleistungen ... 65
3. Gegenleistungen für die Teilnahmebereitschaft des Handels ... 66

IV. Der Einsatz von Testwerbung ... 68
1. Printmedien ... 69
2. Elektronische Medien ... 71
2.1. Technische Voraussetzungen ... 72
2.2. Rechtliche Voraussetzungen ... 77

C. Planung und Durchführung von Marktexperimenten im Rahmen eines elektronischen Minimarkttests ... 81

I. Bestimmung des Testobjektes ... 81
1. Eignung der verschiedenen Warengattungen ... 81
2. Eignung nach dem Neuheitsgrad ... 84

II. Formulierung der Testziele ... 85
1. Prognose der Marktchancen neuer oder geänderter Produkte ... 86
2. Überprüfung der Wirkung einzelner Marketing-Mix-Komponenten ... 87
2.1. Produktpolitik ... 87
2.2. Kommunikationspolitik ... 88
2.3. Preispolitik ... 91
2.4. Distributionspolitik ... 93

III. Zeitliche Planung ... 93
1. Zeitpunkt des Beginns ... 93
2. Dauer des Marktexperimentes ... 94

IV. Experimentelle Rahmenbedingungen 97
1. Repräsentanz der Haushalts-Stichprobe 97
2. Simulation des Marketing-Mix 98
3. Kontrolle von Störfaktoren 99
3.1. Mögliche Störfaktoren 100
3.1.1. Testmarktexterne Störgrößen 100
3.1.2. Testmarktinterne Störgrößen 101
3.2. Maßnahmen zur Kontrolle der Störfaktoren 106
3.2.1. Laufende Beobachtung 106
3.2.2. Splitting 107

V. Testergebnisse 111
1. Ergebnisse des Handels-Panels 112
1.1. Standardanalysen 113
1.2. Sonderanalysen 113
2. Ergebnisse des Haushalts-Panels 115
2.1. Standardanalysen 117
2.2. Sonderanalysen 118
3. Ergebnisse von zusätzlichen Handels- und Verbraucherbefragungen 128

VI. Hochrechnung auf den Gesamtmarkt 129
1. Dimensionen der Hochrechnung 130
1.1. Prognose 130
1.2. Projektion 134
2. Ergebniskorrektur 135

D. Der praktische Einsatz von elektronischen Minimarkttests in der Bundesrepublik Deutschland 139

I. Vorläufer 139
1. Attwood's "Minimarkt" 139
2. IVE's "Pre-Test-Markt" 140
3. "GfK-ERIM-Panel" 141

II. Gegenwärtige Systeme 143
1. "GfK-BehaviorScan" 143
1.1. Entwicklung 143
1.2. Testanlage 145
2. Nielsen's "Telerim" 149
2.1. Entwicklung 149
2.2. Testanlage 150

3. Vergleich beider Systeme ... 153
3.1. Testgebiete ... 153
3.1.1. Repräsentanz ... 153
3.1.2. Isolation ... 153
3.2. Testsamples ... 156
3.2.1. Handels-Panel ... 156
3.2.2. Haushalts-Panel ... 158
3.3. Testmöglichkeiten ... 162
3.4. Kontrolle von Störfaktoren ... 163
3.5. Bisherige Testergebnisse ... 166

E. Minimarkttest versus Testmarktsimulation: Eine vergleichende Analyse ... 171

I. Grundlagen der Testmarktsimulation ... 171
1. Charakterisierung ... 171
1.1. Wesensbestimmende Merkmale ... 171
1.2. Einordnung der Testmarktsimulation in die Modelle der Nachfrageprognose ... 172
1.3. Ziele der Testmarktsimulation ... 174
1.4. Durchführungsvoraussetzungen ... 175
2. Grundstruktur der Testmarktsimulation ... 176
2.1. Anwerbung der Testpersonen ... 177
2.2. Durchführung der Simulation ... 177
2.2.1. Studiobefragung ... 177
2.2.2. Home-Use-Test ... 179
2.2.3. Nachbefragung ... 179
2.3. Hochrechnung der Ergebnisse auf den Gesamtmarkt ... 180
2.3.1. Kauf-/Wiederkaufmodell ... 181
2.3.2. Präferenzmodell ... 183
2.3.3. Einstellungsmodell ... 186
2.3.4. Brand/Price Trade-off-Modell ... 187
3. Gegenüberstellung ausgewählter Testmarktsimulatoren ... 188

II. Bewertung von Minimarkttest und Testmarktsimulation anhand relevanter Beurteilungsdimensionen ... 191
1. Gütekriterien für Untersuchungsmethoden der empirischen Sozialforschung ... 192
1.1. Objektivität ... 192
1.2. Reliabilität ... 194

1.3. Validität 195
1.3.1. Interne Validität 196
1.3.2. Externe Validität 197
2. Spezielle Kriterien zur Bewertung von Verfahren der Testmarktforschung 200
2.1. Einsatzmöglichkeiten 200
2.2. Flexibilität der Untersuchungsanlage 200
2.3. Umfang und Erklärungsbeitrag der Testergebnisse 201
2.4. Geheimhaltung 203
2.5. Zeitbedarf 204
2.6. Kosten 204

ZUSAMMENFASSENDE SCHLUSSBETRACHTUNG 206

Literaturverzeichnis 209

Abbildungsverzeichnis

Seite

Abb. 1: Einsatz konsumentenorientierter Testverfahren im Prozeß der Neuproduktentwicklung 34

Abb. 2: Stichprobenproblematik im Rahmen von elektronischen Minimarkttests am Beispiel eines Werbedrucktests 51

Abb. 3: Repräsentanzproblematik bei der Ziehung von Stichproben 54

Abb. 4: EAN- bzw. UPC-Penetration bei Lebensmitteln in ausgewählten Ländern 61

Abb. 5: Scannerinstallationen in ausgewählten EAN/UPC-Ländern 63

Abb. 6: Das "Targetable TV"-System 74

Abb. 7: Umsetzertechnik zur Einspeisung von Testwerbespots 75

Abb. 8: Das "ERIM-Testsight"-System 76

Abb. 9: Die Warentypologie von Knoblich 82

Abb. 10: Vergleich von Scannerdaten auf Wochenbasis mit traditionellen Monats- bzw. Zweimonatsdaten 92

Abb. 11: Prognosegenauigkeit von Testergebnissen in Abhängigkeit von der Testdauer 95

Abb. 12: Kombinierter Einsatz der Randomisierung und der "Matched Groups"-Technik am Beispiel des Cola-Marktes 110

Abb. 13: Absatzweg des Testproduktes und wichtige Erhebungsinstrumente im elektronischen Minimarkttest 111

Abb. 14: Auswirkungen verschiedener Promotions-Maßnahmen auf den Abverkauf eines Produktes (in Indexpunkten) 114

Abb. 15: Vergleich zweier Marken anhand der Kriterien "Bekanntheit", "Erstkauf" und "Wiederkauf" 116

Abb. 16: Standardauswertungen innerhalb des Haushalts-Panels eines elektronischen Minimarkttests 118

Abb. 17: Einkaufsmenge in Abhängigkeit von der Einkaufshäufigkeit eines Produktes 121

Abb. 18:	Innenmatrix einer Gain and Loss-Analyse	125
Abb. 19:	Werbedrucktest am Beispiel eines Relaunches aus der Warengruppe Waschmittel	127
Abb. 20:	Ermittlung des Grenzwertes der Käuferpenetration	132
Abb. 21:	Ermittlung des Grenzwertes der Bedarfsdeckung	133
Abb. 22:	Projektionstechniken im Rahmen elektronischer Minimarkttests	135
Abb. 23:	Testanlage des "GfK-BehaviorScan"	148
Abb. 24:	Strukturmerkmale der "Telerim"-Märkte Bad Kreuznach, Reutlingen und Buxtehude	151
Abb. 25:	Erfassung der Abverkäufe von Testprodukten mit Hilfe traditioneller Kassensysteme am Beispiel des "GfK-BehaviorScan"	157
Abb. 26:	Bildung von "künstlichen" Preisdifferenzen bei Testprodukten	158
Abb. 27:	Identifikationskarten der Test-Haushalte	160
Abb. 28:	Bildung von Test- und Kontrollgruppe bei "Telerim" und "GfK-BehaviorScan"	165
Abb. 29:	Warengruppen, in denen von Nielsen und/oder der GfK bereits elektronische Minimarkttests durchgeführt wurden	167
Abb. 30:	Testziele von Marktexperimenten in Nielsen's "Telerim" und "GfK-BehaviorScan"	168
Abb. 31:	Minitestmarkt- und spätere Gesamtmarktversion der Packung des Schokoriegels "Canyon"	169
Abb. 32:	Strukturierung von Modellen der Nachfrageprognose	173
Abb. 33:	Untersuchungsanlage der Labortestmärkte Designor, Sensor und Tesi	190

Abkürzungsverzeichnis

AA	Advertising Age
asw	Absatzwirtschaft
CCG	Centrale für Coorganisation, Köln
DBW	Die Betriebswirtschaft
EAN	Europäische Artikelnumerierung
ESOMAR	European Society for Opinion and Marketing Research, Amsterdam/Holland
FfH	Forschungsstelle für den Handel, Berlin
G&I	G&I Forschungsgemeinschaft für Marketing, Nürnberg
GfK	Gesellschaft für Konsum-, Markt- und Absatzforschung e.V., Nürnberg
GRP	Gross Rating Point
HBR	Harvard Business Review
I&A	Interview und Analyse
IRI	Information Resources, Inc., Chicago/USA
IVE	Institut für Verbrauchs- und Einkaufsforschung GmbH, Hamburg
JdAV	Jahrbuch der Absatz- und Verbrauchsforschung
JoAR	Journal of Advertising Research
JoM	Journal of Marketing
JoMR	Journal of Marketing Research
LEH	Lebensmitteleinzelhandel
LZ	Lebensmittel-Zeitung
MA	Markenartikel
MIT	Massachusetts Institute of Technology
MN	Marketing News
P&A	Planung und Analyse
PoS	Point of Sale
SAMI	Selling Areas-Marketing, Inc., New York/USA
S&MM	Sales and Marketing Management
UPC	Universal Product Code
WiSt	Wirtschaftswissenschaftliches Studium
WiWo	Wirtschaftswoche
ZAW	Zentralausschuß der Werbewirtschaft e.V., Bonn
ZfB	Zeitschrift für Betriebswirtschaft

EINFÜHRUNG

Untersuchungen des Marktforschungs-Instituts "Burke International" zufolge ist im Bereich der kurzlebigen Konsumgüter der Gewinnanteil neuer Produkte am Gesamtgewinn der Unternehmen weltweit von 16 Prozent in der Periode 1976 - 1981 auf 24 Prozent in der Periode 1981 - 1986 angewachsen.[1] Aus diesem Anstieg wird ersichtlich, welch extrem wichtige Rolle die Entwicklung von Neuprodukten mittlerweile bei der langfristigen Wachstumssicherung von Unternehmen spielt. Jede Neueinführung birgt gleichzeitig aber das Risiko hoher Fehlinvestitionen, da die Chancen neuer Produkte, sich auf Dauer im Markt durchzusetzen, angesichts verschärfter Wettbewerbsbedingungen auf Hersteller- und Handelsseite nach wie vor relativ gering sind.

Als weiteres Problemfeld erweist sich in vielen Unternehmen die Höhe der Budgets für kommunikationspolitische Aktivitäten. So gaben etwa im Jahre 1987 die zehn größten Werbungstreibenden in der Bundesrepublik Deutschland alleine 550 Millionen DM nur für Fernsehwerbung aus.[2] Die häufig zitierte Äußerung, daß "... die Hälfte dieser Gelder zum Fenster hinausgeworfen sei, man wisse nur nicht, welche Hälfte ...", stimmt insbesondere dann nachdenklich, wenn man sich die immer noch bestehende Diskrepanz zwischen den Kommmunikationsetats und den für Werbeforschung bereitgestellten Mitteln vor Augen führt.[3]

Besondere Bedeutung kommt in diesem Zusammenhang den Verfahren der Testmarktforschung (regionaler Markttest, Minimarkttest und Testmarktsimulation) zu. Einerseits lassen sich diese Verfahren nämlich quasi als "Generalprobe" vor einer geplanten nationalen Produkteinführung heranziehen, andererseits bieten sie aber auch die Möglichkeit, das letztendlich entscheidende Ziel der Werbung, die Steigerung des Abverkaufs der beworbenen Produkte, mit Hilfe experimenteller Versuchsanordnungen zu überprüfen. Den jüngsten Methodenfortschritt auf diesem Gebiet stellt jedoch der Ende der siebziger Jahre in den USA entwickelte sogenannte "elektronische Minimarkttest" dar.

Es handelt sich dabei um ein kombiniertes Verbraucher- und Handels-Panel, das die möglichst vollständige Erfassung des Einkaufsverhaltens einer repräsentativ ausgewählten Haushalts-Stichprobe eines regional stark begrenzten Gebietes (i.d.R. eine kleine bis mittelgroße Stadt) in den relevanten Einkaufsstätten mit Hilfe elektronischer Kassensysteme gewährleisten soll. Daneben erlaubt eine Reihe technischer Systemkomponenten

---

1 Vgl. Lulay, W.: BASES - Ein valides Absatzprognosesystem für innovative Produkte, Sortimentserweiterungen und Neupositionierungen, in: Holm, K.-F. (Hrsg.): Produktforschung - Primär- und Sekundärforschung und ihre Rolle bei der Produktentwicklung und -positionierung, Hamburg 1987, S. 10 f.

2 Vgl. Hillebrand, W.: Auf Goldrausch programmiert, in: Manager Magazin, 18. Jg., Heft 5, 1988, S. 171.

3 Auszugehen ist hier etwa von einer Relation von 100 : 2. Vgl. z.B. Heller, E.: Die Relevanz der praxisrelevanten Forschungsergebnisse, in: P&A, 11. Jg., Heft 5, 1984, S. 222.

die gezielte Versorgung der Panel-Haushalte mit Testwerbung (incl. TV). Damit kann über die am PoS gemessenen Einkäufe eine Bewertung der Effizienz von marketing- und kommunikationspolitischen Maßnahmen anhand des finalen Kaufverhaltens vorgenommen werden.

Obwohl elektronische Minimarkttests in der Praxis - und hier vor allem in den USA - bereits eine beachtliche Verbreitung gefunden haben, ist ihnen dennoch weder im angloamerikanischen noch im deutschsprachigen Schrifttum bislang eine entsprechende Würdigung zuteil geworden. Zu den wenigen Ausnahmen zählen Veröffentlichungen der diversen Anbieter dieses Instruments, die allerdings zum Großteil eher den Charakter von (positiv gefärbten) Selbstdarstellungen besitzen. Ausschlaggebend für dieses Manko an wissenschaftlich fundierten Publikationen mögen primär zwei Gründe sein: Zum einen befinden sich diese Verfahren - zumindest hier in der Bundesrepublik - erst seit relativ kurzer Zeit im praktischen Einsatz, zum anderen werden sie oft fälschlicherweise lediglich als verkleinerte regionale Markttests angesehen. Verkannt wird bei einer solchen Betrachtungsweise aber, daß durch die Integration der verschiedenen "Hi-Tech"-Bausteine das Spektrum der Anwendungs- und Analysemöglichkeiten im Vergleich zu traditionellen Instrumenten erheblich erweitert sowie der Einfluß potentieller Störfaktoren beträchtlich reduziert werden konnte.

Diese "Literaturlücke" zu schließen, soll Gegenstand der vorliegenden Arbeit sein. Die Zielsetzung besteht dabei vornehmlich darin, die Bedeutung elektronischer Minimarkttests einerseits für Entscheidungen im Rahmen des Entwicklungsprozesses von Neuprodukten und andererseits für Wirkungsüberprüfungen von Marketing-Mix-Faktoren im Konsumgütersektor aufzuzeigen. Neben einer detaillierten Analyse der Struktur des Instruments erfordert dies nicht zuletzt auch eine Erörterung seiner Nutzungsmöglichkeiten und -grenzen für Marktexperimente. Weitere Schwerpunkte der Arbeit bilden eine vergleichende Bewertung der beiden hierzulande bereits im Einsatz befindlichen Minimarkttest-Systeme sowie - quasi auf übergeordneter Ebene - eine Gegenüberstellung mit alternativen Verfahren der Testmarktforschung. Gegliedert ist die Untersuchung hierzu in insgesamt fünf Hauptabschnitte:

Aufgabe des Kapitels A ist es, dem Leser einen Überblick über die der Arbeit zugrundeliegenden Begriffe "Testmarktforschung" und "elektronischer Minimarkttest" zu verschaffen. Ausgehend von der Bedeutung der Testmarktforschung werden zunächst die wichtigsten Vertreter dieser Gattung von Verfahren charakterisiert. Besondere Beachtung gilt dabei den Schwächen des regionalen Markttests, die ja letztlich den entscheidenden Anstoß für die Entwicklung der Testmarktersatzverfahren gegeben haben. Im weiteren steht dann der elektronische Minimarkttest im Mittelpunkt der Betrachtung. Nach einer Begriffsbestimmung werden die vier methodischen "Säulen" dieses Instruments erläutert und seine generellen Einsatzmöglichkeiten im Prozeß der Neuproduktentwicklung aufgezeigt.

Der Aufbau bzw. die Installation eines elektronischen Minimarkttests - als Gegenstand des Kapitels B - erfordert die Einhaltung bestimmter elementarer (Rahmen)-Bedingungen, die im Hinblick auf eine sinnvolle Anwendung des Verfahrens gewährleistet sein müssen. Neben den Kriterien, die bei der Auswahl geeigneter Testgebiete und Test-Haushalte zu beachten sind, wird insbesondere auch das Problem der Einbindung des Handels angesprochen, ohne den das Konzept eines elektronischen Minimarkttests ja effektiv nicht realisierbar wäre. Den Abschluß bilden die technischen und rechtlichen Voraussetzungen für den Einsatz von Testwerbung speziell in elektronischen Medien.

Die Bedeutung von elektronischen Minimarkttests resultiert nicht zuletzt aus der Möglichkeit, Marktexperimente unter weitgehend natürlichen, aber dennoch kontrollierten Bedingungen durchführen zu können. Die in diesem Zusammenhang zu beachtenden Planungs- und Ablaufschritte sind Thema des Kapitels C. Behandelt werden zunächst die vor der eigentlichen Durchführung des Experiments erforderliche Bestimmung von Testobjekt und Testziel(en) sowie die Festlegung der zeitlichen Dimension. Darauf folgt als nächster wichtiger Punkt die Überwachung der experimentellen Rahmenbedingungen, auf die beim elektronischen Minimarkttest ein besonderes Augenmerk zu richten ist. Aufgezeigt werden hier zum einen die vielfältigen potentiellen Störfaktoren sowie zum anderen die Maßnahmen, die zu ihrer Kontrolle ergriffen werden können. Die Darstellung der wichtigsten, innerhalb eines elektronischen Minimarkttests durchführbaren Standard- und Sonderanalysen sowie die Vorgehensweise bei der Hochrechnung der Testergebnisse auf die Gesamtmarktebene schließen das Kapitel ab.

Aufbauend auf die eher theoretischen Erörterungen der ersten drei Abschnitte erfolgt im Kapitel D nach einem kurzen "historischen" Abriß eine detaillierte Analyse der gegenwärtig in der Bundesrepublik Deutschland installierten elektronischen Minimarkttests ("GfK-BehaviorScan" und Nielsen's "Telerim"), um dem Leser einen Einblick in den gegenwärtigen Entwicklungsstand der Minimarkttest-Forschung zu vermitteln. Beide Testsysteme werden darüber hinaus einem kritischen Vergleich bezüglich relevanter Beurteilungsdimensionen unterzogen, der insbesondere die derzeit noch bestehenden Problemfelder offenlegen soll.

Als wichtigste Konkurrenten des elektronischen Minimarkttests gelten innerhalb der Testmarktersatzverfahren die sogenannten Testmarktsimulatoren oder Labortestmärkte. Im abschließenden Kapitel E wird deshalb nach einer Darlegung der Struktur und Funktionsweise dieser Modelle eine Gegenüberstellung von elektronischem Minimarkttest und Testmarktsimulation anhand eines differenzierten Kriterienkatalogs vorgenommen, um die Stärken und Schwächen der beiden Instrumente herauszuarbeiten. Besonderes Gewicht soll hierbei auf eine anwenderorientierte Betrachtungsweise gelegt werden.

HAUPTTEIL

A. Begriffliche Grundlagen und Abgrenzungen

I. Testmarktforschung

1. Bedeutung der Testmarktforschung

Die Testmarktforschung stellt ein Teilgebiet der Marktforschung dar.[1] Abgeleitet wird dieser Begriff aus dem anglo-amerikanischen "test marketing", über dessen Inhalt sich verschiedene Auffassungen gegenüberstehen. Ein Teil der Autoren subsumiert darunter sämtliche Tests, die ein Produkt auf dem Weg von der Feststellung der produktionstechnischen Realisierbarkeit der Idee über die Markteinführung bis hin zum Ende des Produktlebenszyklus begleiten können.[2] Andere beziehen den Begriff lediglich auf regionale Markttests, d.h. die feldexperimentelle Überprüfung von Marketing-Mix-Elementen auf einem geographisch abgegrenzten Gebiet, um daraus Erkenntnisse für den geplanten Einsatz auf dem Gesamtmarkt zu gewinnen.[3]

Beiden Auffassungen soll hier jedoch nicht gefolgt werden: Einerseits führt eine zu weite Fassung des Begriffes dazu, daß letztendlich alle Testverfahren der Marktforschung eingeschlossen sind, und damit die u.E. spezifischen Charakteristika der Testmarktforschung verwässert würden. Eine ausschließliche Beschränkung auf regionale Markttests erscheint andererseits ebenfalls nicht sinnvoll, weil bestimmte andere Testanlagen ein annähernd identisches Leistungsspektrum aufweisen, die gleichen Aufgaben wahrnehmen können und daher auch ein und derselben Verfahrenskategorie zugeordnet werden sollten.

Testmarktforschung umfaßt nach unserem Verständnis deshalb neben dem regionalen Markttest noch die sogenannten Testmarktersatzverfahren, die in der Literatur üblicherweise in Testmarktsimulation (Labortestmärkte) und Minimarkttests unterteilt werden.[4] Diese drei experimentellen Verfahren bilden im Prozeß der Neuproduktentwicklung i.d.R. die letzte Stufe vor der eigentlichen Markteinführung und werden daher als deren Generalprobe betrachtet. Zum Einsatz kommen dabei sämtliche oder zumindest die wesentlichen Komponenten des Marketing-Mix, d.h. die bei vielen Tests übliche

---

1 Zur Abgrenzung der Begriffe Marktforschung, Marketingforschung und Absatzforschung vgl. z.B. Nieschlag, R./ Dichtl, E./ Hörschgen, H.: Marketing, 14. Aufl., Berlin 1985, S. 601 f.

2 Vgl. z.B. Stern, H.: Testmarketing sichert den Vorsprung im Markt, in: Marktkommunikation, 2. Jg., Heft 7, 1971, S. 9; Fröba, H.W.: Der Markttest als Informationsinstrument für den Einsatz der absatzpolitischen Instrumente, Diss. Würzburg 1980, S. 33.

3 Vgl. z.B. Kinnear, T.C./ Taylor, J.R.: Marketing research - An applied approach, 2nd ed., New York u.a. 1983, S. 609 f.; Pessemier, E.A.: Product management - Strategy and organization, 2nd ed., New York u.a. 1982, S. 462 f.

4 Vgl. Rehorn, J.: Labortestmarkt und Minitestmarkt - Alternativen zum Prüfen von Marktchancen, in: asw, 20. Jg., Heft 9, 1977, S. 51 ff.

Analyse der isolierten Wirkung einzelner absatzpolitischer Instrumente wird aufgegeben.[5]

Im Zentrum der Testmarktforschung steht zunächst die Erfassung realer oder simulierter Kaufverhaltensdaten (insbesondere Erst- und Wiederkaufsraten) auf Individual- oder Haushaltsebene.[6] Die Prognose des zukünftigen Markterfolges auf der Basis dieser Daten, z.B. in Form von Absatzvolumen oder Marktanteil, stellt die zweite wichtige Zielsetzung dieser Gruppe von Verfahren dar.

Die Bedeutung der Testmarktforschung beruht insgesamt auf mehreren Faktoren: Auf den meisten Märkten, insbesondere denen der Konsumgüter, hat sich in den letzten Jahren sowohl auf Hersteller- als auch auf Handelsebene der Wettbewerb erheblich verschärft. Parallel dazu ist eine permanente Verkürzung der Produktlebenszyklen zu beobachten. Aus dieser Situation heraus besteht speziell für die Konsumgüterindustrie der ständige Zwang, innovative Produktkonzeptionen zu entwickeln. Einen deutlichen Ausdruck findet dieser Sachverhalt bspw. darin, daß die Zahl von Neuprodukten, die Jahr für Jahr in die Regale des Lebensmittelhandels drängen, in der Bundesrepublik Deutschland trotz gewisser Schwankungen relativ kontinuierlich steigt.[7] Es werden somit immer mehr Neuheiten in immer kürzeren Zeitabständen auf den Markt gebracht.

Die Einführung eines neuen Produktes stellt zudem für ein Unternehmen mittlerweile eine der risikoreichsten Investitionen dar. Alleine die Kosten einer nationalen Einführungskampagne belaufen sich nicht selten auf zweistellige Millionenbeträge.[8] Ein potentieller Fehlschlag birgt jedoch nicht nur die Gefahr hoher finanzieller Verluste, sondern auch schwerwiegender Imageeinbußen bei Handel und Verbraucher.

Der Handel steht der Neuheitenflut inzwischen äußerst zurückhaltend gegenüber, da zum einen die Hersteller für ihre neuen Produkte besondere Unterstützungsleistungen wie etwa Sonderplazierungen erwarten, und zum anderen wegen der knappen Regalflä-

---

5 Man denke bspw. an Preistests, Packungstests, Werbepretests, etc. Ergebnisse von Einzeltests geben im allgemeinen nur in unzureichendem Maße darüber Aufschluß, wie die Instrumente bei kombiniertem Einsatz wirken. Vgl. Rehorn, J.: So testen sie die neuen Produkte, in: asw, 21. Jg., Sonderheft 10, 1978, S. 104.

6 Aufgrund dieses Kriteriums gehört u.E. der Storetest nicht zu den Verfahren der Testmarktforschung, da mit diesem Instrument lediglich globale Abverkaufszahlen und nicht das Verhalten einzelner Personen bzw. Haushalte erfaßt werden können. Vgl. dazu Huppert, E.: Der Testmarkt und drei Alternativen, in: Marketing Journal, 10. Jg., Heft 6, 1977, S. 608.

7 Nach Angaben der Lebensmittel-Zeitung stieg die Zahl der in den bundesdeutschen Lebensmittelhandel eingeführten Neuprodukte von rund 750 im Jahre 1970 auf über 1.600 im Jahre 1987.

8 Eine Übersicht über die Kosten verschiedener Einführungskampagnen für neue Produkte aus den Jahren 1982 bis 1984 gibt Sebastian. Vgl. Sebastian, K.-H.: Werbewirkungsanalysen für neue Produkte, Wiesbaden 1985, S. 7.
Kotler taxiert die Kosten, die allein für die Entwicklung eines einzigen erfolgreichen Produktes aufgewendet werden müssen, in den USA auf etwa 14 Mio. Dollar. Vgl. Kotler, P.: Marketing management: Analysis, planning and control, 5th ed., Englewood Cliffs (N.J.) 1984, S. 313 f.

chen und der begrenzten Sortimente die Aufnahme eines neuen Artikels de facto die Auslistung eines anderen nach sich ziehen muß.[9] Zudem erweist sich ein relativ hoher Anteil aller Neuheiten trotz teilweise aufwendiger Einführungskampagnen nach wie vor als Mißerfolg.[10]

Vor diesem Hintergrund und um das Risiko eines Flops zu minimieren fordern der Handel und speziell die Industrie von der Marktforschung Instrumente, die dazu beitragen sollen, die Marktchancen eines Neuproduktes bereits im Vorfeld seiner nationalen Einführung verläßlich zu prognostizieren. Benötigt wird somit ein Bündel von Verfahren, die für die einzelnen Stufen von der ersten Idee bis hin zum marktreifen Produkt Entscheidungshilfen bieten, ob eine Konzeption weiterzuverfolgen ist oder nicht, da jeder Schritt in Richtung nationale Einführung eine überproportionale Zunahme der Kosten mit sich bringt.[11]

Die Instrumente der Testmarktforschung, die - wie bereits oben erwähnt - an der letzten Stufe des Produktentwicklungsprozesses ansetzen, besitzen die größte prognostische Relevanz für einen zukünftigen Markterfolg, da sie im Gegensatz zu den vorgelagerten Verfahren (z.B. Konzept- oder Produkttests) konkrete Kaufverhaltensdaten einbeziehen und dadurch ein hohes Maß an Marktnähe aufweisen.[12] Die Entscheidung pro oder kontra Gesamtmarkteinführung wird in vielen Fällen nicht zuletzt auf der Grundlage ihrer Ergebnisse gefällt.

Es wäre jedoch vermessen, die Anwendung eines ausgefeilten Methodenarsenales und positive Testresultate als sichere Garanten eines späteren Markterfolges anzusehen.[13] Faktoren wie Konkurrenzreaktionen oder das Verhalten des Handels, die das Schicksal

---

9 Vgl. Pfeiffer, S.: Die Akzeptanz von Neuprodukten im Handel: eine empirische Untersuchung zum Innovationsverhalten des Lebensmittelhandels, Band 14 der Schriftenreihe Unternehmensführung und Marketing, Hrsg.: Meffert, H./ Steffenhagen, H./ Freter, H., Wiesbaden 1981, S. 29 f.
Silverman verweist zusätzlich darauf, daß die Listung neuer Artikel oftmals nur zu Umsatzumschichtungen innerhalb der Handelssortimente führt, d.h. keine effektiven Mehrverkäufe bringt, sondern z.T. sogar noch die Spannen schmälert. Vgl. Silverman, B.: Why new products fail - The retail dimension, in: Admap, Vol. 21, No. 6, June 1985, S. 338 ff.

10 Die Höhe der sog. "Floprate" variiert in der Literatur aufgrund unterschiedlicher Meßkonzepte in beträchtlichem Maße und liegt je nach Autor zwischen 33 und 85 %. Umfassende und fundierte internationale Studien wurden von Booz, Allen & Hamilton sowie von Burke International Research durchgeführt. Vgl. Rodocanachi, P.A.: The successful management of new products in the 1980's, Proceedings of the ESOMAR seminar on new product development, Athen 1983, S. 1 ff.; Lin, L.Y.S.: Tangible and intangible reasons for new product failure, Proceedings of the 38th ESOMAR Congress, General sessions, Wiesbaden 1985, S. 243 ff.

11 Vgl. Kotler, P.: Marketing management: Analysis, planning and control, a.a.O., S. 316.

12 Vgl. Nylen, D.W.: New product failures: Not just a marketing problem, in: Business, Vol. 29, No. 5, 1979, S. 3.

13 Vgl. Mesdag, M. v.: Who wants new ideas?, in: Marketing, Vol. 24, No. 9, 1986, S. 45.

eines Produktes ganz entscheidend beeinflussen, entziehen sich nach wie vor weitgehend einer verläßlichen Prognose.[14]

2. Verfahren der Testmarktforschung

2.1. Regionaler Markttest

2.1.1. Charakterisierung

Im Bereich der Testmarktforschung hat der regionale Markttest bis heute die größte Verbreitung gefunden[15], da er sowohl das umfassendste als auch das realitätsnaheste Instrument zur Überprüfung der Marktchancen von Produkten ist.[16]

Es handelt sich dabei um den probeweisen Absatz von Erzeugnissen im Rahmen eines Feldexperimentes, das in einem regional begrenzten Teilgebiet des Gesamtmarktes unter weitgehend kontrollierten Bedingungen durchgeführt wird. Dieses Teilgebiet unterliegt bestimmten Repräsentanzanforderungen, d.h. es sollte in seiner Bevölkerungs-, Handels-, Konkurrenz- und Mediastruktur typisch für den Gesamtmarkt sein - ein Anspruch, dem allerdings die wenigsten Testmärkte[17] gerecht werden können. Darüber hinaus ist eine möglichst starke Isolation gegenüber den angrenzenden Wirtschaftsräumen anzustreben, um eine gegenseitige Beeinflussung von Test- und Nachbargebiet zu vermeiden.[18] Zum Einsatz kommt i.d.R. das komplette Marketing-Mix, es werden also die für den Gesamtmarkt geplanten Aktivitäten quasi "im Kleinen" simuliert. Außer zur Prognose des zukünftigen Absatzpotentials neuer oder geänderter Produkte eignet sich

---

14 Vgl. Crawford, C.M.: Marketing research and the new product failure rate, in: JoM, Vol. 41, No. 2, 1977, S. 60.

15 Als Erfinder des Markttest-Konzeptes gilt A.C. Nielsen Sr., der in Amerika im Jahre 1934 bereits 10 verschiedene repräsentative Städte als "Little U.S.A.s" zu Testzwecken benutzte. Vgl. Spadoni, M.: Eureka! A lot of prospecting is behind research breakthroughs, in: AA, Vol. 54, No. 46, Oct. 31, 1983, S. M-52.

16 Vgl. Berekoven, L./ Eckert, W./ Ellenrieder, P.: Marktforschung - Methodische Grundlagen und praktische Anwendung, 3. Aufl., Wiesbaden 1987, S. 155.

17 Manche Autoren verwenden die Begriffe "Testmarkt" und "Markttest" synonym. Vgl. z.B. Irniger, J.: Pretesting und Testmarkt - Instrumente der Marketing-Forschung für die Prognose des Absatzvolumens neuer Produkte des Massenkonsums, Bern/ Frankfurt a.M. 1972, S. 18; Rogge, H.-J.: Marktforschung: Elemente und Methoden betrieblicher Informationsgewinnung, München/Wien 1981, S. 132. Im Gegensatz dazu verstehen wir unter dem Markttest jedoch das eigentliche experimentelle Verfahren, unter dem Testmarkt dagegen das geographische Gebiet, in dem ein Test stattfindet. Vgl. z.B. Schäfer, E./ Knoblich, H.: Grundlagen der Marktforschung, 5. Aufl., Stuttgart 1978, S. 249.

18 Probleme ergeben sich hierbei insbesondere durch Pendlerströme, die zu Kaufkraftzuflüssen und/oder -abflüssen führen können, sowie durch den Streubereich der Medien.

der Markttest auch zur Wirkungskontrolle einzelner absatzpolitischer Instrumente bzw. ganzer Marketingstrategien.[19]

Zur Erfassung der Ergebnisse eines Markttests, die ja letztlich die Reaktionen von den Verbrauchern, Handel und auch der Konkurrenz widerspiegeln[20], bietet sich eine Reihe von Möglichkeiten an:[21]
Neben der Analyse der - zumindest am Anfang - wenig aussagekräftigen eigenen Absatzzahlen greifen viele Unternehmen auf bereits von Marktforschungsinstituten im Testgebiet installierte Einzelhandels- und/oder Verbraucher-Panels[22] zurück, um quantitative Daten über das Testprodukt (z.B. Umschlagsgeschwindigkeit, Erst- und Wiederkaufsraten, etc.) zu gewinnen. In manchen Fällen empfiehlt sich zusätzlich die Durchführung qualitativer Untersuchungen. So könnte etwa eine Befragung aktueller und potentieller Käufer Hinweise auf Kaufmotive bzw. eventuell noch bestehende Kaufhemmnisse erbringen.

2.1.2. Schwächen

Trotz seiner unbestrittenen Vorteile weist das Instrument des Markttests eine Reihe von Schwachpunkten auf, von denen die wichtigsten im folgenden kurz dargestellt werden sollen:

(1) Auswahl geeigneter Testmärkte

Es gibt wohl keine Region, die zur Lösung der verschiedenartigen Problemstellungen, die Gegenstand eines Markttests sein können, gleichermaßen geeignet wäre.
Die Bestimmung konkreter Repräsentanzkriterien und die anschließende Auswahl eines entsprechenden Gebietes sollten sich vielmehr an der individuellen Zielsetzung eines jeden Markttests orientieren. In praxi kann dieser Forderung jedoch nur in den wenigsten Fällen entsprochen werden, da die Zahl der Regionen, die überhaupt als Testmarkt in Frage kommen, in den meisten Ländern sehr begrenzt ist.[23] Die Entscheidung eines Herstellers zugunsten eines bestimmten Testgebietes stellt somit letztlich stets einen

---

19 Die Funktion des Markttests als Prognose- und Kontrollinstrument wird von Achenbaum besonders herausgestellt. Vgl. Achenbaum, A.A.: Market testing: Using the marketplace as a laboratory, in: Ferber, R. (ed.): Handbook of marketing research, New York u.a. 1974, S. 4-33 ff.

20 Vgl. Hisrich, R.D./ Peters, M.P.: Marketing decisions for new and mature products: Planning, development and control, Columbus u.a. 1984, S. 209.

21 Vgl. Schulz, R.: Der Markttest, in: Schöttle, K.M. (Hrsg.): Jahrbuch des Marketing, Ausgabe 1971, Essen 1971, S. 191.

22 So unterhält bspw. die G&I-Forschungsgemeinschaft für Marketing, Nürnberg, zur Zeit ein spezielles Verbraucher-Panel im Testmarkt Saarland mit insgesamt 1.000 Haushalten.

23 Die meisten Regionen scheiden bspw. wegen mangelnder Isolation, unzureichender Werbemöglichkeiten oder des Fehlens von Marktforschungseinrichtungen als Testmarkt aus.

Kompromiß dar, da der "ideale" Testmarkt nicht existiert. Viele Unternehmen greifen daher fast immer auf die gleichen Testareale zurück. In solchen Standard-Testgebieten besteht jedoch sehr leicht die Gefahr, daß sie - bei übermäßiger Beanspruchung - im Laufe der Zeit übertestet werden: Handel, Konkurrenz und nicht zuletzt die Verbraucher verhalten sich nicht mehr "normal" und verzerren dadurch die Testsituation.[24]

In diesem Zusammenhang muß ein weiteres Problem beachtet werden: Die methodische Anlage eines Feldexperimentes sieht neben einem Testmarkt im allgemeinen auch einen identisch strukturierten Kontrollmarkt vor, um eine exakte Wirkungsmessung vornehmen zu können.[25] Im Gegensatz zu den USA[26] läßt sich diese Voraussetzung in der Bundesrepublik Deutschland mangels einer ausreichenden Zahl vergleichbarer Regionen kaum erfüllen.

(2) Einsatz von Testwerbung

Je kleiner das ausgewählte Testgebiet ist, desto größer sind i.d.R. die Schwierigkeiten, die geplante nationale Werbekampagne auf Testmarktebene herabzubrechen.[27] So lassen sich bspw. in der Bundesrepublik Deutschland die öffentlich-rechtlichen Medien (Fernsehen und Hörfunk) und Publikumszeitschriften nur in bestimmten größeren Regionen ohne nennenswerte Streuverluste selektiv einsetzen. Wählt man davon abweichende Testgebiete, so muß auf andere Werbeträger wie etwa ortsansässige Tageszeitungen, Anzeigenblätter oder Plakatanschlagstellen ausgewichen werden. Daraus resultiert jedoch das gravierende Problem der mangelnden Vergleichbarkeit von nationalen und lokalen Medien hinsichtlich ihrer Werbewirkung.[28]

(3) Mangelnde Geheimhaltung

Die Anlage eines Markttest als i.d.R. mehrmonatiges Feldexperiment bringt es mit sich, daß es absolut unmöglich ist, das Testprodukt bzw. die zu überprüfende Marketing-Konzeption vor der Konkurrenz geheimzuhalten. Die Wettbewerber können vielmehr den Ablauf des Markttests in Ruhe beobachten, das Testprodukt bzgl. seiner Stärken und

---

24 Als Standard-Testgebiete gelten in der Bundesrepublik Deutschland bspw. Berlin und das Saarland. Vgl. o.V.: Testen, bevor Sie baden gehen! Testmärkte im Test, in: asw, 22. Jg., Heft 9, 1979, S. 41 f.

25 Vgl. Zimmermann, E.: Das Experiment in den Sozialwissenschaften, Stuttgart 1972, S. 58 ff.; Linker, W.: Experimente im Marketing, Diss. Berlin 1974, S. 115.

26 So umfaßt die von der Zeitschrift "Sales and Marketing Management" jährlich aufgestellte Liste der beliebtesten amerikanischen Testmärkte 1987 nicht weniger als 127 Regionen! Vgl. o.V.: The nation's most popular test markets, in: S&MM, Vol. 138, March 1987, S. 70.

27 Vgl. Aaker, D.A./ Day, G.S.: Marketing research, 3rd ed., New York u.a. 1986, S. 628; Hill, J.S.: Putting average cities on test marketing map, in: AA, Vol. 57, Feb. 13, 1986, S. 12 und 16.

28 Vgl. Zeiselmair, R.: Werbeforschung im Testmarkt, in: Der Marktforscher, 12. Jg., Heft 6, 1968, S. 151 f.

Schwächen analysieren und entsprechende Gegenmaßnahmen - wie etwa die Entwicklung eines ähnlichen Produktes und/oder die Durchführung von Störaktionen im Testmarkt - ergreifen oder zumindest vorbereiten.[29]

(4) Anfälligkeit gegenüber Störaktionen

Die Manipulierung von Markttestergebnissen durch Konkurrenzunternehmen hat insbesondere in den USA extreme Ausmaße angenommen, wobei sich die Wettbewerber unterschiedlichster Strategien bedienen:[30] Mit Hilfe eines gezielten aggressiven Einsatzes einzelner absatzpolitischer Instrumente kann versucht werden, den Abverkauf des neuen Produktes im Testmarkt zu blockieren und damit die Testergebnisse negativ zu beeinflussen. Als Maßnahmen hierfür eignen sich bspw. verstärkte Werbeaktivitäten, Sonderpreis- sowie sonstige Verkaufsförderungsaktionen.[31] Eine eher gegensätzliche Vorgehensweise liegt vor, wenn die Konkurrenz ihre Marketing-Aktivitäten im Testmarkt bewußt auf ein niedriges Niveau reduziert. Dieses Verhalten führt dazu, daß das Testprodukt erheblich besser abschneidet als dies unter regulären Bedingungen der Fall gewesen wäre. Bei einer eventuellen späteren Gesamtmarkteinführung sind dann wesentlich schlechtere Ergebnisse zu erwarten.[32] Eine weitere, jedoch sehr aufwendige Möglichkeit besteht für die Wettbewerber darin, das Testprodukt in großen Mengen durch als Endverbraucher getarnte Mitarbeiter aufkaufen zu lassen, um dem testenden Unternehmen eine günstige Entwicklung der Abverkaufszahlen vorzutäuschen.[33]

Je nachdem, welches Ausmaß diese Störaktionen annehmen, werden die Testresultate im Extremfall völlig verfälscht und damit für Prognosezwecke praktisch wertlos. Fatal ist eine solche Situation insbesondere dann, wenn das testende Unternehmen die Störmanöver der Konkurrenz nicht erkennt und aufgrund der verzerrten Ergebnisse kapitale Fehlentscheidungen trifft.[34]

---

29 Vgl. Green, P.E./ Tull, D.S.: Methoden und Techniken der Marketingforschung, 4. Aufl., Stuttgart 1982, S. 537; Osborne, D.W.: Marktforschung für neue Produkte, in: Ott, W. (Hrsg.): Handbuch der praktischen Marktforschung, München 1972, S. 624.

30 Vgl. Yovovich, B.G.: Competition jumps the gun, in: AA, Vol. 52, Feb. 9, 1981, S. 20.

31 Vgl. Douglas, G./ Kemp, P./ Cook, J.: Systematic new product development, 2nd ed., Aldershot (Hants) 1983, S. 128.

32 Vgl. Schulz, R.: Der Markttest, a.a.O., S. 192.

33 Vgl. Neder, R.J.: Testmärkte kritisch betrachtet, in: MA, 32. Jg., Heft 8, 1970, S. 374.

34 Vgl. Howard, N./ Siegel, M.: Fighting it out in the test market, in: Dun's Review, Vol. 113, June 1979, S. 68 ff.

(5) Zeitdauer

Idealerweise sollte ein Markttest so lange fortgesetzt werden, bis sich die Wiederkaufsrate - eine für die Prognose des zukünftigen Marktanteils maßgebliche Kenngröße - für das Testprodukt stabilisiert hat.[35] Bei Warengruppen mit hoher Kauffrequenz ist dies erfahrungsgemäß nach etwa sechs bis zwölf Monaten der Fall. Handelt es sich hingegen um ein Produkt, das relativ selten gekauft wird, kann sich dieser Prozeß u.U. über mehrere Jahre erstrecken. Hinzu kommt, daß sich in aller Regel bereits der Aufbau des im Testgebiet angestrebten Distributionsgrades als sehr zeitraubend erweist, da hierfür durchaus einige Monate erforderlich sein können. Mit zunehmender Testdauer büßt der Hersteller jedoch allmählich seinen Entwicklungsvorsprung ein, und die Gefahr wächst, daß die Konkurrenz möglicherweise noch vor Beendigung des Markttests ein entsprechendes Produkt national einführt.[36]

(6) Kosten

Die Beschränkung auf ein Teilgebiet des Gesamtmarktes führt dazu, daß ein Markttest grundsätzlich höhere (anteilige) Kosten als eine nationale Einführung verursacht. So sind neben dem Marktforschungsbudget für die Erhebung der Testergebnisse insbesondere die durch Kleinserienfertigung bedingten hohen Stückkosten für die Herstellung der Testprodukte in Versuchsanlagen, die Aufwendungen für die Gestaltung und Produktion von Werbemitteln und Promotion-Material, die überproportional hohen Streukosten durch die lediglich regionale Belegung von Werbeträgern sowie die erhöhten Zuwendungen an den Handel zur Erreichung des angestrebten Distributionsgrades zu berücksichtigen.[37] Nicht unterschätzt werden sollten in diesem Zusammenhang auch die zusätzlichen Belastungen, die ein regionaler Markttest für den Außendienst des testenden Herstellers mit sich bringt.

Für die Abwicklung eines Markttests müssen in der Bundesrepublik Deutschland mittlerweile - je nach Testanlage und -dauer - mindestens 500.000.- DM veranschlagt wer-

35 Vgl. Höger, A.: Die drei Todsünden des Testmarketing, in: Holm, K.-F./ Schröder, H. (Hrsg.): Vorträge zur Marktforschung, Heft 25, Hamburg o.J., S. 23 f.

36 Vgl. Urban, G.L./ Hauser, J.R.: Design and marketing of new products, Englewood Cliffs (N.J.) 1980, S. 419.
Die Praxis trägt diesem potentiellen Risiko weitgehend Rechnung, indem die tatsächliche Dauer von Markttests zumeist kürzer bemessen wird, als es für eine verläßliche Prognose erforderlich wäre. So wurden nach Angaben von Hoffmann 78 % der von ihm analysierten Markttests bereits nach weniger als sechs Monaten beendet, 18 % dauerten zwischen sechs und zwölf Monate, und nur 4 % wiesen eine Laufzeit von über einem Jahr auf. Vgl. Hoffmann, K.: Wie man Flop-Raten reduziert - Neue Produkte finden und erfolgreich plazieren, München 1979, S. 126.

37 Vgl. Klompmaker, J.E./ Hughes, D./ Haley, R.J.: Test marketing in new product development, in: HBR, Vol. 54, No. 3, May/June 1976, S. 129; Cadbury, N.D.: When, where and how to test market, in: HBR, Vol. 53, No. 3, May/June 1975, S. 96 f.

den[38], in den USA betragen die Kosten sogar i.d.R. zwischen 1,5 und 5 Mio. Dollar.[39] Der Markttest ist damit insgesamt wohl eines der teuersten Marktforschungsinstrumente. Hat man sich jedoch für seinen Einsatz entschieden, kann nur davor gewarnt werden, die für seine korrekte Durchführung erforderlichen Mittel zu kürzen. Dies würde nämlich die Aussagekraft der Testergebnisse in Frage stellen und die potentielle Gefahr eines späteren, wesentlich verlustreicheren Fehlschlages auf dem Gesamtmarkt beträchtlich erhöhen.[40]

2.2. Testmarktersatzverfahren

Verschiedene Marktforschungsinstitute haben bereits Anfang der sechziger Jahre mit der Konzipierung von Verfahren begonnen, die unter weitgehender Ausschaltung der Schwächen des regionalen Markttests zumindest vergleichbare Einsatzmöglichkeiten bieten sollten. Im Laufe dieses Entwicklungsprozesses kristallisierten sich zwei, von der Anlage her relativ unterschiedliche Lösungsansätze heraus, die in der Marktforschungspraxis mittlerweile fest etabliert sind und üblicherweise unter dem Oberbegriff "Testmarktersatzverfahren" zusammengefaßt werden:
Zum einen handelt es sich dabei um die Methodik der Testmarktsimulation, zum anderen um den sogenannten Minimarkttest.

2.2.1. Testmarktsimulation

Die Idee, das Kaufverhalten von Konsumenten in einem Teststudio unter Ausschluß der Öffentlichkeit, d.h. insbesondere der Konkurrenz, zu simulieren, stammt aus den USA.[41] Den Anstoß hierfür gab letztlich wohl einer der gravierendsten Nachteile des regionalen Markttests, die mangelnde Geheimhaltung.

---

38 Vgl. o.V.: Heimlicher Wechsel, in: WiWo, 40. Jg., Nr. 35, 1986, S. 80.

39 Vgl. Crawford, C.M.: New products management, Homewood (Ill.) 1983, S. 422.
Die Gesamtkosten eines Markttests lassen sich nach einer Studie von "International Multifoods" in den USA folgendermaßen aufgliedern: 45 % der Aufwendungen entfallen auf Marktforschung, 30 % auf Werbung und Promotions, 21 % auf Produktion und Packungsgestaltung und 4 % auf Distribution. Vgl. Salmans, S.: New trials in test marketing, in: The New York Times, April 11, 1982, Section 3, S. 1.

40 In der Literatur finden sich verschiedene Ansätze, die die Frage, bis zu welcher Kostenhöhe sich die Durchführung eines Markttests lohnt, durch die Anwendung des "Bayesian approach" zu beantworten suchen. Vgl. dazu Rao, V.R./ Winter, F.W.: A Bayesian approach to test market selection, in: Management Science, Vol. 27, No. 12, Dec. 1981, S. 1351 ff.; Sands, S.: How much should you spend on a marketing pretest? A short-cut approach, in: Interfaces, Vol. 11, No. 4, Aug. 1981, S. 62 ff.

41 Im Gegensatz zu den USA, wo Labortestmärkte seit über zwanzig Jahren eingesetzt werden, haben diese Modelle in der Bundesrepublik Deutschland erst in jüngster Zeit eine entsprechende Wertschätzung erfahren. Mittlerweile bieten aber auch hierzulande die Marktforschungsinstitute eine Vielzahl zumeist aus Amerika übernommener Simulationsverfahren an, die sich z.T. jedoch nur geringfügig voneinander unterscheiden. Vgl. Rehorn, J.: In den Staaten stehen Simulationsmodelle bei den Testprofis eindeutig auf dem ersten Rang, in: Handelsblatt, 25.9.1985, S. 16.

Das Grundprinzip der Testmarktsimulation beruht auf folgendem Ablaufschema:[42] Einer zielgruppenspezifisch ausgewählten Stichprobe von Personen wird nach einer Eingangsbefragung über Konsumgewohnheiten und Markenpräferenzen ein Film mit Testwerbung aus der betreffenden Warengruppe vorgeführt. Daraufhin erfolgt die eigentliche Kaufsimulation, d.h. die Probanden erhalten Gelegenheit, in einem speziell eingerichteten Verkaufsraum innerhalb der Warengruppe des Testproduktes einzukaufen. Im Anschluß daran bekommen sämtliche Testpersonen das Testprodukt zum Ausprobieren mit nach Hause, auch wenn sie es zuvor in der Kaufsimulation nicht gewählt hatten. Nach einem gewissen Zeitraum, dessen Länge von der zu erwartenden Verwendungshäufigkeit des Testproduktes abhängt, werden im Rahmen einer Nachbefragung erneut die Markenpräferenzen und eventuelle Wiederkaufabsichten ermittelt.

Die Prognose des zukünftigen Marktanteils bzw. Absatzvolumens des Testproduktes - eines der vorrangigen Ziele der Testmarktsimulation - basiert auf den erhobenen individuellen Markenpräferenzen bzw. den Kauf- und Wiederkaufwahrscheinlichkeiten sowie der Anwendung komplexer mathematischer Modelle.[43]

Darüber hinaus ermöglichen die standardisierten Versuchsbedingungen eine relativ genaue Analyse von Ursache-Wirkungs-Zusammenhängen, da die Zahl der potentiellen Störvariablen im Vergleich zum Feldexperiment stark eingeschränkt ist.[44] Zudem können aufgrund der äußerst flexiblen Testanlage verschiedene Elemente des Marketing-Mix auf ihren Erfolgsbeitrag hin überprüft werden.[45]

Geringerer Zeit- und Kostenaufwand sowie die Gewähr absoluter Geheimhaltung gelten als die wichtigsten Vorteile der Testmarktsimulation gegenüber dem regionalen Markttest. Dennoch ist die von manchen Experten prophezeite vollständige Substitution des regionalen Markttests durch die Testmarktsimulation bis heute ausgeblieben.[46] Es läßt sich im Gegenteil ein eher komplementäres Verhältnis der beiden Verfahren konstatieren.

---

42 Vgl. bspw. Höger, A.: Laboratory Test Market (LTM), in: I&A, 4. Jg., Heft 5, 1977, S. 110 f.; Khost, H.P.: Pretesting to avoid product postmortems, in: AA, Vol. 53, Feb. 23, 1982, S. M-11.

43 Auf den genauen Ablauf und die Struktur der einzelnen Verfahren soll an dieser Stelle noch nicht eingegangen werden. Vgl. dazu die Ausführungen in Kapitel E.I.2.3.

44 Vgl. Beike, P./ Christmann, G.: Marktforschungspraxis von A - Z: Methoden, Techniken, Verfahren, Gernsbach 1974, S. 184.

45 Vgl. Alter, J.: Lab simulations: No shot in the dark, in: AA, Vol. 51, Feb. 4, 1980, S. 1.

46 Vgl. Higgins, K.T.: Simulated test marketing winning acceptance, in: MN, Vol. 19, No. 5, March 1, 1985, S. 15.

2.2.2. Minimarkttest

Verglichen mit den Modellen der Testmarktsimulation weist der Minimarkttest trotz mancher Unterschiede noch eine gewisse Ähnlichkeit mit einem - wenn auch stark verkleinerten - regionalen Markttest auf: So ist bspw. die Testsituation eine völlig natürliche und für den Verbraucher nicht unmittelbar erkenntlich.

Die Initiative zum Aufbau eines Minimarkttests geht in aller Regel von einem Marktforschungsinstitut aus, das zunächst im Testgebiet Handelsunternehmen zur Teilnahme anwirbt und anschließend aus dem Kundenkreis dieser Geschäfte ein repräsentatives Konsumenten-Panel rekrutiert.[47] Anders als beim regionalen Markttest erfolgt beim Minimarkttest nämlich kein Hineinverkauf des Testproduktes in den Handel. Das Marktforschungsinstitut sorgt vielmehr in kürzester Zeit für eine lückenlose Distribution in den Testgeschäften, was zu einer erheblichen Verkürzung der Testdauer führt. Zusätzlich übernimmt es die laufende Betreuung des Testproduktes (z.B. Plazierung, Preisauszeichnung, etc.) sowie die Kontrolle der Versuchsbedingungen. Der Minimarkttest in der oben beschriebenen Form läßt sich somit wohl am treffendsten als Kombination eines Storetests mit einem Konsumenten-Panel charakterisieren.[48]

Die Aufgabe eines Minimarkttests besteht primär darin, die Reaktionen der Verbraucher auf ein neues oder geändertes Produkt bzw. auf die Variation einzelner Marketing-Mix-Elemente zu messen. Dies geschieht mit Hilfe des Konsumenten-Panels, dessen Ergebnisse (insbesondere Erst- und Wiederkaufsraten) als Basis für die Prognose des zukünftigen Markterfolges des Testproduktes dienen. Im Vergleich zum regionalen Markttest ist ein Minimarkttest wesentlich schneller und kostengünstiger abzuwickeln und ermöglicht durch die bessere Kontrollierbarkeit der Testbedingungen exaktere Ursache-Wirkungs-Analysen.[49]

---

47 Eine Alternative zu dieser Vorgehensweise besteht darin, anstelle der stationären Testgeschäfte spezielle "rollende" Einkaufsläden (mobile SB-Supermärkte) einzusetzen. Diese Testanlage wurde Ende der sechziger Jahre in England entwickelt und kam in mehreren europäischen Ländern zur Anwendung, konnte sich aber nicht durchsetzen. Vgl. Pymont, B.C./ Reay, D./ Standen, P.G.M.: Towards the elimination of risk from investment in new products - Experience with micro-market-testing, in: Proceedings of the 29th ESOMAR Congress, Main sessions, Venedig 1976, S. 169 ff.

48 Vgl. Erichson, B.: Prognose für neue Produkte, Teil I, in: Marketing ZFP, 2. Jg., Heft 4, 1979, S. 256 f.

49 Vgl. Brockhoff, K.: Produktpolitik, Stuttgart/New York 1981, S. 124.

II. Elektronischer Minimarkttest

1. Begriffsbestimmung

Der endgültige Durchbruch gelang dem Instrument des Minimarkttests erst ab dem Zeitpunkt, als - ausgehend von den USA - Hi-Tech-Bausteine wie Scannerkassensysteme, Microcomputer, Kabeltechnik, etc. in die Testanlage integriert wurden. In der Marktforschungsliteratur findet man für diese Gruppe von Verfahren neben dem gebräuchlichen Terminus "elektronischer Minimarkttest bzw. Minitestmarkt"[50] eine Reihe weiterer Bezeichnungen. Manche Autoren sprechen von einem "controlled-distribution scannermarket"[51] bzw. "controlled-distribution minimarket"[52], andere verwenden bspw. die Begriffe "electronic diary panel"[53], "experimenteller Mikro-Testmarkt"[54] oder "Towntest"[55]. Mit wenigen Ausnahmen liefern die Autoren jedoch keine allgemeingültigen Definitionsansätze, sondern erläutern das Wesen elektronischer Minimarkttests lediglich anhand spezifischer Einzelbeispiele. Es gilt daher zunächst einmal, die charakteristischen Eigenschaften dieses Instrumentes der Testmarktforschung kurz darzulegen:

Die Installation eines elektronischen Minimarkttests erfolgt in einem regional begrenzten, hinsichtlich der Kaufkraftströme und Medienreichweite möglichst abgeschlossenen Gebiet, das in seiner Bevölkerungs-, Handels-, Konkurrenz- und Mediastruktur zumindest keine groben Abweichungen vom Gesamtmarkt aufweisen sollte.[56] Kennzeichnend für einen elektronischen Minimarkttest ist sein Experimentalcharakter, d.h. es werden - von den Konsumenten unbemerkt - Marktexperimente unter realistischen, aber dennoch kontrollierten Angebots- und Kommunikationsbedingungen durchgeführt und die von den Endverbrauchern getätigten Einkäufe als Reaktion auf die eingesetzten Stimuli betrachtet. Überprüft werden können sowohl die Absatzchancen neuer oder geänderter Produkte als auch die Wirkung einzelner absatzpolitischer Maßnahmen.

---

50 Vgl. z.B. Huppert, E.: Elektronische Handels- und Konsumentenpanels, in: Zentes, J. (Hrsg.): Neue Informations- und Kommunikationstechnologien in der Marktforschung, Berlin u.a. 1984, S. 28; Stern, A.L.: Test marketing enters a new era, in: Dun's Business Month, Vol. 126, Oct. 1985, S. 87.

51 Vgl. Aaker, D.A./ Day, G.S.: Marketing research, 3rd ed., a.a.O., S. 631.

52 Vgl. McCabe English, M.: Companies exploring new services, in: AA, Vol. 56, No. 16, Feb. 28, 1985, S. 15.

53 Vgl. Byrnes, M.: Checkout scanners gain acceptance, in: AA, Vol. 51, Feb. 4, 1980, S. 19.

54 Vgl. Litzenroth, H.A.: Neue Perspektiven für die Panelforschung durch hochentwickelte Technologien, in: JdAV, 32. Jg., Heft 3, 1986, S. 215.

55 Vgl. Veitengruber, D.K.: Die Towntests - Neuentwicklungen in der Testmarktforschung, in: Blickpunkte, o.Jg., Heft 17, März 1987, S. 9.

56 Die Forderung einer exakten Repräsentanz des Testgebietes ist aufgrund seiner bereits aus der Bezeichnung "Minitestmarkt" hervorgehenden geringen Größe kaum erfüllbar.

Im Zentrum eines elektronischen Minimarkttests steht ein repräsentatives Konsumenten-Panel in Verbindung mit einem lokalen Einzelhandels-Panel.[57] Die Erfassung des Kaufverhaltens der einzelnen Haushalte erfolgt im Gegensatz zur traditionellen Panelmethode entweder durch elektronische Datenkassen-Systeme in den am Test beteiligten Geschäften[58] oder aber zu Hause mit Hilfe mobiler Datenerfassungsgeräte durch die Verbraucher selbst. Die im Testgebiet gewonnenen Ergebnisse werden schließlich durch geeignete Projektions- und Prognosetechniken[59] auf den Gesamtmarkt übertragen.

Unter Berücksichtigung der oben angeführten Wesensmerkmale soll dieser Arbeit deshalb folgende Definition des elektronischen Minimarkttests zugrundegelegt werden:

Der Terminus "elektronischer Minimarkttest" umfaßt die Durchführung von Marktexperimenten in einem abgeschlossenen und regional stark begrenzten Gebiet mit dem Ziel, aus den gewonnenen Testergebnissen aussagekräftige Erkenntnisse für den späteren Gesamtmarkt abzuleiten. Im Testgebiet sind dazu ein repräsentatives Haushalts-Panel und ein auf Basis elektronischer Kassensysteme arbeitendes Handels-Panel installiert ("Single-source"-Prinzip), wobei die haushaltsindividuelle Erfassung der Einkäufe der Panelteilnehmer i.d.R. direkt in den Testgeschäften durch Vorlage maschinenlesbarer Identifikationskarten erfolgt. Zur Unterstützung der Abverkäufe eines Testproduktes kann im elektronischen Minimarkttest darüber hinaus vom testenden Hersteller nahezu das komplette Marketing-Mix (einschließlich TV-Werbung) eingesetzt werden.

2. Methodenelemente

Die theoretische Einordnung der vier tragenden methodischen Säulen eines elektronischen Minimarkttests - Experiment, Panel, Beobachtung und Befragung - ist nicht unumstritten. So betrachten einige Autoren alle vier als gleichrangige, eigenständige Methoden[60], während andere lediglich von einer Dreiteilung der Erhebungsverfahren in Beobachtung, Befragung und Experiment unter explizitem Ausschluß des Panels ausgehen.[61]

---

57 Vgl. Huppert, E.: Scanning aus der Perspektive der Marktforschung, in: Marketing ZFP, 4. Jg., Heft 3, 1981, S. 157 f.

58 Um einen möglichst hohen Prozentsatz des Einkaufvolumens der Test-Haushalte zu erfassen, sollten in das Einzelhandels-Panel sämtliche relevanten Einkaufsstätten des Testgebietes integriert werden.

59 Obwohl die Begriffe Projektion und Prognose häufig synonym verwendet werden, scheint im Hinblick auf spätere Kapitel eine terminologische Trennung zweckmäßig:
Projektionen dienen dem Zweck, die zu einem bestimmten Zeitpunkt in einem Teilmarkt herrschenden Verhältnisse auf den Gesamtmarkt hochzurechnen.
Prognosen liefern dagegen Vorhersagen über zukünftige Entwicklungen innerhalb eines bestimmten Teil- oder Gesamtmarktes.
Vgl. hierzu Meffert, H./ Steffenhagen, H.: Marketing-Prognosemodelle: Quantitative Grundlagen des Marketing, Stuttgart 1977, S. 34 f.

60 Vgl. z.B. Petermann, G.: Absatzwirtschaft, Stuttgart u.a. 1979, S. 163.

61 Vgl. z.B. Schäfer, E./ Knoblich, H.: Grundlagen der Marktforschung, 5. Aufl., a.a.O., S. 248.

Unseres Erachtens lassen sich im Bereich der Primärmarktforschung jedoch nur die Beobachtung und die Befragung als grundsätzliche Methoden unterscheiden.[62]

Unter einem Experiment verstehen wir lediglich eine bestimmte Untersuchungsanordnung zur Überprüfung von Kausalhypothesen, während es sich beim Panel unserer Auffassung nach um ein Instrument der Datenbeschaffung handelt, das aber - wie am konkreten Beispiel des elektronischen Minimarkttests ersichtlich - durchaus auch bei der Durchführung von Experimenten eingesetzt werden kann.[63] Sowohl das Experiment als auch das Panel greifen dabei - zwangsläufig - stets auf die Erhebungsverfahren der Beobachtung und/oder der Befragung zurück.[64]

2.1. Experiment

Die Durchführung von (Feld-)Experimenten[65] stellt eine der wichtigsten Aufgaben elektronischer Minimarkttests dar. Als unabhängige Variablen fungieren dabei die zu testenden absatzpolitischen Maßnahmen (z.B. Preis, Werbekampagnen, etc.), während das gemessene effektive Kaufverhalten der Panel-Haushalte als abhängige Variable dient.

Die Ermittlung von Kausalzusammenhängen zwischen den unabhängigen und der abhängigen Variablen wird jedoch gerade im Feldexperiment durch eine Vielzahl von Faktoren erschwert, die ebenfalls auf die abhängige Variable einwirken, aber außerhalb des Einflußbereiches des testenden Unternehmens liegen. Diese sogenannten exogenen Variablen oder auch Störfaktoren (z.B. Konkurrenzaktivitäten, Kaufkraftänderungen oder sogar das Wetter) können den Ablauf eines Experimentes in ganz entscheidendem Maße beeinträchtigen und müssen daher sehr genau kontrolliert bzw. beobachtet werden.[66]

Elektronische Minimarkttests erlauben lediglich die Anwendung sogenannter quasi-experimenteller Versuchsanordnungen.[67] Darunter versteht man solche Untersuchungsanlagen, die den relativ strengen Anforderungen an experimentelle Designs nicht voll-

---

62 Vgl. z.B. Linker, W.: Experiment und Analyse in der demoskopischen Marktforschung, in: Behrens, K.-C. (Hrsg.): Handbuch der Marktforschung, 1. Halbband, Wiesbaden 1974, S. 343.

63 Vgl. Böhler, H.: Marktforschung, Stuttgart u.a. 1985, S. 48 und 58.

64 Vgl. Berekoven, L.: Grundlagen der Absatzwirtschaft: Darstellung, Kontrollfragen und Lösungen, 3. Aufl., Herne/Berlin 1986, S. 155 und 158.

65 Zum Begriff des Experimentes vgl. z.B. Wettschureck, G.: Methodologische Aspekte der demoskopischen Marktforschung, in: Behrens, K.-C. (Hrsg.): Handbuch der Marktforschung, 1. Halbband, a.a.O., S. 37; Siebel, W.: Die Logik des Experiments in den Sozialwissenschaften, Berlin 1965, S. 12 ff.

66 Vgl. Steidl, P.E.: Experimentelle und nicht-experimentelle Methoden absatzwirtschaftlicher Kausalforschung, in: Topritzhofer, E. (Hrsg.): Marketing - Neue Ergebnisse aus Forschung und Praxis, Wiesbaden 1978, S. 47.

67 Die größte Bedeutung kommt hierbei den sogenannten mehrfachen Zeitreihen bzw. Zeitreihenexperimenten zu, auf die im Rahmen des Kapitels C.IV.3.2. genauer eingegangen wird.

ständig genügen.[68] In der Marktforschungspraxis werden die Unterschiede zwischen Quasi-Experimenten und "echten" Experimenten jedoch nur als graduell angesehen.[69]

2.2. Panel

Als Panel[70] bezeichnet man einen gleichbleibenden Kreis von Untersuchungseinheiten (Einzelpersonen, Haushalte, Einkaufsstätten, etc.), die in regelmäßigen Zeitabständen zum gleichen Untersuchungsgegenstand befragt bzw. beobachtet werden.[71]

Da die exakte Messung des Kauf- und insbesondere des Wiederkaufsverhaltens sowohl "individuelle", d.h. haushaltsbezogene Daten als auch eine kontinuierliche Berichterstattung voraussetzt,[72] ist ein Verbraucher-(Haushalts-)Panel unverzichtbarer Bestandteil eines elektronischen Minimarkttests. Neben den Einkäufen kann aus dem Verbraucher-Panel eine Vielzahl weiterer Daten, wie etwa Besitzverhältnisse, Konsumgewohnheiten, Medianutzung oder Einstellungen, gewonnen werden.[73] Durch die zusätzliche Integration eines Einzelhandels-Panels eröffnet sich bei der Analyse des Konsumentenverhaltens darüber hinaus noch die Möglichkeit, die Angebotssituation in den Geschäften mit zu berücksichtigen.[74]

Die Erfassung der Einkäufe erfolgt im elektronischen Minimarkttest i.d.R. durch Scannerkassensysteme, was gegenüber den manuellen Erhebungsmethoden traditioneller

---

68 So ist bspw. beim elektronischen Minimarkttest die Bedingung einer jeweils zufälligen Auswahl der Testpersonen ("Randomisierung") nicht erfüllbar.
Zu den weiteren Abgrenzungskriterien zwischen "echten" und Quasi-Experimenten vgl. Friedrichs, J.: Methoden empirischer Sozialforschung, 10. Aufl., Opladen 1982, S. 340; Gachowetz, H.: Feldforschung, in: Roth, E. (Hrsg.): Sozialwissenschaftliche Methoden, München/Wien 1984, S. 262.

69 Vgl. auch Backhaus, H.: Das Marktexperiment - Methodologie und Forschungstechnik, Frankfurt a.M./Zürich 1977, S. 155.

70 Zum Ursprung des Begriffes "Panel" vgl. z.B. Beck, P.: Methoden der Panelforschung, in: Ott, W. (Hrsg.): Handbuch der praktischen Marktforschung, a.a.O., S. 107.

71 Vgl. z.B. Sedlmeyer, K.-J.: Panelinformation und Marketing-Entscheidung, München 1983, S. 14 ff.; Weissman, A.: Verbraucherpanel-Informationen als Grundlage für Marketing-Entscheidungen im Einzelhandel, München 1983, S. 10 ff.

72 Vgl. Jobber, D.: Test marketing - An evaluation of more recent micro-marketing methods, in: Management Decision, Vol. 17, No. 6, 1979, S. 441.

73 Der Grundgedanke dieses sogenannten "Single-source-Ansatzes" besteht u.a. darin, aus einer einzigen Datenquelle - in unserem Fall dem Verbraucher-Panel - möglichst viele potentielle Einflußfaktoren des effektiven Kaufverhaltens zu erfassen. Vgl. Stoddard, L.R.: Will single source data change media planning?, in: JoAR, Research Currents, Vol. 26, No. 2, 1986, S. RC-13 ff.; Kessler, F.: High-tech shocks in ad research, in: Fortune, Vol. 114, No. 1, July 7, 1986, S. 38.

74 Vgl. Klein, R.L.: Scanner data can measure long-run promotion response, in: MN, Vol. 13, Jan. 11, 1980, S. 13.

Verbraucher- bzw. Einzelhandels-Panels[75] eine Reihe von Vorteilen bringt. Zu erwähnen sind in diesem Zusammenhang vor allem die schnellere Verfügbarkeit der Ergebnisse für quasi jedes beliebige Zeitintervall sowie die breitere und detailliertere Informationsbasis.[76]

2.3. Beobachtung

Die Erhebungsmethode der Beobachtung[77], die ex definitione nur auf sinnlich wahrnehmbare Tatbestände anwendbar ist[78], wird im elektronischen Minimarkttest in zweifacher Weise eingesetzt: Zum einen dient sie dazu, das Kaufverhalten der Verbraucher in den Testgeschäften mit Hilfe von Datenkassensystemen zu registrieren, zum anderen wird in den Panel-Haushalten das TV-Nutzungsverhalten durch spezielle Meßgeräte aufgezeichnet.

In beiden Fällen greift man also auf "objektive" technische Hilfsmittel zurück (unpersönliche Beobachtung)[79], die Messungen erfolgen in gewohnter, natürlicher Umgebung (Feldbeobachtung)[80] und es liegt eine quasi-biotische Beobachtungssituation vor, d.h. die teilnehmenden Haushalten wissen lediglich um ihre Rolle als Versuchspersonen und kennen insbesondere den Zweck der Untersuchung nicht.[81]

Gerade die im Rahmen traditioneller Haushalts-Panels praktizierte Messung des Einkaufsverhaltens durch schriftliche Befragungen ist oftmals kritisiert worden, da es sich hierbei um einen reaktiven Meßvorgang[82] handelt, der genau das, was eigentlich gemes-

---

75 Beim traditionellen Haushalts-Panel überträgt ein Haushaltsmitglied alle in bestimmten Warengruppen getätigten Einkäufe in einen Berichtsbogen, der im allgemeinen wöchentlich zur Auswertung an das durchführende Marktforschungsinstitut geschickt wird. Vgl. Broder, M.: Haushaltspanel, in: Poth, L. (Hrsg.): Marketing, Loseblattsammlung, Neuwied 1980, S. 15 f.
Beim traditionellen Handels-Panel ermitteln Mitarbeiter des Marktforschungsinstitutes im zweimonatigen Rhythmus in den Panel-Geschäften manuell den Warenbestand sowie - anhand der Einkaufsbelege - den Wareneingang der letzten Periode. Der Absatz eines jeden Artikels errechnet sich dann gemäß der Formel: Anfangsbestand + Wareneingang - Endbestand = Absatz. Vgl. Stern, H.W.: Handels-Panelforschung als Instrument der Marktbeobachtung, in: Behrens. K.-C. (Hrsg.): Handbuch der Marktforschung, 1. Halbband, a.a.O., S. 464.

76 Vgl. Sands, S./ Guylay, T.: Supermarket scanners: A marketing tool for the eighties, in: Business, Vol. 34, April/June 1984, S. 12 f.

77 Zum Begriff der Beobachtung vgl. z.B. Becker, W.: Beobachtungsverfahren in der demoskopischen Marktforschung, Stuttgart 1973, S. 6; Huber, O.: Beobachtung, in: Roth, E. (Hrsg.): Sozialwissenschaftliche Methoden, a.a.O., S. 124.

78 Vgl. Dworak, K.: Beobachtung und Experiment als Verfahren der Erhebung in der Absatzforschung, Diss. Nürnberg 1969, S. 105.

79 Vgl. Hüttner, M.: Informationen für Marketing-Entscheidungen, München 1979, S. 55 f.

80 Vgl. Meffert, H.: Marktforschung, Wiesbaden 1986, S. 35.

81 Vgl. Spiegel, B.: Werbepsychologische Untersuchungsmethoden, 2. Aufl., Berlin 1970, S. 43 ff.

82 Zum Inhalt der Begriffe reaktive bzw. nicht-reaktive Meßverfahren vgl. Petermann, F./ Noack, H.: Nicht-reaktive Meßverfahren, in: Roth, E. (Hrsg.): Sozialwissenschaftliche Methoden, a.a.O., S. 452 ff.

sen werden soll, verändern kann, indem er den Befragten bezüglich des Untersuchungsgegenstandes in unzulässiger Weise sensibilisiert.[83] Die Messung des Einkaufsverhaltens durch Beobachtung via Scannerkassensysteme gilt im Vergleich dazu als weitgehend nicht-reaktiv und nicht zuletzt deshalb als die validere Methode der Datenerhebung.[84]

2.4. Befragung

Auf die Erhebungsmethode der Befragung[85] wird beim elektronischen Minimarkttest zunächst bei der Anwerbung der Panel-Haushalte zurückgegriffen. Die im Rahmen des Eingangsinterviews gewonnenen Informationen dienen hauptsächlich dazu, eine der Quotenvorgabe[86] entsprechende Struktur des Panels zu gewährleisten. Die Quotierung erfolgt dabei primär nach dem Kriterium "überwiegende Bedarfsdeckung in den Testgeschäften" und bestimmten soziodemographischen Merkmalen wie z.B. Alter und Geschlecht der Haushaltsmitglieder, Haushaltsgröße und -nettoeinkommen.[87] Des weiteren werden Fragen zur Nutzung bestimmter Medien[88], zur Ausstattung mit ausgewählten Hausgeräten, zum Besitz von Haustieren, etc. gestellt.[89] Um Strukturverschiebungen innerhalb des Panels erkennen zu können, sollten diese - zumeist schriftlichen und voll standardisierten - Befragungen in regelmäßigen Zeitabständen[90] wiederholt werden.

Ergänzend dazu lassen sich durchaus auch qualitative Themenbereiche, wie etwa die Einstellungen zum Markenartikel oder zur Werbung, erheben.[91] Zu vermeiden sind je-

---

83 Vgl. Schwarz, S.: Zur Genauigkeit der Messung des Einkaufsverhaltens, Memmelsdorf 1984, S. 19; Hodock, C.L.: Scanner data will professionalize promotion research, in: MN, Vol. 14, No. 14, Jan. 9, 1981, S. 29.
Das Ausmaß und die Bedeutung dieses zur Gruppe der sogenannten "Paneleffekte" gehörenden Phänomens sind allerdings in der Literatur stark umstritten. Vgl. dazu bspw. die Diskussion bei Rehorn, J.: Das Consumer Panel als Instrument der Absatzforschung, Diss. Mainz 1965, S. 204 ff.

84 Vgl. Simon, H./ Kucher, E./ Sebastian, K.-H.: Scanner-Daten in Marktforschung und Marketingentscheidung, in: ZfB, 52. Jg., Heft 6, 1982, S. 563 f., Langkamp, P.: Die Erfassung von Carryover-Effekten im Marketing: Kritische Analyse ökonometrischer Modelle zur Messung periodenübergreifender Werbewirkungen, Thun/Frankfurt a.M. 1984, S. 83 f.

85 Zum Begriff der Befragung vgl. z.B. Büning, H./ Haedrich, G./ Kleinert, H./ Kuß, A./ Streitberg, B.: Operationale Verfahren der Markt- und Sozialforschung: Datenerhebung und Datenanalyse, Berlin/New York 1981, S. 95 ff.; Mayntz, R./ Holm, K./ Hübner, P.: Einführung in die Methoden der empirischen Soziologie, 4. Aufl., Opladen 1974, S. 103 ff.

86 Vgl. dazu die Ausführungen in Kapitel B.II.3.

87 Vgl. Salmans, S.: Scanners a research tool, in: The New York Times, Oct. 6, 1981, Section 3, S. 43.

88 Dies dient in erster Linie dazu, die Reichweite kommunikationspolitischer Maßnahmen abschätzen zu können.

89 Vgl. Unger, H.: "Behaviourscan" gives instant data on brand sales, in: Super Marketing, Vol. 37, Jan. 22, 1982, S. 22.

90 Als geeignet hat sich hierbei ein einjähriger Turnus mit Befragungen jeweils am Jahresende erwiesen.

91 Es sei jedoch vermerkt, daß der Belastbarkeit der Panelteilnehmer im Hinblick auf die Zahl und den Umfang der Befragungen Grenzen gesetzt sind!

doch Fragen, die auf konkrete Marken Bezug nehmen, da eine solche Vorgehensweise das Kaufverhalten beeinflussen kann.

3. Einsatz im Prozeß der Neuproduktentwicklung

Im Prozeß der Neuproduktentwicklung steht den Unternehmen der Konsumgüterindustrie ein ganzes Spektrum an konsumentenorientierten Testverfahren[92] zur Verfügung, um einerseits chancenlose Konzeptionen möglichst frühzeitig zu eliminieren und andererseits erfolgsträchtige Ansätze weiter zu verbessern.

Die einzelnen Instrumente bauen dabei aufeinander auf, indem die auf jeder Stufe gewonnenen Erkenntnisse jeweils als Input in die nachfolgenden Verfahren einfließen. Zudem nehmen die Stimuli, mit denen die Konsumenten konfrontiert werden, mit jedem Schritt von der ersten Konzeptüberprüfung bis hin zum abschließenden regionalen Markttest an Wirklichkeitsnähe zu, was gleichzeitig aber einen stetigen Anstieg der Kosten bedeutet.[93]

Die idealtypische Abfolge der wichtigsten konsumentenorientierten Testinstrumente zeigt die Abbildung 1, wobei der genaue Verlauf der Kurve - speziell die Steigung - in entscheidendem Maße von der betrachteten Güterkategorie abhängt.[94]

---

92 Außer durch konsumentenorientierte Testverfahren lassen sich Produktkonzeptionen bspw. noch im Rahmen von Expertengesprächen oder durch Befragung der eigenen Außendienstmitarbeiter überprüfen. Vgl. Saunders, J.: New product forecasting in the UK, in: The Quarterly Review of Marketing, Vol. 10, Summer 1985, S. 1.
Auf diese Möglichkeiten soll hier jedoch nicht näher eingegangen werden.

93 Vgl. Green, P.E./ Tull, D.S.: Methoden und Techniken der Marketingforschung, a.a.O., S. 537.

94 So benötigte nach der bereits zitierten Studie von Booz, Allen & Hamilton die Verbrauchsgüterindustrie im Durchschnitt sechzehn Ideen, um ein erfolgreiches Neuprodukt hervorzubringen, wogegen die Relation im Gebrauchsgütersektor nur 5 zu 1 betrug. Vgl. Rodocanachi, P.A.: The successful management of new products in the 1980's, a.a.O., S. 8.

Abb. 1 Einsatz konsumentenorientierter Testverfahren im Prozeß der Neuproduktentwicklung

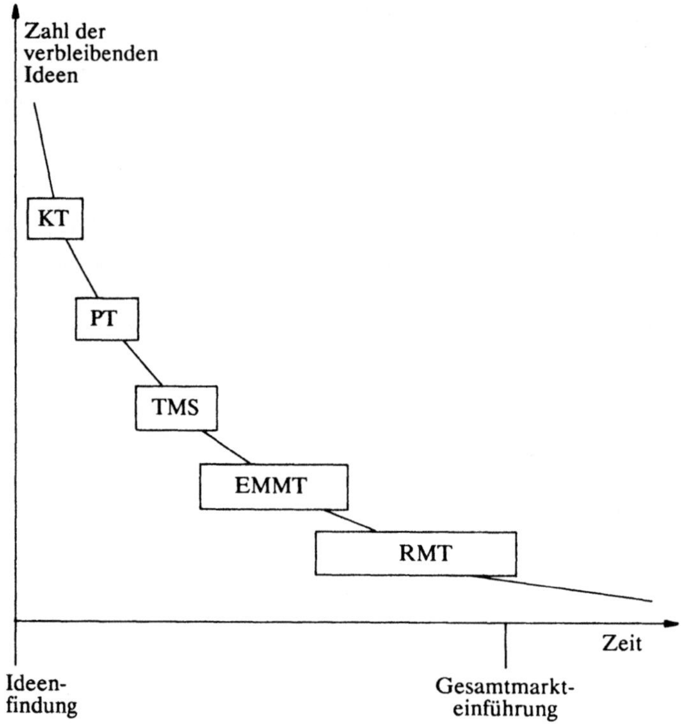

KT:	Konzepttest
PT:	Produkttest
TMS:	Testmarktsimulation
EMMT:	Elektronischer Minimarkttest
RMT:	Regionaler Markttest

Die Einordnung des elektronischen Minimarkttests hinter die Testmarktsimulation resultiert u.a. aus der Tatsache, daß zur Durchführung eines elektronischen Minimarkttests wegen der erheblich längeren Testdauer wesentlich größere Mengen des Testproduktes benötigt werden, was i.d.R. beträchtliche Investitionen für entsprechende Produktionsanlagen erfordert.[95] Im Hinblick auf den Zeit- und Kostenaufwand hat die Testmarktsi-

95 Eine Alternative zur Eigenfertigung stellt der Fremdbezug der Testprodukte bspw. aus dem Ausland dar. Vgl. hierzu Cadbury, N.D.: When, where and how to test market, a.a.O., S. 97.
Von dieser Möglichkeit sollte man jedoch nur in Ausnahmefällen Gebrauch machen, da mit ihr gewisse Risiken verbunden sind.

mulation somit den eindeutig unverbindlicheren Charakter und sollte daher sinnvollerweise vorher eingesetzt werden.

Dagegen ergibt sich die Positionierung des elektronischen Minimarkttests vor den regionalen Markttest primär daraus, daß der regionale Markttest als einziges Instrument in der Lage ist, die Handelsakzeptanz und damit die voraussichtliche Distribution für das Testprodukt zu ermitteln.[96] Der elektronische Minimarkttest vermag hierzu keinen Beitrag zu leisten, da das Testprodukt im allgemeinen ja in sämtlichen (Panel-)Geschäften des Testgebietes plaziert wird.

In praxi ist der in der Abbildung 1 dargestellte Ablauf jedoch eher als idealtypisch zu bezeichnen. Insbesondere die Verfahren der Testmarktforschung - Testmarktsimulation, (elektronischer) Minimarkttest und regionaler Markttest - werden trotz ihres anerkannt komplementären Charakters[97] relativ selten im Verbund angewendet. Viele Unternehmen greifen nur auf ein einziges Instrument zurück, d.h. man entscheidet sich entweder für ein Testmarktersatzverfahren oder einen regionalen Markttest.[98] In manchen Fällen wird die Phase der Testmarktforschung sogar ganz übersprungen.[99]

Obwohl im allgemeinen erst der kombinierte Einsatz der in Abbildung 1 enthaltenen Testverfahren, die bzgl. der Testmöglichkeiten ja nicht vollständig substituierbar sind, sondern sich jeweils ergänzen, eine entscheidende Reduzierung des "Floprisikos" bewirkt, erscheint unter bestimmten Voraussetzungen trotzdem eine solche Verkürzung der Testdauer sinnvoll. Einem Hersteller, der den Einstieg in ein bislang unbesetztes Marktsegment vorbereitet, bietet sich - wenn ihm dieser Schritt als erstem gelingt - die Chance, auf Anhieb eine starke Marktposition und damit einen nicht zu unterschätzenden Wettbewerbsvorsprung zu erlangen.[100] Liegt nun der begründete Verdacht vor, daß die Konkurrenz ihrerseits an der Entwicklung eines vergleichbaren Produktes arbeitet,

---

96 Vgl. Paskowski, M.: New tools revolutionize new product testing, in: Marketing & Media Decisions, Vol. 19, Nov. 1984, S. 77 ff.; Tarshis, A.M.: Natural sell-in avoids pitfalls of controlled tests, in: MN, Vol. 20, No. 22, Oct. 24, 1986, S. 14.

97 Vgl. z.B. Chapman, W.S.: Test marketing in the eighties, in: Admap, Vol. 17, No. 12, Dec. 1981, S. 639.

98 Beispiele für Produkte, die unmittelbar im Anschluß an ein Testmarktersatzverfahren (erfolgreich) national eingefügt wurden, finden sich für die Testmarktsimulation u.a. bei Lentini und Edel, für elektronische Minimarkttests bspw. bei Norris und Brennan. Vgl. Lentini, C.: Test marketing - Tomorrow, and tomorrow ... whither the method?, in: AA, Vol. 53, Feb. 22, 1982, S. M-40; Edel, R.: Lab-to-rollout becoming more travelled test path, in: AA, Vol. 55, Feb. 20, 1984, S. M-11 ff.; Norris, E.: To test or not to test seldom the question, in: AA, Vol. 55, Feb. 20, 1984, S. M-10; Brennan, L.: Test marketing put to the test, in: S&MM, Vol. 138, March 1987, S. 68.

99 Vgl. McCabe English, M.: Marketers: Better than a coin flip, in: AA, Vol. 52, Feb. 9, 1981, S. 14 f.; Tracy, E.J.: Testing time for test marketing, in: Fortune, Vol. 110, No. 9, Oct. 29, 1984, S. 57.

100 Vgl. Sands, S.: Can business afford the luxury of test marketing?, in: University of Michigan Business Review, Vol. 30, March 1978, S. 21.

empfiehlt sich die Durchführung weiterer Testmaßnahmen grundsätzlich nur dann, wenn die eigene Produktkonzeption noch keine Marktreife aufweist.

Ebenso sollten geplante Testaktivitäten auf ein Mindestmaß reduziert oder ganz gestrichen werden, wenn ein rasches Reagieren bspw. auf aktuelle Trends erforderlich ist oder sich ein Produkterfolg bereits in einem relativ frühen Teststadium deutlich abzuzeichnen beginnt.

Einschränkend sei hierzu jedoch angemerkt, daß genügend Beispiele existieren, bei denen eine unter Konkurrenzdruck oder aufgrund vermeintlich positiver Testergebnisse überstürzt eingeleitete Gesamtmarkteinführung für das Unternehmen schwerwiegende Verluste brachte.[101]

Generell sollte daher vor der Entscheidung über den Einsatz eines jeden Testverfahrens einerseits die Höhe des Risikos einer unmittelbaren nationalen Einführung abgeschätzt und andererseits - etwa mit Hilfe von Kosten-Nutzen-Analysen - Klarheit darüber geschaffen werden, ob der zu erwartende Informationsgewinn (und der damit verbundene subjektive Grad der Risikominderung) auch tatsächlich die entstehenden direkten und indirekten Marktforschungskosten[102] rechtfertigen.

---

101 Vgl. z.B. Franz, J.: Test marketing - Travelling through a maze of choices, in: AA, Vol. 57, Feb. 13, 1986, S. 32.

102 Einen detaillierten Überblick über direkte und indirekte Kosten der Testmarktforschung vermitteln Kinnear und Taylor. Vgl. Kinnear, T.C./ Taylor, J.R.: Marketing research - An applied approach, 2nd ed., a.a.O., S. 615.

B. Der Aufbau eines elektronischen Minimarkttests

Im Gegensatz zu anderen Testverfahren (Markttest, Storetest, etc.), die von der Anlage her im Prinzip nur für die Dauer eines einzigen Tests an ein bestimmtes Gebiet bzw. bestimmte Geschäfte gebunden sind, ist die Konzeption eines elektronischen Minimarkttests aufgrund des erforderlichen umfangreichen Installationsaufwandes und der damit verbundenen hohen Investitionskosten[1] zwangsläufig auf eine langjährige und häufige Nutzung[2] ausgerichtet. Konsumgüterhersteller, die bspw. ein neues Produkt mit Hilfe eines elektronischen Minimarkttests abtesten möchten, sind somit - zumindest in näherer Zukunft - stets auf die Inanspruchnahme bestehender, fest installierter Systeme angewiesen.

Als Initiator und Betreiber elektronischer Minimarkttests kommen grundsätzlich Handels-, Hersteller- und Marktforschungsunternehmen in Betracht. Ein elektronischer Minimarkttest unter der Federführung eines Handelsunternehmens erscheint zunächst fast naheliegend, da die Kaufverhaltensdaten der Konsumenten quasi als Nebenprodukt des Kassiervorganges automatisch anfallen. Dagegen sprechen jedoch hauptsächlich das i.d.R. mangelnde Know-how und die fehlende Bereitschaft des Handels, eigene Umsatzzahlen an einen direkten Wettbewerber weiterzugeben, da in einem elektronischen Minimarkttest ja sämtliche konkurrierenden Geschäfte des Testgebietes eingebunden sein sollten. Das Engagement eines Konsumgüterherstellers ist zwar ebenfalls generell möglich, dennoch aber eher unwahrscheinlich, da ein einzelnes (Hersteller-) Unternehmen kaum über eine ausreichende Zahl von potentiellen Testprodukten verfügen dürfte, um die enormen Investitionskosten in einem vertretbaren Zeitraum zu amortisieren.[3]

Die besten Voraussetzungen bieten sich deshalb zweifelsohne den Marktforschungsinstituten, da sie zum einen durch ihr ungleich größeres Kundenpotential wesentlich bessere Vermarktungschancen und zum anderen wohl auch das umfassendste Know-how besitzen. Tatsächlich ging der Anstoß zum Aufbau elektronischer Minimarkttests bei sämtlichen bislang installierten Systemen ausnahmslos von Marktforschungsunternehmen aus. Als entscheidende Determinanten haben sich dabei die Auswahl geeigneter Testgebiete

---

1 Nach Angaben des amerikanischen Marktforschungsunternehmens "Information Resources, Inc." (IRI) betragen alleine die Kosten für die Scannerinstallationen in einem elektronischen Minimarkttest mit etwa fünfzehn Geschäften weit über zwei Millionen Dollar. Vgl. Norris, E.: Product hopes tied to cities with the "right stuff", in: AA, Vol. 55, Feb. 20, 1984, S. M-39.
Eine deutliche Verringerung dieser Kosten ist erst dann zu erwarten, wenn in dem betreffenden Gebiet der Handel entweder bereits über Scannerkassensysteme verfügt oder sich bereit erklärt, einen Teil der Scannerinstallationen auf eigene Rechnung vorzunehmen.

2 Auf die Probleme, die hieraus resultieren können, gehen wir in Kapitel C.IV.3.1.2. detailliert ein.

3 In Frage kämen allenfalls internationale Großkonzerne mit einer entsprechend breiten, sich über möglichst viele Warengruppen erstreckenden Produktpalette, wie etwa General Foods, Unilever oder Nestlé.

und Test-Haushalte, die Einbindung des Handels durch entsprechende Kooperationsvereinbarungen sowie die Möglichkeit des Einsatzes von Testwerbung erwiesen.

I. Testgebiete

Die Auswahl eines bestimmten Teilgebietes des Gesamtmarktes zu Testzwecken erfolgt in der Marktforschungspraxis fast ausschließlich bewußt, d.h. unter Ausschaltung des Zufallsprinzips.[4] Speziell die Regionen, in denen der Aufbau eines elektronischen Minimarkttests vorgesehen ist, sollten neben gewissen Repräsentanzbedingungen einer Reihe weiterer Anforderungen genügen, die alle bei der Auswahlentscheidung berücksichtigt werden müssen.

1. Größe

Bei dem Versuch, die "ideale" Größe des Testgebietes[5] für einen elektronischen Minimarkttest zu bestimmen, stößt man rasch auf ein gewisses Dilemma. Während einige Faktoren eine starke Einengung der Testregion nahelegen, sprechen andere Gründe dagegen eher für eine Ausweitung.[6]

So lassen sich zugunsten eines größeren Testgebietes folgende Überlegungen anführen:

- Die Gefahr, daß atypische Einflußfaktoren (z.B. ortsspezifische Besonderheiten wie etwa die dominierende Stellung eines Einzelhandelsgeschäftes oder eines bestimmten Industriezweiges) eine verzerrende Wirkung auf das Kaufverhalten der Konsumenten ausüben und dadurch die Übertragung der Ergebnisse auf den Gesamtmarkt erschweren oder gar unmöglich machen, nimmt mit steigender Testmarktgröße tendenziell ab.

- Ein weiterer Vorteil größerer Gebiete liegt darin, daß sich der Umfang der Pendlerströme in relativ engen Grenzen hält. Insbesondere ist dort der Anteil derjenigen Haushalte, die ihren Bedarf nicht vollständig innerhalb der Testregion decken, obwohl sie dort wohnen, vergleichsweise gering.

---

4 Die Methode der Zufallsauswahl bietet zur Bestimmung von Testgebieten zwar aus theoretischen Erwägungen durchaus gewisse Vorteile, erscheint u.E. aber insbesondere für elektronische Minimarkttests kaum praktikabel und insgesamt wenig sinnvoll. Vgl. dazu die ausführliche Diskussion bei Davis, J.: Market testing and experimentation, in: Worcester, R.M./ Downham, J. (eds.): Consumer market research handbook, 3rd ed., Amsterdam u.a. 1986, S. 559 f.

5 Bei den nachfolgenden Ausführungen wird davon ausgegangen, daß die (flächenmäßige) Größe eines Gebietes eine hohe Korrelation mit der Zahl seiner Einwohner und der dort ansässigen Einkaufsstätten aufweist.

6 Zu beachten ist, daß es sich stets um "ceteris paribus"-Aussagen handelt, für die im Einzelfall durchaus Gegenbeispiele existieren können.

- Das Problem einer unzureichenden werblichen Abgrenzung, das auftritt, wenn die Reichweiten der im (Test-)Werbestreuplan vorgesehenen Medien über das gewählte Testgebiet hinausgehen und damit zu Fehlstreuungen führen, verliert im allgemeinen mit zunehmender Testmarktgröße ebenfalls an Bedeutung.

Für eine Begrenzung des Testgebietes gibt es jedoch auch plausible Argumente:

- Kostenerwägungen legen ganz eindeutig die Wahl einer eher kleineren Testregion nahe.[7] So würde bspw. - zumindest zum momentanen Zeitpunkt - die Anlage eines elektronischen Minimarkttests in einer Großstadt bereits an den erforderlichen Installationskosten scheitern, da ja (im ungünstigsten Fall) sämtliche relevanten Einkaufsstätten mit Scannerkassen oder vergleichbaren Systemen auszustatten wären. Daneben entstehen aber auch während der Laufzeit eines Tests in Gebieten mit geringerer Größe i.d.R. erheblich niedrigere Kosten.

- Die Überwachung der Rahmenbedingungen ist eine unabdingbare Voraussetzung für die ordnungsgemäße Durchführung von Marktexperimenten. Kleinere Regionen bieten hier die wesentlich besseren Kontrollmöglichkeiten, da sie im allgemeinen überschaubarer sind, wodurch sich Störgrößen (und deren Einflüsse) leichter erkennen lassen.

- In einem kleineren Gebiet ist die Wahrscheinlichkeit, sämtliche relevanten Einzelhandelsgeschäfte zu einer Kooperation bewegen zu können, im allgemeinen größer.[8]

Wägt man die verschiedenen Aspekte gegeneinander ab, so besitzen u.E. die Überwachung der experimentellen Rahmenbedingungen und der Kostenfaktor nicht zuletzt deshalb das größte Gewicht, weil sich die oben genannten Nachteile kleinerer Gebiete durch geeignete Auswahlkriterien und den Einsatz technischer Hilfsmittel durchaus weitgehend vermeiden lassen.

In der Praxis ist die Größe der bislang installierten elektronischen Minitestmärkte relativ breit gestreut. So weisen die Systeme in der Bundesrepublik Deutschland Bevölkerungszahlen von 19.000 bis zu 95.000 und in den USA zwischen 50.000 und 150.000 Einwoh-

---

7 Vgl. Urban, G.L./ Hauser, J.R./ Dholakia, N.: Essentials of new product management, Englewood Cliffs (N.J.) 1987, S. 237.

8 Einschränkend muß hierzu jedoch angemerkt werden, daß die Teilnahmeverweigerung oder der Ausfall eines einzelnen Geschäftes in einem kleinen Gebiet (mit bspw. 10 Einkaufsstätten) wesentlich stärker ins Gewicht fällt als in einer größeren Region (mit bspw. 50 Einkaufsstätten).

nern auf[9], wobei es sich stets um kleine bis mittlere Städte, zumeist einschließlich des umliegenden Einzugsbereiches, handelt.

2. Strukturanforderungen

Außer der absoluten Größe ist bei der Auswahl eines geeigneten Testgebietes insbesondere dessen Struktur von entscheidender Bedeutung. Als wesentlichste Faktoren haben sich in diesem Zusammenhang zum einen die Repräsentanz bezüglich verschiedener Kriterien und zum anderen die Isolation im Hinblick auf Verbraucherverhalten und Medienreichweite erwiesen.

2.1. Repräsentanz

2.1.1. Bevölkerungsstruktur

In der Literatur findet sich häufig die Forderung, daß in der Bevölkerung eines Testmarktes die Verteilung bestimmter soziodemographischer und sozioökonomischer Merkmale - wie etwa Alter, Geschlecht, Familienstand, Schulbildung, Beruf des Haushaltvorstandes, Haushaltsgröße, Haushaltsnettoeinkommen, Kaufkraft, etc. - möglichst genau mit der Struktur des Gesamtmarktes übereinstimmen sollte.[10]

Abgesehen davon, daß diese Variablen in vielen Produktbereichen nur einen bescheidenen Beitrag zur Erklärung des Kaufverhaltens zu leisten vermögen[11], ist ein solcher Anspruch bereits für ein Testgebiet "üblicher" Größe kaum zu erfüllen.[12] Für Minitestmärkte erscheint er geradezu illusorisch. Die Forderung sollte deshalb dahingehend relativiert werden, zunächst nur solche Gebiete vom weiteren Auswahlprozeß auszuklam-

---

9 Vgl. Litzenroth, H.A.: Neue Perspektiven für die Panelforschung durch hochentwickelte Technologien, a.a.O., S. 227; Brummer, B.: Electronic-Testmarketing: Telerim, in: Proceedings of the ESOMAR seminar on "Improving the use of consumer panels for marketing decisions", Düsseldorf 1987, S. 27; Walsh, D.J.: Rating the test markets, in: American Demographics, Vol. 7, May 1985, S. 43; McCann, R.L.: The latest innovations in test marketing, Paper presented at the Advertising Research Foundation Key Issues Workshop, New York, Dec. 16, 1983, S. 76.

10 Vgl. z.B. Rehorn, J.: Markttests, Neuwied 1977, S. 93; Höfner, K.: Der Markttest für Konsumgüter in Deutschland, Stuttgart 1966, S. 44 f.
Von bestimmten Merkmalen (z.B. Alter, Haushaltsgröße, etc.) werden zuweilen lediglich die Mittelwerte zwischen Gesamt- und Teilmarkt verglichen. Diese Vorgehensweise kann jedoch nicht befriedigen, da aus einer Übereinstimmung der Mittelwerte nicht zwingend die Gleichheit der zugrundeliegenden Verteilungen folgt.

11 Vgl. Freter, H.: Marktsegmentierung, Stuttgart u.a. 1983, S. 56, sowie die dort zitierte Literatur.

12 Backhaus weist in diesem Kontext zurecht darauf hin, daß eine disproportionale Verteilung von Merkmalen im Testmarkt zu denen im Gesamtmarkt sich bspw. durch die Verwendung von Korrekturfaktoren kompensieren läßt. Vgl. Backhaus, H.: Das Marktexperiment - Methodologie und Forschungstechnik, a.a.O., S. 229.

mern, die in extremem Maße vom Gesamtmarkt abweichen (z.B. typische Universitäts- oder Beamtenstädte[13]).

Einen zusätzlichen wichtigen Faktor stellt das Konsumentenverhalten in der Testregion dar, da bspw. bei Nahrungsmitteln hier oft beträchtliche regionale Unterschiede zu beobachten sind. Es ist daher darauf zu achten, daß insbesondere der Verwenderanteil und die Verwendungsintensität der für einen elektronischen Minimarkttest in Frage kommenden Warengruppen in etwa den Gesamtmarktverhältnissen entsprechen.[14]

2.1.2. Allgemeine Wirtschafts- und Beschäftigungsstruktur

Für Testmarktzwecke weniger zu empfehlen sind weiterhin Gebiete mit einer atypischen Wirtschafts- und Beschäftigungsstruktur.[15] Hierzu zählt insbesondere die Abhängigkeit einer Region von einzelnen Wirtschafts- bzw. Industriezweigen oder - im Extremfall - von einem einzigen Unternehmen. Daneben sollten auch solche Gebiete gemieden werden, deren Arbeitslosenquote deutlich vom Bundesdurchschnitt abweicht oder starken saisonalen Schwankungen unterliegt.[16]

Testmärkte mit einem dominanten Wirtschaftszweig bergen im Gegensatz zu solchen mit einer ausgewogenen Wirtschaftsstruktur stets die latente Gefahr, daß Krisen in dieser Branche (verbunden mit Arbeitslosigkeit, Kurzarbeit, etc.) überproportionale Auswirkungen auf die Kaufkraft und damit letztlich auf das Verbraucherverhalten in der Testregion haben.[17] Gerade in kleineren Gebieten können solche externen Einflußfaktoren die Testergebnisse außerordentlich verzerren bzw. sogar völlig unbrauchbar machen.

2.1.3. Wettbewerbsverhältnisse

In vielen Konsumgütermärkten lassen sich hinsichtlich der Marktbedeutung und auch der Marketing-Aktivitäten der verschiedenen Wettbewerber gewisse regionale Unterschiede feststellen. Als Ursache hierfür kommen bspw. ein spezieller regionaler, häufig

---

13 Vgl. Kinnear, T.C./ Taylor, J.R.: Marketing research - An applied approach, 2nd ed., a.a.O., S. 618.

14 Vgl. Galginaitis, C.: What's beneath a test market?, in: AA, Vol. 52, Feb. 9, 1981, S. 2.
Zu akzeptieren ist nach Angaben des amerikanischen Marktforschungsinstitutes "Dancer Fitzgerald Sample" eine Abweichung um +/- 10 %. Vgl. Adler, L.: Test marketing - it's the pitfalls, in: S&MM, Vol. 128, March 15, 1982, S. 76.

15 Vgl. bspw. Böhler, H.: Marktforschung, a.a.O., S. 49; Rehorn, J.: So testen sie die neuen Produkte, a.a.O., S. 104.

16 Vgl. Nagtegaal, H.: Der Verkaufspreis in der Industrie, Wiesbaden 1974, S. 180 f.

17 Man denke bspw. an die weitreichenden und vielschichtigen Konsequenzen, die jüngst der Zusammenbruch des Stahlwerkes "Maxhütte" für die Region Sulzbach-Rosenberg mit sich brachte!

standortbedingter Goodwill einzelner Hersteller oder eine in bestimmten Bezirken besonders intensive und erfolgreiche Verkaufstätigkeit des Außendienstes in Betracht.[18]

Die Auswahl eines Testgebietes für einen elektronischen Minimarkttest sollte sich nun ausschließlich auf solche Regionen beschränken, in denen zum einen für möglichst viele der in Frage kommenden Warengruppen die jeweils relevanten nationalen Anbieter vertreten sind[19], und die zum anderen jeweils eine möglichst typische, d.h. den Gesamtmarktverhältnissen entsprechende Aufteilung des Marktvolumens aufweisen.[20] Relativ geringfügige Abweichungen der regionalen Marktanteile spielen dabei keine Rolle, da sie bei der Hochrechnung der Ergebnisse auf den Gesamtmarkt i.d.R. durch Korrekturfaktoren ausgeglichen werden können.

Der von manchen Unternehmen vertretenen Auffassung, daß Marktexperimente - quasi als "Härtetest" - bewußt in solchen Regionen durchgeführt werden sollten, in denen die Hauptkonkurrenten eine extrem starke Wettbewerbsposition einnehmen, kann hier nicht gefolgt werden, da die unter solchen Bedingungen gewonnenen Resultate als zuverlässige Projektionsbasis wenig geeignet erscheinen.[21]

2.1.4. Handelsstruktur

Die im Rahmen von regionalen Markttests absolut berechtigten Forderungen, der Handel im Testmarkt solle nach Branchen, Betriebs- und Organisationsformen dem Durchschnitt des Gesamtmarktes entsprechen, und es dürfe außerdem keines der großen nationalen Handelsunternehmen fehlen[22], lassen sich für Minitestmärkte nicht aufrechterhalten.

Das Testgebiet eines Minimarkttests ist i.d.R. viel zu klein, um auch nur annähernd repräsentative Verhältnisse gewährleisten zu können. So sind in den USA an einem elektronischen Minimarkttest gewöhnlich zwischen zehn und zwanzig verschiedene Einkaufs-

---

18 Vgl. Backhaus, H.: Das Marktexperiment - Methodologie und Forschungstechnik, a.a.O., S. 242.

19 Vgl. Crawford, C.M.: New product management, a.a.O., S. 426.

20 Vgl. Kinnear, T.C./ Taylor, J.R.: Marketing research - An applied approach, 2nd ed., a.a.O., S. 618.

21 Vgl. z.B. Höfner, K.: Der Markttest für Konsumgüter in Deutschland, a.a.O., S. 57 f.; Sittenfeld, H.: Der Testmarkt - Instrument des Marketing, München 1966, S. 63.
Ebenso problematisch ist es, wenn sich Hersteller für ein Testgebiet im Einzugsbereich des eigenen Unternehmensstandortes entscheiden. Vgl. dazu Schmitt-Grohé, J.: Produktinnovation - Verfahren und Organisation der Neuproduktplanung, Band 3 der Schriftenreihe Unternehmensführung und Marketing, Hrsg.: Meffert, H., Wiesbaden 1972, S. 136.

22 Vgl. u.a. Beike, P./ Christmann, G.: Marktforschungspraxis von A - Z: Methoden, Techniken und Verfahren, a.a.O., S. 199.

stätten beteiligt, in der Bundesrepublik Deutschland bislang maximal sechs.[23] Diese geringe Stichprobengröße erscheint aber im allgemeinen durchaus vertretbar, da ein elektronischer Minimarkttest im Gegensatz zu einem Markttest nicht dazu dient, die Handelsakzeptanz eines neuen Produktes zu messen, sondern auf einer zumeist hundertprozentigen Distribution des Testproduktes in den Testgeschäften basiert.[24] Abzulehnen wäre ein Testgebiet jedoch dann, wenn dort speziell diejenigen Betriebsformen oder Handelsorganisationen nicht vorhanden sind, die für das zu testende Produkt im Gesamtmarkt die wichtigsten Vertriebskanäle darstellen.

Wesentlich bedeutsamer als eine "typische" Distributionsstruktur ist u.E. vielmehr die Kooperationsbereitschaft sämtlicher in der Testregion ansässigen Geschäfte am elektronischen Minimarkttest, um eine möglichst lückenlose Erfassung der Einkäufe[25] und eine weitgehende Kontrolle der Versuchsbedingungen zu ermöglichen.[26]

2.1.5. Mediastruktur

Im Testgebiet sollten darüber hinaus alle für die spätere Gesamtmarkteinführung vorgesehenen Werbeträger zur Verfügung stehen. Diese Forderung wird vor allem deshalb erhoben, weil gerade die nationale Einführungskampagne wegen ihrer großen Bedeutung für das neue Produkt und nicht zuletzt auch wegen der enormen Kosten so "wirklichkeitsnah" wie möglich im Testgebiet simuliert werden sollte.

In der Bundesrepublik Deutschland werfen in diesem Zusammenhang jedoch insbesondere die Rundfunkmedien erhebliche Schwierigkeiten auf. Mit Ausnahme Berlins gibt es bislang keine Möglichkeit einer angemessenen regionalen Belegung, da bspw. die Sendebereiche der ARD-Regionalprogramme für Testmarktzwecke i.d.R. zu groß sind, und die Entscheidung zugunsten einer kleineren Testregion unweigerlich zu entsprechend hohen Streuverlusten führen würde.[27]

Mittlerweile lassen sich diese Probleme - zumindest für das Medium Fernsehen - im Rahmen von elektronischen Minimarkttests durch den Einsatz spezieller Technologien

---

23 Vgl. Brummer, B.: Electronic-Testmarketing: Telerim, a.a.O., S. 28; Twardawa, W./ Missner, P.: GfK-BehaviorScan - New perspectives in test market research, in: Proceedings of the ESOMAR seminar on "Improving the use of consumer panels for marketing decisions", Düsseldorf 1987, S. 11.

24 Vgl. Kandathil, J.: The advantages of electronic test markets: An advertiser view based on experience, in: JoAR, Research Currents, Vol. 25, No. 6, Dec./Jan. 1985/86, S. RC-12.
Der tatsächlich im Gesamtmarkt zu erwartende Distributionsgrad fließt als externer, vom testenden Unternehmen zu schätzender Parameter in das Hochrechnungsmodell ein.

25 Voraussetzung hierfür ist allerdings zusätzlich, daß es in den betreffenden Produktbereichen zu keinen nennenswerten Kaufkraftabflüssen in Einkaufsstätten außerhalb des Testgebietes kommt!

26 Vgl. Bowles, T.: Measuring effects - A new perspective, in: Admap, Vol. 22, No. 3, March 1986, S. 147.

27 Vgl. Backhaus, H.: Das Marktexperiment - Methodologie und Forschungstechnik, a.a.O., S. 240.

lösen. So erfolgt die Übermittlung von Test-Fernsehwerbung exklusiv für die Test-Haushalte bzw. das Testgebiet z.B. via Kabel oder durch sogenannte Umsetzer[28], wodurch Fehlstreuungen gänzlich ausgeschlossen bzw. auf ein Minimum reduziert werden können.

Die Substitution nationaler durch regionale Medien (wie etwa Tageszeitung, Plakat, Postwurf, Handzettel, etc.) sollte nur in Ausnahmefällen vorgenommen werden.[29] Es empfiehlt sich dann, die für den Gesamtmarkt geplante Zahl von Werbekontakten pro Zielperson auch im Testgebiet anzustreben.[30] Unberücksichtigt bleibt dabei aber die z.T. stark unterschiedliche Kontaktqualität der verschiedenen Werbeträger, so daß diese Vorgehensweise letztlich nicht ganz zu befriedigen vermag.

2.2. Isolation

Ein weiteres wichtiges Gütekriterium für die Eignung eines Gebietes zu Testzwecken stellt der Grad der Isolation von den umliegenden Wirtschaftsräumen dar. Es ist darauf zu achten, daß sich das Ausmaß der Wechselbeziehungen zwischen dem Testgebiet und den benachbarten Regionen auf möglichst niedrigem Niveau bewegt. Eine starke gegenseitige Beeinflussung hätte nämlich zur Folge, daß die Testergebnisse nicht mehr eindeutig den in der Testregion getroffenen Maßnahmen zugeordnet werden können und damit erheblich an Aussagekraft verlieren.

In einem Land wie der Bundesrepublik Deutschland läßt sich jedoch aufgrund der dichten Besiedelung und der starken Verflechtung der Wirtschaft eine vollkommene Isolation eines Gebietes nur in Ausnahmefällen erreichen.[31] Schwierigkeiten resultieren hierbei insbesondere aus dem Einkaufsverhalten der Konsumenten sowie der Reichweite der Medien.

---

28 Vgl. o.V.: Erste Begegnung mit der Hi-Tech-Marktforschung, in: asw, 28. Jg., Heft 7, 1985, S. 69 f., sowie die Ausführungen in Kapitel B.IV.2.1.

29 So können in der Bundesrepublik Deutschland zum momentanen Zeitpunkt bspw. der öffentlich-rechtliche Hörfunk und bestimmte Publikumszeitschriften noch nicht auf lokaler Ebene geschaltet werden.
In den USA liefern manche Verlage jedoch bereits Teilauflagen ihrer national erscheinenden Zeitschriften für den Einsatz in elektronischen Minimarkttests mit einmontierten Testanzeigen aus. Vgl. Gage, T.J.: IRI delevops new systems for more exposure, in: AA, Vol. 54, Feb. 21, 1983, S. M-29.

30 Vgl. Fröba, H.W.: Der Markttest als Informationsinstrument für den Einsatz der absatzpolitischen Instrumente, a.a.O., S. 109.

31 Im Gegensatz dazu kann in den USA dieses Kriterium wesentlich leichter erfüllt werden. So beinhaltet das Anforderungsprofil des amerikanischen Marktforschungsinstitutes "Information Resources, Inc." (IRI) an einen elektronischen Minitestmarkt u.a. die Bedingung, daß sich im Umkreis von mindestens fünfzig Meilen kein anderer "shopping district" befinden darf. Vgl. Norris, E.: Product hopes tied to cities with the "right stuff", a.a.O., S. M-39.

2.2.1. Einkaufsverhalten der Konsumenten

Zu den grundlegenden theoretischen Annahmen eines jeden (Mini-)Markttests gehört, daß der im Testgebiet getätigte Umsatz exakt den Bedarf der dort ansässigen Bevölkerung widerspiegelt, es also weder zu Kaufkraftzuflüssen noch zu Kaufkraftabflüssen kommt.[32] In der Realität sind solche idealtypischen Verhältnisse aufgrund von diversen möglichen Störfaktoren aber nur relativ selten anzutreffen.

So fallen die im Testgebiet gemessenen Umsätze als Basis für eine Projektion auf die Gesamtmarktebene etwa immer dann zu hoch aus, wenn

o die Testregion über eine (oder mehrere) attraktive Einkaufsstätte(n) mit einem entsprechend großen Einzugsbereich verfügt, die stark von außerhalb wohnenden Verbrauchern frequentiert wird (werden),

o in der Testregion ein hoher Anteil von Pendlern zu verzeichnen ist, die zwar in den umliegenden Gebieten ihren Wohnsitz haben, aber in der Testregion arbeiten und einkaufen[33],

o die Testregion ein ausgedehntes Fremdenverkehrsaufkommen aufweist[34].

Dagegen werden für das Testgebiet effektiv zu niedrige Umsätze ausgewiesen, wenn dessen Einwohner ihre Einkäufe nur zum Teil innerhalb der Testregion erledigen. Besonders gravierende Auswirkungen hat ein solcher Sachverhalt dann, wenn es sich hierbei um Teilnehmer des Haushalts-Panels handelt. Speziell bei diesem Personenkreis ist die lückenlose Erfassung sämtlicher Einkäufe von geradezu essentieller Bedeutung, da ansonsten z.B. die verläßliche Ermittlung von Kauf- und Wiederkaufsraten absolut unmöglich wird.[35]

Für einen elektronischen Minimarkttest sollten deshalb Gebiete mit umfangreichen Kaufkraftabflüssen tunlichst gemieden werden. Zusätzlich spielt für die Bewertung der in der Testregion registrierten Umsätze eine möglichst genaue Kontrolle der Kaufkraftzuflüsse eine entscheidende Rolle.

---

32 Vgl. o.V.: Ein gläserner Testmarkt, in: Food + nonfood, 17. Jg., Heft 10, 1985, S. 48.

33 Vgl. Rehorn, J.: Markttests, a.a.O., S. 94.

34 Vgl. Adler, L.: Test marketing - It's the pitfalls, a.a.O., S. 76.

35 Die - zunächst durchaus naheliegende - Vermutung, daß sich Kaufkraftzuflüsse und -abflüsse in ihrer Wirkung neutralisieren, wäre demnach ein fataler Trugschluß!

2.2.2. Medienreichweite

Im Rahmen der Diskussion um die optimale Größe eines Minitestmarktes und um das Erfordernis einer repräsentativen Mediastruktur wurde bereits kurz die Problematik der Medienreichweite angesprochen. Viele Regionen scheiden nicht zuletzt deshalb als potentielle Testgebiete aus, weil es nicht gelingt, auch in werblicher Hinsicht einen zufriedenstellenden Grad der Isolation zu erreichen, d.h. das Ausmaß an Fehlstreuungen in Grenzen zu halten.

Es gilt daher solche Gebiete zu finden, die einerseits nicht in extremer Weise von externer Werbung beeinflußt werden ("spill-in"), und in denen andererseits die benötigten Werbeträger nicht in nennenswertem Umfang in die umliegenden Regionen streuen ("spill-out").[36] "Spill-in"-Effekte können eine ordnungsgemäße Durchführung von Marktexperimenten unmöglich machen[37], wenn in einem Testgebiet der Werbedruck von außen so stark ist, daß die eigene, auf dieses Gebiet beschränkte Kampagne nicht mehr die erforderliche Reichweite und damit eine entsprechende Aufmerksamkeit zu erzielen vermag. "Spill-out"-Effekte führen dagegen - abgesehen von den unnötig verursachten Kosten[38] - leicht zur Verärgerung von Handel und Verbrauchern außerhalb des Testgebietes, da dort die Nachfrage nach dem Testprodukt mangels Erhältlichkeit nicht befriedigt werden kann.

Zusammenfassend betrachtet wäre es verfehlt zu glauben, daß irgendein Testgebiet sämtlichen der oben angeführten Strukturanforderungen gerecht werden kann. Man wird daher Regionen auswählen (müssen), die dem Ideal der Gesamtmarktsituation zumindest nahe kommen.[39] Dies ist jedoch umso schwieriger zu bewerkstelligen, je mehr Kriterien in den Anforderungskatalog einbezogen werden.[40]

---

36 Vgl. z.B. Weinblatt, I.: How to pick the best new product laboratory, in: Marketing and Media Decisions, Vol. 21, May 1986, S. 92; Kinnear, T.C./ Taylor, J.R.: Marketing research - An applied approach, 2nd ed., a.a.O., S. 618.

37 Vgl. z.B. Shields, M.J.: Screening the nation for the four-star audience, in: AA, Vol. 54, Feb. 21, 1983, S. M-32; Aaker, D.A./ Day, G.S.: Marketing research, 3rd ed., a.a.O., S. 627.

38 Vgl. Galginaitis, C.: What's beneath a test market?, a.a.O., S. 2.

39 In einer Studie von Walsh wurde die Einwohnerschaft von 38 gebräuchlichen amerikanischen Teststädten (darunter 16 elektronische Minitestmärkte) bezüglich der Alters- und Haushaltseinkommens-Verteilung mit der gesamten US-Bevölkerung verglichen. Die durchschnittliche prozentuale Abweichung pro Merkmalsklasse variierte dabei von 4,9 % bis zu 25,7 % und wies damit bereits bei nur zwei Merkmalen z.T. erhebliche Unterschiede zur Gesamtmarktstruktur auf!
Zur Vorgehensweise und Berechnungsmethodik vgl. Walsh, D.L.: Rating the test markets, a.a.O., S. 38 ff.

40 Zu beachten ist aber, daß bei der Auswahl von Testgebieten neben den im Rahmen dieses Kapitels dargestellten allgemeinen Strukturanforderungen eine Reihe weiterer Kriterien Berücksichtigung finden kann (z.B. produktspezifische Faktoren, Teilnahmebereitschaft der Haushalte und des Handels, Anteil der verkabelten Haushalte, etc.).

Hinzu tritt noch das Problem, daß die Entscheidung, einen elektronischen Minimarkttest in einem bestimmten Gebiet zu installieren, aufgrund der zu tätigenden hohen Investitionen i.d.R. mit einer längerfristigen Nutzung verbunden ist. Da jedes Marktexperiment aber in seiner Problemstellung einmalig ist[41], kann keine Testregion für sich in Anspruch nehmen, für alle möglichen Produkte und Zielsetzungen gleichermaßen geeignet zu sein. Das schlechthin ideale Testgebiet gibt es somit nicht!

3. Erforderliche Anzahl von Testgebieten

Ähnlich der Frage nach der optimalen Größe einer Testregion bereitet auch die Bestimmung der erforderlichen Anzahl von Testgebieten gewisse Schwierigkeiten.

Theoretisch ist die Zahl der Testgebiete solange zu erhöhen, wie der Wert der zu erwartenden Informationen die Kosten der Hinzunahme weiterer Regionen übersteigt. Eine solche marginalanalytische Betrachtungsweise erscheint als Denkmodell zwar durchaus nützlich, vermag aber in praxi wohl nur einen unzureichenden Entscheidungsbeitrag zu leisten.

Kotler hat in diesem Zusammenhang deshalb eine Reihe allgemeiner Regeln aufgestellt.[42] Die Zahl der Testgebiete sollte demnach umso größer sein,

- je höher der maximal mögliche Verlust und/oder die Wahrscheinlichkeit eines Verlustes bei einer Gesamtmarkteinführung ist,
- je mehr mit einer absichtlichen Störung des Testablaufes durch Konkurrenten gerechnet werden muß,
- je heterogener der Gesamtmarkt in Bezug auf regionale Unterschiede ist,
- je größer die Zahl der zu überprüfenden alternativen Marketing-Strategien und/oder die Unsicherheit darüber ist, welche dieser Strategien sich als die beste erweist.

Hinter der ersten Forderung steht die Annahme, daß die Genauigkeit der Hochrechnung von Testmarktergebnissen auf Gesamtmarktebene von der Anzahl der Testgebiete abhängt. In einer vielbeachteten und vieldiskutierten Studie hatte nämlich Gold[43] bei Verwendung eines einzigen Testgebietes einen durchschnittlichen Projektionsfehler von +/-

---

41 Vgl. Höfner, K.: Der Markttest für Konsumgüter in Deutschland, a.a.O., S. 44.

42 Vgl. Kotler, P.: Marketing management: Analysis, planning and control, 5th ed., a.a.O., S. 341.

43 Vgl. Gold, J.A.: Testing test market predictions, in: JoMR, Vol. 1, Aug. 1964, S. 8 ff.

32,8 % errechnet, der bei Heranziehung von zwei Testgebieten auf +/- 21,7 % und bei drei Testgebieten immerhin auf +/- 15,6 % zurückging.[44]

Von besonderer Bedeutung sind u.E. aber speziell die beiden letzten Empfehlungen. Bei gravierenden regionalen Unterschieden im Gesamtmarkt, bspw. hinsichtlich der Konsumentengewohnheiten, ist im allgemeinen dringend zu empfehlen, dieser Heterogenität durch eine entsprechende Streuung der Testgebiete Rechnung zu tragen.[45] Die Beschränkung auf nur ein einziges Testgebiet könnte hier leicht zu fatalen Fehleinschätzungen und darauf basierenden Fehlentscheidungen führen.
Die Überprüfung der Wirkung alternativer Marketing-Konzepte bzw. einzelner Marketing-Mix-Komponenten sollte in mehreren, möglichst gleichstrukturierten Testgebieten vorgenommen werden.[46] Die Zahl der zu diesem Zweck benötigten Regionen richtet sich zum einen nach der Zahl der zu untersuchenden Variablen (z.B. Produktpreis, Packungsgröße, etc.)[47], und zum anderen danach, ob es sich innerhalb jeder einzelnen Variablen um eine einfache Ja/Nein-Entscheidung (z.B. Produkteinführung mit oder ohne Instore-Promotions) oder um eine Alternativenbewertung (z.B. hoher, mittlerer oder niedriger Preis) handelt. Stets ist jedoch darauf zu achten, daß neben den Experimentiermärkten auch Kontrollmärkte (ohne Stimuli) eingesetzt werden, um eine exakte Ursache-Wirkungs-Analyse zu ermöglichen.

Neben finanziellen Restriktionen, die den Einsatz allzu vieler Testgebiete verbieten, besteht das Hauptproblem aber primär darin, überhaupt eine ausreichende Zahl strukturell gleichartiger Regionen zu finden.[48] Elektronische Minimarkttests vermögen hier gewisse Abhilfe zu schaffen, indem Varianten einzelner Marketing-Mix-Komponenten

---

44 Hardin bemerkt dazu jedoch nicht zu unrecht, daß dieser Genauigkeitsgewinn im Endeffekt ausschließlich auf der Erhöhung der Stichprobengröße beruht. Vgl. Hardin, D.K.: Changing test market technology in the USA, in: Marketing in a changing world - The role of market research, Proceedings of the 25th ESOMAR Congress, Cannes/France 1972, S. 330.

45 In der Bundesrepublik Deutschland gibt es bezüglich der Konsumgewohnheiten nur in manchen Warengruppen (z.B. Wein, Tee oder Teigwaren) ein gewisses Nord-Süd- bzw. Süd-Nord-Gefälle. Wesentlich extremer ist die Situation bspw. in Belgien (Flandern - Wallonien) oder in Österreich (Ost - West). Vgl. dazu Stern, H.: Testmärkte in Europa - Großbritannien, Frankreich und Deutschland bieten die besten Voraussetzungen, in: asw, 6. Jg., Heft 10, 1963, S. 660; Böhm, E.: Nicht der Testmarkt ist problematisch ... sondern seine richtige Auswahl - In Österreich ist manches anders, in: asw, 9. Jg., Heft 21, 1966, S. 1524.

46 Vgl. z.B. Lipstein, B.: The design of test marketing experiments, in: JoAR, Vol. 5, No. 4, Dec. 1965, S. 6.

47 Vgl. Zarth, H.R.: Testmarkt - Planung, Durchführung, Auswertung, in: MA, 36. Jg., Heft 10, 1974, S. 438.

48 Für Sittenfeld ist die Vergleichbarkeit von Testmärkten sogar wichtiger als die Erfüllung von Repräsentanzanforderungen. Vgl. Sittenfeld, H.: Der Testmarkt - Instrument des Marketing, a.a.O., S. 95. Auf die Möglichkeit, bei disproportionaler Verteilung der relevanten Repräsentanzkriterien in den Testgebieten die Ergebnisse mit Hilfe von Korrekturfaktoren zu adjustieren, wurde bereits an anderer Stelle hingewiesen!

(insbesondere kommunikationspolitische Maßnahmen[49]) innerhalb eines einzigen Gebietes überschneidungsfrei gegeneinander getestet werden können. Experimentier- und Kontrollgruppen, die strukturgleich aus dem Haushalts-Panel gebildet werden, befinden sich somit in ein und demselbem Markt, wodurch sich die Zahl der erforderlichen Testgebiete erheblich reduzieren läßt.

II. Test-Haushalte

1. Größe der Stichprobe

Neben den allgemeinen Kriterien zur Bestimmung von Stichprobengrößen für sozialwissenschaftliche Untersuchungen[50] müssen bei der Festlegung des Umfanges der Haushalts-Stichprobe im Rahmen eines elektronischen Minimarkttests folgende Gesichtpunkte in besonderem Maße beachtet werden:[51]

- o Struktur der Grundgesamtheit bezüglich der relevanten Untersuchungsmerkmale (Homogenität oder Heterogenität)
- o Einkaufsrhythmus und Zahl der Käufer in den für einen Minimarkttest in Frage kommenden Warengruppen
- o Benötigter Detaillierungsgrad der Ergebnisse bezüglich der verschiedenen Segmentierungskriterien (z.B. soziodemographische Variable, Kaufverhaltens- und Medianutzungsdaten, etc.) unter Gewährleistung einer ausreichenden Zellenbesetzung
- o Anforderungen an die Genauigkeit und Gültigkeit der Ergebnisse
- o Relation der Zahl der Panel-Haushalte zur Zahl aller Haushalte im Testgebiet
- o Kosten

Bei einer eingehenden Prüfung dieser Faktoren wird deutlich, daß diese nicht nur interdependent sind, sondern z.T. auch entgegengesetzte Wirkungsrichtungen aufweisen. So lassen sich bspw. eine Erhöhung der Genauigkeit und der Detailliertheit der Ergebnisse i.d.R. nur unter Inkaufnahme entsprechender Kostensteigerungen erreichen.

---

49 Vgl. hierzu die Ausführungen in Kapitel C.II.2.2.

50 Vgl. u.a. Hauser, S.: Daten, Datenanalyse und Datenbeschaffung in den Wirtschaftswissenschaften, Königsstein/Ts. 1979.

51 In diesem Abschnitt wird bei der Diskussion der Stichprobenproblematik bewußt stets von einem einzigen Testgebiet ausgegangen! Davon unberührt bleibt jedoch die Tatsache, daß es durchaus sinnvoll sein kann, die Gesamt-(Haushalts-)Stichprobe auch durch die Installation zusätzlicher elektronischer Minimarkttests zu erhöhen. So besitzen bspw. acht regional gestreute Minitestmärkte mit jeweils 2.500 Haushalten zweifellos eine größere Aussagekraft als ein einziger Minitestmarkt mit 20.000 Haushalten.

Daneben muß bei der Festlegung der Samplegröße berücksichtigt werden, daß es sich bei einem elektronischen Minimarkttest gewissermaßen um ein "Mehrzweckinstrument" handelt, das für eine Vielzahl von Testobjekten und Untersuchungszielen herangezogen werden kann und zudem auf eine langjährige Nutzung ausgerichtet ist. Weist die Grundgesamtheit nun aber bei manchen Produkten ein relativ homogenes Kaufverhalten auf, braucht dies bei anderen Produkten durchaus nicht der Fall zu sein. Da außerdem auch die Käuferreichweite und der Kaufrhythmus zwischen den unterschiedlichen Produktbereichen stark variieren, resultieren daraus letztendlich von Warengruppe zu Warengruppe verschiedene Anforderungen an die Größe der Stichprobe. Darüber hinaus werden in einem elektronischen Minitestmarkt üblicherweise Tests für eine Reihe von Auftraggebern durchgeführt, die ihrerseits wiederum spezifische Vorstellungen bzgl. der Genauigkeit und Detailliertheit der Ergebnisse haben.

Eine weitere, nicht zu unterschätzende Schwierigkeit ergibt sich in diesem Zusammenhang aus der zweistufigen Anlage eines elektronischen Minimarkttests. Das Haushalts-Panel soll einerseits zwar repräsentativ für die Bevölkerung des Gesamtmarktes sein, darf andererseits jedoch ausschließlich innerhalb der definierten Grenzen des ausgewählten Testgebietes, d.h. einer erheblich kleineren Region, rekrutiert werden. Damit liegen dem Haushalts-Panel als unmittelbare Grundgesamtheit lediglich sämtliche Haushalte im Testgebiet zugrunde. Je größer nun aber der Quotient aus Stichprobe (= Anzahl der Panel-Haushalte) und Gesamtheit (= Anzahl aller Haushalte im Testgebiet) ist, desto schwerer fällt es, zum einen überhaupt eine repräsentative Stichprobe aufzubauen und zum anderen die im Laufe der Zeit ausscheidenden Haushalte durch strukturgleiche zu ersetzen.[52]

Das wohl gewichtigste Kriterium stellt jedoch die Einhaltung einer gewissen Mindest-Samplegröße dar, um bspw. bei einer segmentspezifischen Aufschlüsselung der Ergebnisse (z.B. Zahl der Wiederkäufer des Testproduktes aus der Altersklasse 30 bis unter 40 Jahre mit einem Haushalts-Nettoeinkommen von über 4.000.- DM) noch ausreichende Zellenbesetzungen zu gewährleisten, die ja unabdingbare Voraussetzung für eine verläßliche Projektion der Testmarktdaten auf Gesamtmarktebene sind. Verschärft wird diese Situation noch dadurch, daß die Mehrzahl der Testsysteme mit Splits (z.B. Werbekampagne A versus Werbekampagne B) innerhalb eines Testgebietes arbeitet, wodurch sich die Ausgangsstichprobe quasi von vornherein halbiert.[53]

---

52 So müssen etwa im bundesdeutschen Testgebiet Haßloch von der Gesellschaft für Konsum-, Markt- und Absatzforschung (GfK), Nürnberg, permanent 3.000 (und damit über ein Drittel!) der insgesamt ca. 8.500 dort ansässigen Haushalte zur Teilnahme am Projekt "BehaviorScan" bewegt werden. Vgl. Hehl, K./ Jackel, B.: Marketingforschung und High Tech: Neue Dimensionen der Information und Analyse, in: GfK (Hrsg.): Dem Verbraucher auf der Spur - Perspektiven der elektronischen Marketingforschung, Berichtsband der GfK-Tagung vom 23. Juni 1987, Nürnberg 1987, S. 38.

53 Vgl. Franz, J.: Travelling through a maze of choices, a.a.O., S. 32 und 35.

Demonstrieren läßt sich diese Problematik recht anschaulich an einem konkreten Fallbeispiel eines Werbedrucktests, der im Rahmen des "ERIM-Testsight"-Minimarkttests von Nielsen in den USA durchgeführt wurde.[54]

Abb. 2 Stichprobenproblematik im Rahmen von elektronischen Minimarkttests am Beispiel eines Werbedrucktests

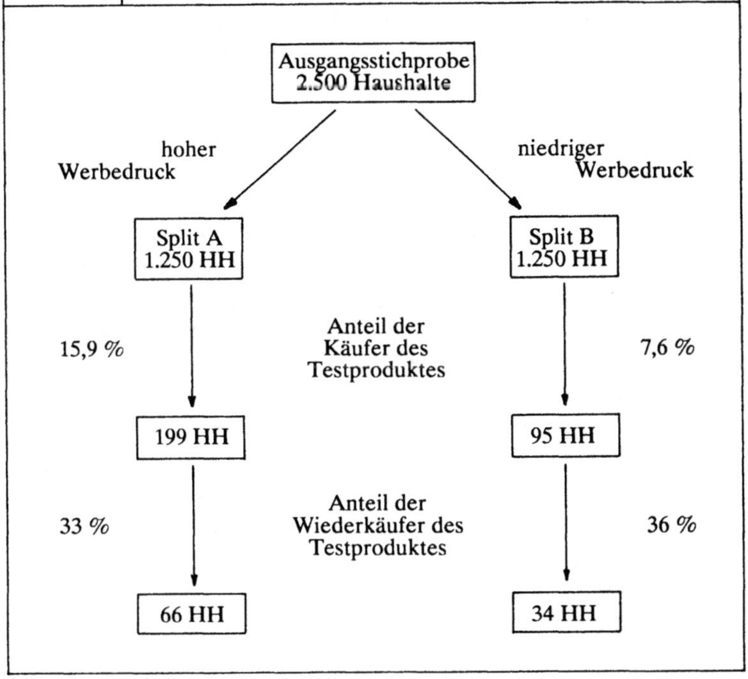

Der Versuch, die verbleibenden 66 bzw. 34 Haushalte nach Segmentierungskriterien aufzugliedern, verbietet sich u.E. wegen der viel zu geringen Fallzahlen zwangsläufig. Es zeigt sich somit deutlich, daß Produktgruppen mit niedriger Käuferreichweite und/oder Wiederkaufsrate extreme Schwierigkeiten hinsichtlich der segmentspezifischen Interpretierbarkeit und Hochrechenbarkeit der Ergebnisse aufwerfen können[55], zumal der Stichprobenumfang u.a. aus Kostengründen nicht beliebig vergrößert werden kann.

---

54 Die Größe der Ausgangsstichprobe wurde aufgrund fehlender Daten fiktiv gewählt, die übrigen Angaben zu den Käuferreichweiten und Wiederkaufsraten stammen von Bachhuber. Vgl. Bachhuber, R.W.: Reducing costs and increasing efficiency with ERIM-Testsight, in: The Nielsen Researcher, o.Jg., No. 2, 1985, S. 5 f.

55 Vgl. hierzu auch die Ausführungen in Kapitel C.VI.

Unter Abwägung der oben genannten Faktoren scheint eine theoretisch fundierte, exakte Bestimmung einer "idealen" Stichprobengröße für das Haushalts-Panel eines elektronischen Minimarkttests nicht möglich. In der Praxis hat sich deshalb - wohl nicht zuletzt aus Konkurrenzgründen - speziell in den USA eine relativ einheitliche Größe durchgesetzt. Die im Bereich der Minitestmarktforschung etablierten amerikanischen Institute beschränken sich - allerdings ohne nähere Begründung - mittlerweile fast ausnahmslos auf ca. 2.500 Haushalte pro Testregion[56], während die beiden deutschen Anbieter, GfK mit einem Gebiet à 3.000 Haushalte[57] bzw. Nielsen mit vier Gebieten à 1.000 Haushalten[58], offensichtlich (noch) eher unterschiedliche Test-Philosophien verfolgen.

2. Erfüllung der wesentlichen Repräsentanzkriterien

Aus der Tatsache, daß es nur in den seltensten Fällen gelingen dürfte, ein Testgebiet für einen elektronischen Minimarkttest zu finden, welches - trotz seiner geringen Größe - hinsichtlich der Bevölkerungsstruktur als repräsentativ für den Gesamtmarkt angesehen werden kann, kann nicht der Schluß gezogen werden, daß eine im Testgebiet gezogene Haushalts-Stichprobe ebensowenig diese Repräsentanzkriterien zu erfüllen vermag. Es läßt sich vielmehr durch die Wahl geeigneter Auswahltechniken ein Sample "konstruieren", das in den wesentlichen Strukturdaten weitgehend den Verhältnissen im Gesamtmarkt entspricht.[59] Dies erscheint uns vor allem deshalb so wichtig, weil ja letztlich die im Rahmen des Haushalts-Panels gewonnenen Ergebnisse als Basis für die Hochrechnung auf die Gesamtmarktebene dienen. Ein Abweichen des Testgebietes vom Bundestotal könnte somit sogar durchaus in Kauf genommen werden.

Es stellt sich nun die Frage, welche Repräsentanzkriterien man denn überhaupt heranziehen sollte. Generell empfehlen sich leicht erfaßbare bzw. meßbare Merkmale, von denen darüber hinaus die exakte und aktuelle Verteilung innerhalb des Gesamtmarktes (und nicht nur die Durchschnittswerte!) bekannt sein muß. Diese Restriktionen führen dazu, daß die Marktforschungsinstitute - trotz der bekannten Schwächen - innerhalb der Haushalts-Stichprobe doch zumeist auf soziodemographische Variablen (i.d.R. Alter, Haushaltsgröße und Haushaltsnettoeinkommen) zurückgreifen.[60] Ergänzen ließen sich

---

56 Vgl. z.B. Honomichl, J.: The nation's top 40 marketing / advertising research companies, in: AA, Vol. 56, May 23, 1985, S. 15 ff.

57 Vgl. Litzenroth, H.A.: GfK-BehaviorScan: Experimentelle Messung der Auswirkungen klassischer Werbung (incl. TV-Werbung) auf das effektive Kaufverhalten, in: Holm, K.-F. (Hrsg.): Werbewirkungsforschung - ex ante und ex post, Band 1, Hamburg 1986, S. 146.

58 Vgl. Brummer, B.: Electronic-Testmarketing: Telerim, a.a.O., S. 23.

59 Vgl. Marton, E.J.: First controlled scan project makes town a laboratory, in: Supermarket Business, o.Jg., No. 3, 1980, S. 18.

60 Vgl. Veitengruber, D.K.: Die Towntests - Neuentwicklungen in der Testmarktforschung, a.a.O., S. 11.

diese Kriterien bspw. noch relativ einfach durch Daten des Besitzstandes (etwa PKW's oder Haushaltsgroßgeräte), während die Einbeziehung von psychographischen und Kaufverhaltensdaten mit Schwierigkeiten verbunden wäre.[61]

Ein gewisses Problem ergibt sich in diesem Zusammenhang jedoch daraus, daß man die einzelnen Merkmale nicht isoliert, sondern kombiniert betrachten müßte. Dies soll in der nachstehenden Abbildung 3 anhand eines fiktiven Beispieles demonstriert werden:[62]

Es zeigt sich dort recht deutlich, daß in beiden Stichproben die Verteilungen der Merkmale Alter und Geschlecht zwar jeweils exakt mit der Situation im Gesamtmarkt übereinstimmen, die gemeinsamen Verteilungen aber völlig verschieden sind.
So rekrutiert sich die Stichprobe 1 ausschließlich aus alten Männern und jüngeren Frauen, während es in Stichprobe 2 gerade umgekehrt ist. Keine der beiden Stichproben entspricht zudem auch nur annähernd den Gesamtmarktverhältnissen.

Das eigentliche Dilemma besteht nun darin, daß die gemeinsame Verteilung von unterschiedlichen Variablen in der Gesamtheit im allgemeinen nicht bekannt ist. Die Überprüfung, ob eine konkrete Stichprobe in Bezug auf mehrere Merkmale die Bedingung der Repräsentanz erfüllt, läßt sich somit tatsächlich nur in den wenigsten Fällen bewerkstelligen.

3. Auswahlverfahren

Zur Ziehung der Haushalts-Stichprobe innerhalb des Testgebietes kommen grundsätzlich zwei unterschiedliche methodische Vorgehensweisen in Betracht:[63]

- o Bei den Verfahren der Zufallsauswahl entscheiden auf den Prinzipien der Wahrscheinlichkeitstheorie basierende Zufallsmechanismen über die Auswahl der Einheiten, und jedes Element der Grundgesamtheit besitzt eine bestimmte (und berechenbare), von Null verschiedene Wahrscheinlichkeit, in die Stichprobe zu gelangen.

- o Im Gegensatz dazu wird bei den Verfahren der bewußten Auswahl - und hier insbesondere der Quota-Auswahl als dem bedeutendsten Vertreter dieser Gattung - das Sample quasi "konstruiert", d.h., die Ziehung der Stichprobenelemente erfolgt

61 Denkbar erschienen allenfalls solche psychographischen Merkmale, die z.B. im Rahmen von repräsentativen nationalen Haushalts-Panels mit Hilfe von Statement-Batterien erhoben werden.

62 In Anlehnung an Rehorn, J.: Was leisten Pretests? (Hrsg.: Hildmann, Simon, Rempen & Schmitz), Düsseldorf 1983, S. 22.

63 Vgl. bspw. die überblicksartige Darstellung bei Hüttner, M.: Grundzüge der Wirtschafts- und Sozialstatistik, Wiesbaden 1973, S. 296.

Abb. 3 Repräsentanzproblematik bei der Ziehung von Stichproben

Situation im Gesamtmarkt

Alter in Jahren \ Geschlecht	W	M	Summe
bis unter 30	14 %	11 %	25 %
30 bis 50	16 %	14 %	30 %
50 und älter	25 %	20 %	45 %
Summe	55 %	45 %	100 %

	Stichprobe 1		Stichprobe 2		
Alter in Jahren \ Geschlecht	W	M	W	M	Summe
bis unter 30	25 %	-	-	25 %	25 %
30 bis 50	30 %	-	10 %	20 %	30 %
50 und älter	-	45 %	45 %	-	45 %
Summe	55 %	45 %	55 %	45 %	100 %

nicht nach dem Zufallsprinzip, sondern systematisch und gezielt nach sachrelevanten Merkmalen.

Die Meinungen darüber, welche dieser beiden Auswahlmethoden - Zufallsauswahl oder Quota-Auswahl - denn nun bei der Rekrutierung eines Haushalts-Panels vorzuziehen sei, gehen in der Literatur, aber auch in der Praxis, z.T. weit auseinander.[64] Speziell in der Praxis erscheint die Diskussion jedoch häufig stark von der jeweiligen Interessenlage gefärbt, da oftmals - aus durchaus verständlichen Gründen - ausschließlich zugunsten des im eigenen Hause eingesetzten Verfahrens argumentiert wird.

Es würde an dieser Stelle zu weit führen, auf jedes einzelne der vorgebrachten Argumente näher einzugehen. Es läßt sich insgesamt aber feststellen, daß zufallsgesteuerte Auswahlverfahren in theoretisch-statistischer Hinsicht zwar anerkanntermaßen überlegen, abwicklungstechnisch aber mit gewissen Problemen behaftet sind.[65] Schwierigkeiten bereiten insbesondere die sogenannten Anfangsverweigerer, d.h. Personen bzw. Haushalte, die sich trotz einer erfolgreichen Kontaktaufnahme nicht zur Teilnahme am Panel bereit erklären, sowie die Erhaltung der Repräsentanz des Panels im Zeitablauf, die durch ausscheidende Panel-Mitglieder ("Panel-Sterblichkeit") und/oder eine sich ändernde Struktur der Grundgesamtheit gefährdet werden kann.

Demgegenüber begründet sich die Hauptkritik am Quota-Verfahren darin, daß der Schluß von den Stichprobenergebnissen auf die Verhältnisse in der Grundgesamtheit aufgrund der willkürlichen Auswahl der Einheiten keinen mathematisch-statistischen Gesetzmäßigkeiten folgt, weswegen sich eine theoretisch-fundierte Fehlerberechnung verbietet.[66] Darüber hinaus ist auch beim Quota-Verfahren das Problem der Ausfälle bzw. Verweigerer keineswegs gelöst, sondern wird durch die Auswahlprozedur lediglich kaschiert.

Aufgrund der Tatsache, daß elektronische Minimarkttests stets in Testgebieten mit relativ geringer Einwohnerzahl installiert werden, erscheint uns zur Ziehung der Haushalts-Stichprobe eine geschichtete Zufallsauswahl[67] mit folgenden Ablaufschritten am geeignetsten:

---

64 Vgl. die ausführliche Diskussion bei Rehorn, J.: Das Consumer-Panel als Instrument der Absatzforschung, a.a.O., S. 75 ff., die noch nichts an Aktualität eingebüßt hat, sowie Meyer, P.W./ Hermanns, A.: Panel-Untersuchungen, in: Roth, E. (Hrsg.): Sozialwissenschaftliche Methoden, a.a.O., S. 297.

65 Vgl. Flockenhaus, K.F.: Ausgewählte Probleme der Stichprobenbildung in der demoskopischen Marktforschung, in: Behrens, K.-C. (Hrsg.): Handbuch der Marktforschung, 1. Halbband, a.a.O., S. 207 ff.; Berth, R.: Marktforschung zwischen Zahl und Psyche, Stuttgart 1959, S. 73 ff.

66 Vgl. z.B. Deming, W.E.: Some theory of sampling, New York 1966, S. 11; Mayntz, R./ Holm, K./ Hübner, P.: Einführung in die Methoden der empirischen Soziologie, a.a.O., S. 85.

67 Da die Methode der geschichteten Zufallsauswahl in der Literatur bereits erschöpfend behandelt wurde, kann hier auf eine detaillierte Darstellung der theoretischen Grundlagen verzichtet werden. Vgl. dazu bspw. Billeter-Frey, E.P./ Vlach, V.: Grundlagen der statistischen Methodenlehre, Stuttgart 1982, S. 164 ff.; Hochstätter, D.: Einführung in die statistische Methodenlehre, Thun/Frankfurt a.M. 1987, S. 260 ff.

(1) Totalerhebung im Testgebiet zur Ermittlung der Verteilung potentieller Schichtungsmerkmale

Hier bietet sich eine schriftliche, vom Umfang her stark begrenzte Haushaltsbefragung zur Erfassung relevanter soziodemographischer, Kaufverhaltens- und Mediannutzungsdaten[68] an. Im Vorfeld dieser Erhebung sollte allerdings eine umfassende Öffentlichkeitsarbeit betrieben werden, um eine möglichst hohe Ausschöpfung der Grundgesamtheit zu erzielen.[69]

(2) Ziehung der eigentlichen Haushalts-Stichprobe mit Hilfe einer geschichteten Zufallsauswahl

Als Grundlage für die Zuteilung des Stichprobenumfanges auf die einzelnen Schichten und für die spätere Hochrechnung der Ergebnisse sollten entweder die Verteilung der Schichtungsmerkmale im Gesamtmarkt (falls bekannt!) oder im Testgebiet (basierend auf der Totalerhebung) dienen.

(3) Ersatz der Verweigerer per Zufallsauswahl aus der entsprechenden Schicht

Diejenigen Haushalte, die eine Teilnahme am Panel ablehnen, werden aus den jeweiligen Schichten per Zufallsziehung durch strukturgleiche Haushalte ersetzt.[70] Dieses sogenannte Nachziehen ist so lange zu wiederholen, bis die gewünschte Stichprobengröße erreicht wird.

Mit Ausnahme der Bestimmung der Schichtungsmerkmale und -parameter bleibt ein solcher Auswahlprozeß - im Gegensatz zu Quota-Verfahren - frei von Willkür. Zudem wird durch diese Vorgehensweise auch die häufig vorgebrachte Behauptung gegenstandslos, daß "Random-Panels" ohnehin auf lange Sicht unweigerlich zu "Quota-Panels" würden.[71] Dieser Vorwurf hat nämlich nur in den Fällen Berechtigung, wenn der Ersatz der Stichprobenausfälle durch bewußte Auswahl vorgenommen wird.

---

68 Als Schichtungsmerkmale eignen sich insbesondere solche Variablen, die mit dem Untersuchungsgegenstand in möglichst enger Beziehung stehen. Vgl. Böltken, F.: Auswahlverfahren, Stuttgart 1976, S. 285 ff.

69 So konnte bspw. die GfK in ihrem Testgebiet Haßloch u.a. durch Lancierung von informativen redaktionellen Beiträgen in der Lokalpresse ausführlich und mit entsprechend positivem Tenor ("Bürgermeister Kurt Flockert (hat) ... seine Unterstützung zugesagt") auf die bevorstehende Befragung sämtlicher Haushalte aufmerksam machen. Vgl. o.V.: Gaumen aus Haßloch testen für Deutschland, in: Die Rheinpfalz, Mittelhaardter Rundschau, 13.8.85; o.V.: Forscher sammeln Daten in Testmarkt, in: Die Rheinpfalz, Mittelhaardter Rundschau, 20.9.85.
Nicht zuletzt aufgrund dieser Maßnahmen erreichte die GfK eine für schriftliche Befragungen ungewöhnlich hohe Rücklaufquote von über 80 %.

70 Ausgenommen bleiben hiervon lediglich solche Haushalte, die bereits die Mitwirkung an der Totalerhebung verweigern bzw. nicht erreicht werden können, und von denen aus diesem Grunde auch keine Strukturmerkmale bekannt sind.

71 Vgl. z.B. Beck, P.: Methoden der Panelforschung, a.a.O., S. 114; Carman, J.M.: Consumer-Panels, in: Ferber, R. (ed.): Handbook of marketing research, a.a.O., S. 2-205.

Der Austausch von Verweigerern durch strukturgleiche, aber teilnahmewillige Haushalte birgt jedoch immer dann die potentielle Gefahr einer Verzerrung der Stichprobe und damit letztlich der Untersuchungsergebnisse, wenn sich teilnahmewillige und teilnahmeverweigernde Haushalte bezüglich ihres Kaufverhaltens signifikant unterscheiden. Bisher konnte für einen solchen Zusammenhang allerdings noch kein schlüssiger Beweis erbracht werden.[72] Selbst wenn diese Beziehung bestehen würde, ließe sich dieses Problem allerdings auch nicht durch Verfahren der bewußten Auswahl lösen.

Trotz offenkundiger und anerkannter methodischer Vorteile hat sich die Zufallsauswahl in der Praxis bislang jedoch nur sporadisch durchsetzen können. Marktforschungsinstitute, die ein mehrstufiges Auswahlverfahren anwenden, setzen in den ersten Stufen des Auswahlprozesses zwar durchaus Zufallsverfahren ein, die Entscheidung zugunsten der endgültigen Untersuchungseinheiten erfolgt aber dann doch bewußt[73], d.h. zumeist mit Hilfe des Quota-Verfahrens. Unseres Wissens existiert kein einziges Institut, das die Auswahl von Panel-Haushalten ausschließlich per Zufall vornimmt. Als Hauptgrund werden hierfür im allgemeinen die problemlosere Handhabung und nicht zuletzt auch Kostenvorteile des Quota-Verfahrens angeführt.

4. Motivation zur Teilnahme

Die Anwerbung von Test-Haushalten zählt zu den wichtigsten Voraussetzungen für die erfolgreiche Installation eines elektronischen Minimarkttests. Sie erfolgt mit Hilfe speziell geschulter Interviewer entweder durch unmittelbare Ansprache der Verbraucher in den Einkaufsstätten des Testgebietes oder aber durch i.d.R. schriftlich oder telefonisch angekündigte Hausbesuche. Die Aufgabe des Interviewerstabes besteht dabei primär darin, die Haushalte von der Bedeutung des Forschungsprojektes und der Wichtigkeit ihres persönlichen Mitwirkens zu überzeugen, sie in den Gebrauch der Identifikationskarte einzuweisen sowie das Eingangsinterview zur Erfassung der relevanten Haushaltsdaten durchzuführen.

---

72 Vgl. Sedlmeyer, K.-J.: Panelinformation und Marketingentscheidung, a.a.O., S. 71 ff.; Schwarz, S.: Zur Genauigkeit der Messung des Einkaufsverhaltens, a.a.O., S. 85 ff., und die jeweils dort zitierte Literatur.

73 Bspw. wurde im elektronischen Minimarkttest "ERIM-Testsight" der A.C. Nielsen Co., USA, in den beiden Testgebieten Sioux Falls, S.D., und Springfield, Mo., aus allen am Telefonnetz angeschlossenen Haushalten eine Zufallsstichprobe von jeweils 4.000 Haushalten gezogen. Durch Verweigerungen sowie die Anwendung (bewußter) Auswahlprozeduren reduzierte sich diese Stichprobe schließlich auf die endgültige Panelgröße von jeweils 2.500 Haushalten. Vgl. dazu Erickson, J.L.: Picking panel members to pass judgement, in: AA, Vol. 57, Feb. 13, 1986, S. 16; Walsh, D.J.: Rating the test markets, a.a.O., S. 43; Gold, L.N.: Technologie in der Marketingforschung - Vergangenheit, Gegenwart und Zukunft, in: Marketing Trends, o.Jg., Heft 2, 1986, S. 4.

Da jedoch in den letzten Jahren eine generell rückläufige Auskunftsbereitschaft der Bevölkerung zu beobachten ist[74], bereitet das Auffinden von Personen bzw. Haushalten, die einer Teilnahme an Marktforschungsprojekten positiv gegenüberstehen, zunehmend Schwierigkeiten. Erschwerend kommt hinzu, daß bei einem elektronischen Minimarkttest - entsprechend dem Prinzip der Panelmethodik - eine kontinuierliche Mitarbeit über einen längeren Zeitraum angestrebt werden muß. Günstig auf die Teilnahmebereitschaft dürfte sich im Vergleich zum traditionellen Haushalts-Panel allerdings der Umstand auswirken, daß bei den meisten elektronischen Minimarkttests die erforderliche Leistung der Haushalte auf das Vorzeigen der Identifikationskarte beim Einkauf beschränkt bleibt[75], und somit speziell das aufwendige und zeitintensive Führen von Einkaufsberichten entfällt.

Im Gegensatz etwa zu einer einmaligen Ad-hoc-Untersuchung bedarf es aber dennoch besonderer Motivationsanstrengungen der Marktforschungsinstitute. Die größte Bedeutung besitzt in diesem Zusammenhang - neben der Qualität des für die Rekrutierung der Panel-Haushalte zuständigen Interviewerstabes - die Ausgestaltung materieller und/oder ideeller Anreizsysteme. Diese Motivationshilfen dürfen aber unter keinen Umständen das Kaufverhalten der Test-Haushalte beeinflussen, sondern sollten einen in Bezug auf den Untersuchungsgegenstand möglichst neutralen Charakter aufweisen.

Die Palette der in der Marktforschungspraxis eingesetzten "Incentives" zur Motivation der Haushalte ist sehr breit gefächert.[76] Sie reicht von

- o Einstiegsgeschenken in Form von Elektrokleingeräten,
- o monatlichen Verlosungen von Geldbeträgen, Einkaufsgutscheinen, Reisen und Sachpreisen,
- o einer wöchentlichen, kostenlosen Programmzeitschrift,

---

74 Vgl. Meffert, H.: Perspektiven des Marketing in den 80er Jahren, in: DBW, 40. Jg., Nr. 1, 1980, S. 76.

75 Vgl. Bloom, D.: Lasers, microprocessors and the coming revolution in market research, in: Proceedings of the 33rd ESOMAR Congress, Monte Carlo 1980, S. 254; Poston, C.: Dear diary panel ... Electronics is changing the monitoring of consumer behavior, in: AA, Vol. 52, Feb. 9, 1981, S. 10. Angaben des amerikanischen Minimarkttest-Anbieters IRI zufolge beträgt im System "BehaviorScan" die Akzeptanzrate bei den kontaktierten Haushalten immerhin ca. 70 Prozent! Vgl. Alter, J.: BehaviorScan expands into tv ratings, in: AA, Vol. 52, Nov. 9, 1981, S. 22; Poston, C.: Scanning the market for changes in tempo, in: AA, Vol. 53, Feb. 22, 1982, S. M-20.

76 Vgl. hierzu Arbeitsgemeinschaft GfK-BehaviorScan (Hrsg.): GfK-BehaviorScan: Experimenteller Mikro-Testmarkt zur Optimierung des Marketing-Mix, Nürnberg, März 1987, S. 7; Byrnes, M.: Checkout scanners gain acceptance, a.a.O., S. 18 f.; Days, M.: Wired consumers: Market researchers go high-tech to hone ads, weed out flops, in: The Wall Street Journal, Jan. 23, 1986, S. 11; Erickson, J.L.: Picking panel members to pass judgement, a.a.O., S. 12; Kreisman, R.: Confessions of a BehaviorScan town, in: AA, Vol. 54, Feb. 21, 1983, S. M-30; Schumer, F.: The new magicians of market research, in: Fortune, Vol. 108, No. 2, July 25, 1983, S. 72; Stern, A.L.: Test marketing enters a new era, a.a.O., S. 87; Stern, H.: Neue Testmarktmethode in plaza-Märkten, in: Der Verbraucher, 40. Jg., Heft 4, 1986, S. 7.

- o der Erstattung der Kabel-TV-Gebühren,
- o kostenloser Reparatur defekter TV-Geräte,
- o nachträglich gewährten Rabatten auf die in den Testgeschäften getätigten Einkäufe, bis hin zu
- o Computerausdrucken mit einer Auflistung sämtlicher im letzten Monat in den Testgeschäften gekauften Artikel.

Gerade das letzte Beispiel demonstriert aber, wie leichtfertig Vorteile einer Datenerfassung per Scanner verspielt werden können. Die Weitergabe von Einkaufslisten an die Haushalte ist u.E. deshalb abzulehnen, weil damit genau das bewirkt werden kann, was den "Tagebüchern" des traditionellen Haushalts-Panels häufig angelastet wird, nämlich die Panel-Teilnehmer in Bezug auf ihr Einkaufsverhalten zu sensibilisieren und damit letztlich zu beeinflussen!

III. Testgeschäfte

Neben der Anwerbung der Test-Haushalte erfordert ein elektronischer Minimarkttest zusätzlich noch die Einbindung der im Testgebiet ansässigen Einzelhandelsgeschäfte in ein Handels-Panel. Dies geschieht zumeist auf vertraglicher Basis durch den Abschluß von Kooperationsvereinbarungen zwischen den einzelnen Handelsunternehmen und dem durchführenden Marktforschungs-Institut, die im allgemeinen auf eine langjährige Zusammenarbeit[77] ausgerichtet sind und im wesentlichen die erforderlichen Handelsleistungen sowie die vom Marktforschungs-Institut zu erbringenden Gegenleistungen beinhalten.

Anzustreben ist im Testgebiet generell eine möglichst vollständige Abdeckung der relevanten Einkaufsstätten, d.h. derjenigen Geschäfte, die in den als Testobjekt geeigneten Warengruppen[78] eine gewisse Mindestumsatzbedeutung und -kundenzahl aufweisen. Verweigert nämlich ein Teil dieser Handelsunternehmen die Zusammenarbeit, hätte dies zur Folge, daß zum einen für das Testprodukt Distributionslücken entstehen, und

---

77 Beispielhaft sei hier der amerikanische Minimarkttest-Anbieter IRI genannt, der die Handelsunternehmen in seinen "BehaviorScan"-Teststädten für mindestens 7 Jahre zur Teilnahme verpflichtet hat. Vgl. dazu Kreisman, R.: Confessions of a BehaviorScan town, a.a.O., S. M-30; Goldberg, G. (ed.): Scan-newsletter, Vol. 3, No. 3, Nov. 1979, S. 1.

78 Primär handelt es sich dabei um Produkte, die über den Lebensmitteleinzelhandel vertrieben werden. Vgl. dazu auch die Ausführungen in Kapitel C.I.1.

zum anderen nicht mehr sämtliche Einkäufe der Test-Haushalte direkt am PoS erfaßt werden können.[79]

Um bei der Registrierung der Einkaufsakte der Testhaushalte aber eine Datenbasis zu schaffen, die den traditionellen Marktforschungsinstrumenten (z.B. Verbraucher- oder Handels-Panel) bezüglich Umfang, Detailliertheit und Analysemöglichkeiten überlegen ist, bedarf es zunächst einiger grundlegender "technischer" Voraussetzungen.

1. Technische Voraussetzungen

Als einer der entscheidenden Meilensteine für die Entwicklung elektronischer Minimarkttests hat sich die Einführung und die mittlerweile erfolgte Durchsetzung von einheitlichen, überbetrieblich anwendbaren Artikelnummernsystemen in Verbindung mit entsprechenden maschinenlesbaren Balken- oder Strichcodes erwiesen. In den USA wurde bereits im Jahre 1973 der sogenannte "Universal Product Code" (UPC) zum offiziellen Standardsymbol der Lebensmittelbranche erklärt, während für die Bundesrepublik Deutschland seit 1977 das System der "Europäischen Artikelnumerierung" (EAN) gilt.[80] Vom Aufbau her ähneln sich UPC und EAN relativ stark, da das amerikanische Nummernsystem dem europäischen als Vorbild diente. Beide bestehen im wesentlichen aus einer fünfstelligen Herstelleridentifikationsnummer, die von einer übergeordneten nationalen Organisation[81] auf Antrag erteilt wird, sowie einer herstellerintern vergebenen, ebenfalls fünfstelligen Artikelnummer.[82]

Die Penetration der Strichcodierungen, die im allgemeinen bereits von den Herstellern auf den Produkten angebracht werden, ist speziell bei Lebensmitteln schon weit fortge-

---

79 In der Bundesrepublik Deutschland haben bislang bspw. einige große Lebensmittel-Discountunternehmen (wie etwa ALDI, Norma oder Schlecker) ein Mitwirken an Marktforschungsprojekten dieser Art kategorisch abgelehnt. Eine hundertprozentige Marktabdeckung dürfte somit wohl nur in den seltensten Fällen zu realisieren sein.

80 Vgl. Leue, G.: Der Durchbruch ist gelungen, in: Coorganisation, o.Jg., Heft 3, 1982, S. 24; Wellenreuther, H.: Scanning, in: WiSt, 13. Jg., Heft 8, 1984, S. 413 f.

81 Für die Vergabe dieser Nummer ist bspw. in der Bundesrepublik Deutschland die "Centrale für Coorganisation" (CCG) in Köln zuständig. Zwischenzeitlich haben bereits über 10.000 Unternehmen von diesem auf Initiative der Markenartikelindustrie und des Handels gegründeten Institut eine sogenannte "Bundeseinheitliche Betriebsnummer" (bbn) erhalten. Vgl. o.V.: Arbeitsbericht der CCG des Jahres 1985, in: Coorganisation, o.Jg., Heft 1, 1986, S. 52; o.V.: 10 Jahre EAN - 20 Jahre Coorganisation, in: LZ, 39. Jg., Nr. 41, 9.10.87, S. F 24.

82 Vgl. bspw. Knödel, W.: Artikel-Nummern-Systeme, in: WiSt, 8. Jg., Heft 6, 1979, S. 283; Bürger, J.H./ Berlemann, F.R.: Merchandising: Die Hohe Schule des Handelns im Handel, Landsberg a. L. 1987, S. 340 f.
Trotz ihrer nahezu identischen Struktur sind UPC und EAN nur teilweise kompatibel. So können UPC-Produkte zwar von europäischen (EAN-)Scannern gelesen werden, umgekehrt ist dies jedoch noch nicht uneingeschränkt möglich. Vgl. Bloom, D.: The scanner revolution, in: Admap, Vol. 16, No. 5, May 1980, S. 231; Tietz, B.: Wege in die Informationsgesellschaft: Szenarien und Optionen für Wirtschaft und Gesellschaft, Stuttgart 1987, S. 429.

schritten. Im internationalen Vergleich nimmt die Bundesrepublik Deutschland dabei neben den USA, Japan und Großbritannien eine der Spitzenpositionen ein.

Abb. 4 EAN- bzw. UPC-Penetration bei Lebensmitteln in ausgewählten Ländern

	Prozentanteil der strichcodierten Artikel (größer als ... %)
Bundesrepublik Deutschland	98
Belgien	95
Frankreich	96
Großbritannien	98
Italien	95
Japan	97
Niederlande	95
Österreich	70
Schweden	92
USA	99

Quelle A.C. Nielsen Co. Stand: 12'87

Produkte, deren Abverkäufe im Rahmen eines elektronischen Minimarkttests erfaßt werden sollen, die aber noch keine Strichcodierung tragen, gehen dadurch jedoch keineswegs für die spätere Datenanalyse verloren. Sie können vielmehr - nachdem ihnen für die Dauer des Tests eine Artikelnummer zugewiesen wurde - problemlos in den Testgeschäften bspw. von Mitarbeitern des Marktforschungsinstitutes mit entsprechend codierten Etiketten versehen werden.[83]

Um die Vorteile dieser Artikelnummernsysteme vollständig ausschöpfen zu können, bedarf es jedoch zunächst einmal geeigneter Datenerfassungsgeräte. In erster Linie kommen hierfür Scannerkassensysteme in Betracht.

83 Vgl. o.V.: Scanning experiment launched in 5 chains, in: Drug Store News, Oct. 4, 1982, S. 65.

Es handelt sich dabei um Geräte, die strich- oder zifferncodierte Artikelnummern auf optisch-elektronischem Wege mit Hilfe von Schwachstrom-Laserstrahlen identifizieren, aus dem Zentralspeicher des angeschlossenen Rechners die zugehörigen Preise abrufen und gleichzeitig den gesamten Verkaufsvorgang registrieren.[84] Auf den Kassenzetteln der Kunden werden zudem die genauen Artikelbezeichnungen und Preise der gekauften Produkte ausgewiesen. Der zusätzliche Einsatz von ebenfalls strichcodierten Identifikationskarten, die von den Panel-Haushalten beim Kassiervorgang vorgelegt und vom Scanner "gelesen" werden, ermöglicht es darüber hinaus, die Vielzahl der zunächst anonymen Einkaufsakte konkreten Haushalten zuzuordnen.[85] Dadurch gelingt es, deren Kaufverhalten im Zeitablauf exakt zu verfolgen und - darauf basierend - bspw. Käuferstruktur- oder Segmentierungsanalysen durchzuführen.

Die Verbreitung von Scannerkassenterminals hat sich in der Bundesrepublik Deutschland - im Gegensatz zu einer von vielen Experten prophezeiten boomartigen Entwicklung - bislang nur relativ schleppend vollzogen.[86] Seit der ersten Installation im Jahre 1977 ist die Zahl der Scannergeschäfte im LEH nach Angaben der Centrale für Coorganisation (CCG) zwischenzeitlich auf über 1.500 gestiegen, was im Verhältnis zu den insgesamt über 70.000 Lebensmitteleinzelhandelsgeschäften doch recht bescheiden anmutet.

Im Vergleich zu den USA und Japan, aber auch zu anderen europäischen Staaten nimmt die Bundesrepublik Deutschland daher eher den Rang eines "Scanning-Entwicklungslandes" ein. So werden bspw. in den USA bereits weit über 50 % des gesamten Lebensmitteleinzelhandelsumsatzes über Scannerkassen abgewickelt, während es hierzulande noch deutlich unter 10 % sind.[87]

---

84 Vgl. Diller, H.: Informationssysteme für die Preispolitik, in: Marketing ZFP, 6. Jg., Heft 4, 1983, S. 276; Karonias, T.J.: Scanning: eine neue Grundlage für wirkungsvolle Forschung, in: Marketing Trends, o.Jg., Heft 1, 1981, S. 1; Zentes, J.: Mediendynamik und Marketing, in: WiSt, 10. Jg., Heft 1, 1981, S. 20.

85 Vgl. Bloom, D.: Point of sale scanners and their implications for market research, in: Journal of the Market Research Society, Vol. 22, No. 4, Oct. 1980, S. 231.

86 Die Gründe hierfür liegen wohl primär in den nach wie vor beträchtlichen Installationskosten und einer speziell im bundesdeutschen Handel offensichtlich weitverbreiteten Unsicherheit hinsichtlich des Ausmaßes des durch Scanning erzielbaren monetären und nichtmonetären Nutzens, der sogenannten "hard and soft savings". Vgl. dazu Hermanns, A.: Marketing und Technologie - Zusammenhänge und Folgerungen für die marketingorientierte Unternehmensführung, in: Hermanns, A./ Meyer, A. (Hrsg.): Zukunftsorientiertes Marketing für Theorie und Praxis: Festschrift zum 60. Geburtstag von Paul W. Meyer, Berlin 1984, S. 99 ff.; Simon, H./ Kucher, E.: Höhere Marketing-Effizienz mit Scanner-Daten, in: asw, 26. Jg., Heft 2, 1983, S. 81 ff.; Wellenreuther, H.: Die Bedeutung der Scanning-Technologie für das Handelsmarketing, in: FfH Mitteilungen, 23. Jg., Heft 10, 1982, S. 3 f.

87 Vgl. Milde, H.: Skanner Daten, in: LZ, 39. Jg., Nr. 47, 20.11.87, S. 78.

Abb. 5	Scannerinstallationen in ausgewählten EAN/UPC-Ländern	
	Zahl der Scannergeschäfte	
	absolut	pro 1 Mio. Einwohner
Bundesrepublik Deutschland	1.192	19,5
Belgien	435	43,9
Frankreich	1.563	28,3
Großbritannien	934	16,6
Italien	900	15,7
Japan	13.700	112,5
Niederlande	435	29,9
Österreich	167	22,0
Schweden	629	75,2
USA	14.660	61,3
Quelle	A.C. Nielsen Co.	Stand: 6'88

Für elektronische Minimarkttests ergibt sich aus diesem geringen Verbreitungsgrad die Konsequenz, daß der Einzelhandel im Testgebiet, der in aller Regel noch nicht mit entsprechenden Systemen ausgestattet ist, zur Installation von Scannerkassen bewegt werden muß. Erst nach diesem Schritt kann nämlich das gesamte Informationspotential, das die EAN-Codierung der Produkte sowie der Gebrauch von Identifikationskarten am PoS durch die Panel-Haushalte eröffnet haben, auch tatsächlich genutzt werden.

Probleme entstehen folglich immer dann, wenn Geschäfte sich zwar generell zur Teilnahme am Handels-Panel bereit erklären, die Installation von Scannerkassen aber aus prinzipiellen Gründen ablehnen. Als Ausweg aus einer solchen Situation bieten sich zwei alternative Vorgehensweisen an:

(1) Verwendung herkömmlicher Kassensysteme

Zur Auswertung bzw. zu Analysezwecken werden hier die Duplikate der Kassenbons herangezogen, aus denen u.a. auch die Kenn-Nummern der Haushalts-Panelmitglieder ersichtlich sind. Die Identifizierung des Testproduktes erfolgt durch einen unverwechselbaren Verkaufspreis, wozu im Bedarfsfall künstliche Preisdifferenzen gebildet werden können, in Verbindung mit dem jeweiligen Code des Warengruppenspeichers.[88] Diese Alternative schränkt das Spektrum der Analysemöglichkeiten im Vergleich zum Scanner jedoch erheblich ein, da die Zahl der nachträglich identifizierbaren Produkte sehr begrenzt bleibt.

(2) Verlagerung des Scanningvorganges auf die Haushaltsebene

Die Registrierung und Speicherung der eingekauften Produkte wird dabei von den Haushalten selbst mit Hilfe mobiler Datenerfassungsgeräte durchgeführt. Dieses sogenannte "Home Scanning" weist gegenüber der traditionellen Berichtsmethode in Form von Haushalts-Tagebüchern eine Reihe von Vorteilen auf, birgt andererseits aber ebenso einige ungelöste Probleme, wie bspw. das der Preiserfassung.[89] Im Rahmen von elektronischen Minimarkttests ist jedoch hier ebenfalls die Kombination mit einem Handels-Panel nicht zuletzt deshalb unabdingbar, weil das Testprodukt - wie bereits oben erwähnt - eine rasche und möglichst lückenlose Distribution benötigt sowie i.d.R. auch durch umfassende Promotionsaktivitäten am PoS unterstützt werden soll.[90]

Zusammenfassend betrachtet wäre die ideale Ausgangssituation für die Erhebung des Kaufverhaltens in einem elektronischen Minimarkttest dann gegeben, wenn es gelänge, sämtliche innerhalb des Haushalts-Panels anfallenden Einkäufe zeit- und artikelgenau incl. der zugehörigen Preise zu erfassen. Darüber hinaus müßten diese Einkäufe sowohl den einzelnen Test-Haushalten als auch den jeweiligen Testgeschäften exakt zugeordnet werden können.

Dieser Idealzustand kann als erreicht gelten, wenn

o alle relevanten Einkaufsstätten im Testgebiet über Scannerkassenterminals verfügen und im Handels-Panel integriert sind und

o die Panel-Haushalte gleichzeitig ihre gesamten Einkäufe ausschließlich in den Testgeschäften unter Vorlage einer Identifikationskarte erledigen.

---

88 Vgl. Litzenroth, H.A.: Neue Perspektiven für die Panelforschung durch hochentwickelte Technologien, a.a.O., S. 229 sowie die ausführliche Darstellung in Kapitel D.II.3.2.1.

89 Vgl. dazu Huppert, E.: Scanning: Elektronische Handels- und Konsumentenpanels, a.a.O., S. 21.
In den USA bieten einige Marktforschungsinstitute, so bspw. Arbitron Ratings Co. mit "Scan America" und SAMI/Burke mit "ViewScan", teilweise bereits seit mehreren Jahren "Home Scanning"-Panels an. Vgl. Hall, C.: UPC: Super spy, in: Marketing & Media Decisions, Vol. 21, May 1986, S. 97; Higgins, K.T.: Top research firms combine in attempt to conquer, in: MN, Vol. 20, No. 4, Feb. 14, 1986, S. 24; Strazewski, L.: Wands trace path from store to shelf, in: AA, Vol. 58, No. 36, Aug. 24, 1987, S. 11 f.

90 Aussagen amerikanischer Handelsmanager zufolge läßt sich in den USA eine zunehmend ablehnende Haltung des Handels gegenüber der Aufnahme von Produkten zu reinen Testzwecken feststellen.Vgl. Freeman, L.: Battle for shelf space, in: AA, Vol. 56, Feb. 28, 1985, S. 16.
Hierzulande dürfte die Situation wohl kaum anders sein!

Inwieweit diese Bedingungen in den gegenwärtig in der Bundesrepublik Deutschland im Einsatz befindlichen Test-Systemen erfüllt sind, wird im Rahmen des Kapitels D.II.3. einer genaueren Überprüfung unterzogen.

2. Erforderliche Handelsleistungen

Nach den Kooperationsvereinbarungen zwischen den Handelsunternehmen und dem Marktforschungsinstitut muß der Handel im wesentlichen die benötigten Regalflächen für die Testprodukte bereitstellen sowie die Nutzungs- bzw. Auswertungsrechte an den in den Testgeschäften anfallenden Scannerdaten und/oder Duplikaten der Kassenbons uneingeschränkt auf das Marktforschungsinstitut übertragen.

Die Einbindung der Einkaufsstätten im Testgebiet garantiert dem Testprodukt zunächst die unmittelbare Plazierung im Regal und/oder - falls gewünscht - auch auf Sonderflächen. Diese sogenannte "forcierte Distribution" erspart dem Hersteller das üblicherweise im Rahmen von regionalen Markttests praktizierte, i.d.R. äußerst zeitraubende und mühsame Hineinverkaufen des Testproduktes in den Handel, was nicht zuletzt eine wesentliche Verkürzung der Testdauer ermöglicht.

Über die reine Überlassung von Regal- bzw. Sonderfläche hinaus verzichtet in einem elektronischen Minimarkttest der Handel beim Testprodukt gleichzeitig auf seine beim übrigen "Standardsortiment" bestehende Vermarktungsautonomie. Dies bedeutet, daß nicht - wie ansonsten üblich - der Handel, sondern der Hersteller die endgültige Höhe des Endverbraucherpreises, die genauen Plazierungsmodalitäten sowie Art und Umfang der Instore-Promotions bestimmt. Der Handel erhält vom Marktforschungsinstitut lediglich eine Testanmeldung, die im allgemeinen Informationen über das Testprodukt, die vorgesehenen Testmaßnahmen sowie die voraussichtliche Testdauer beinhaltet. Der Hersteller muß andererseits natürlich zwangsläufig sehr stark daran interessiert sein, bspw. den Endverbraucherpreis des Testproduktes auf einem solchen Niveau festzulegen, das sich bei der späteren Gesamtmarkteinführung auch tatsächlich im Handel realisieren läßt.[91] In Anbetracht dessen erscheint eine gewisse Abstimmung zwischen Hersteller und Handel bezüglich der im Test zu treffenden Maßnahmen also durchaus empfehlenswert.

Der Einfluß des Herstellers und des Marktforschungsinstitutes bleibt jedoch einzig und allein auf das Testprodukt beschränkt. Eine Neutralisierung des Konkurrenzumfeldes für die Dauer des Tests zur Reduzierung der Zahl der potentiellen Störfaktoren, wie etwa ein generelles Verbot von Sonderpreisaktionen innerhalb der betreffenden Waren-

91 Aus diesem Grund erfolgt in den meisten elektronischen Minimarkttests eine Differenzierung des Endverbraucherpreises nach Handelsbetriebsformen, indem das Testprodukt bspw. im Discounter mit einem niedrigeren Preis als etwa im Supermarkt plaziert wird.

gruppe, ist gegenüber dem Handel wohl kaum durchsetzbar und auch gar nicht unbedingt erwünscht. Das Testprodukt soll sich ja gerade in einer "typischen", aber kontrollierten Wettbewerbssituation behaupten, wozu Aktionen für Konkurrenzprodukte - sofern sie sich im üblichen Rahmen bewegen und keine massive Beeinträchtigung des Testablaufs hervorrufen - nun einmal gehören.

Die Aufgabe des Datenmonopols durch die Handelsunternehmen, d.h. die Möglichkeit des unmittelbaren und exklusiven Zugriffs auf abgespeicherte Kassiervorgänge durch Marktforschungsinstitute, stellte eine der entscheidenden Voraussetzungen für die Installation der ersten elektronischen Minimarkttests in den USA dar. Der Datentransfer zwischen den Testgeschäften und dem Marktforschungsinstitut erfolgt dabei täglich oder im wöchentlichen Rhythmus entweder direkt oder über die jeweiligen Handelszentralen. Der "Lieferumfang" erstreckt sich auf sämtliche registrierten Einkaufsakte, d.h. nicht nur die der Test-Haushalte. Es handelt sich jedoch stets um Rohdaten, deren Aufbereitung und Analyse in den Zuständigkeitsbereich des Marktforschungsinstitutes fallen. Problematisch wirken sich hier zum einen die enormen Datenmengen, die Woche für Woche zur Auswertung anstehen, sowie zum anderen die Tatsache aus, daß weder das UPC- noch das EAN-System in der Lage sind, nach Warengruppen oder Marken zu klassifizieren.[92] Gerade dieser letzte Aspekt hat zur Folge, daß die Zusammenfassung von Einzelprodukten zu Warengruppen separat vorgenommen werden muß.[93] Dazu bedarf es wiederum spezieller Artikelnummerndateien, die jedem UPC bzw. jeder EAN den entsprechenden Warengruppen-Code zuordnen, was natürlich eine permanente Aktualisierung dieser Dateien voraussetzt.

3. Gegenleistungen für die Teilnahmebereitschaft des Handels

Ähnlich den Test-Haushalten erhalten auch die Testgeschäfte als Äquivalent für ihre Teilnahme am elektronischen Minimarkttest bestimmte, vorwiegend materielle Zuwendungen, da eine Zusammenarbeit auf ideeller, sprich unentgeltlicher Basis im Rahmen eines solchen kommerziellen Marktforschungsprojektes wegen der (aus verständlichen Gründen) zu erwartenden Ablehnung des Handels wohl kaum zustande kommen dürfte. Besonderer Wert sollte bei der Gestaltung der Anreizsysteme darauf gelegt werden, daß die Mitwirkung der Handelsunternehmen für einen möglichst langen Zeitraum gewährleistet ist.

---

92 Vgl. Huppert, E.: Marktforschung in der Nahrungsmittelindustrie mit Scannerdaten, Vortrag gehalten anläßlich des IBM-Seminares: "Auftragsabwicklung, Außendienst und Warenverteilung in der Ernährungs- und Markenartikelindustrie", Kiel, 7. - 9. Juni 1982, S. 7 f.; o.V.: Die aufregendste Sache der Marketingforschung in den letzten 25 Jahren, in: Blick durch die Wirtschaft, Nr. 247, 23.10.1980, S. 3.

93 Dies ist deshalb erforderlich, um bspw. Marktanteile überhaupt errechnen zu können.

Nachdem das Bestreben der meisten Minimarkttest-Betreiber darauf gerichtet ist, den kooperationswilligen, aber noch mit traditionellen Registrierkassen arbeitenden Handel zur Installation von Scannerterminals zu bewegen, setzen viele Motivationshilfen genau an diesem Punkt an. Am konsequentesten und weitreichendsten hat dies bislang die "Information Resources, Inc." (IRI) mit ihrem Projekt "BehaviorScan" in den USA verwirklicht. Die Philosophie dieses Institutes besteht darin, auf eigene Kosten sämtliche relevanten Lebensmitteleinzelhandels- und Drogeriegeschäfte in den Testgebieten mit Scannerkassen auszurüsten, die dann nach Ablauf eines vertraglich fixierten Zeitraumes (i.d.R. 7 Jahre) in das Eigentum der Handelsunternehmen übergehen.[94] Zusätzlich wertet IRI für die Testgeschäfte kostenlos Scannerdaten aus. Die Ergebnisse werden in Form von periodischen Berichtsbänden vorgelegt, die bspw. Auskunft über umsatzstarke und -schwache Artikel, Lagerbestände, Umschlagsgeschwindigkeiten, etc. geben.[95]

Die Konzeption von IRI - so bestechend von der Logik her sie auch sein mag - kann jedoch u.a. aus finanziellen und Rentabilitäts-Erwägungen nicht ohne weiteres auf hiesige Verhältnisse übertragen werden. Die Installationskosten für die Scannerkassensysteme dürften sich nämlich in beiden Ländern nur unwesentlich voneinander unterscheiden, wogegen die Ausgaben für Marktforschung insgesamt weit auseinanderklaffen: So belief sich nach Angaben der Zeitschrift "Advertising Age" das Volumen für Institutsmarktforschung in den USA 1987 auf über 2,5 Mrd. Dollar, verglichen mit nur etwa 625 Mio. DM in der Bundesrepublik Deutschland. Dies bedeutet, daß die Pro-Kopf-Ausgaben für Marktforschung in den USA trotz des massiven Dollarverfalls immer noch fast doppelt so hoch wie hierzulande sind.

Aufgrund dieser Ausgangssituation - identische Kostenbelastung bei erheblich schlechterem Umsatzpotential - erscheint in der Bundesrepublik Deutschland eine solche Marktforschungsinvestition in der Größenordnung von mehreren Mio. DM zumindest äußerst gewagt und für die wenigsten Institute überhaupt tragbar. Es empfiehlt sich daher eher ein Zuschuß zu den Installationskosten des Handels[96], da die Umstellung auf Scanning

94 Vgl. dazu bspw. Bloom, D.: The renaissance of retail auditing, in: JoAR, Vol. 20, No. 3, 1980, S. 14; O'Connor, M.: BehaviorScan - Ein neues System zum Studium des Verbraucherverhaltens für Hersteller und Einzelhandel in den USA, in: Dynamik im Handel, 28. Jg., Nr. 3, 1984, S. 6; o.V.: Market research by scanner, in: Business Week, No. 2635, May 5, 1980, S. 113.

95 Vgl. Norris, E.: Product hopes tied to cities with the "right stuff", a.a.O., S. M-39 f.; o.V.: Scanning experiment launched in 5 chains, a.a.O., S. 65.

96 Diese Art der Kompensation hat sich mittlerweile in den USA als die gängigste Methode erwiesen und wird - mit Ausnahme von IRI - dort von sämtlichen Minimarkttest-Betreibern praktiziert.
Als Alternative zur Zahlung bestimmter fixer Beträge kann mit den Handelsunternehmen, die sich zur Installation von Scannerkassen auf eigene Rechnung bereit erklären, auch eine Beteiligung an den zu erwartenden Erlösen aus dem Verkauf der Scannerdaten vereinbart werden. Vgl. Honomichl, J.: Turning a dream into a reality, in: AA, Vol. 52, Feb. 9, 1981, S. 6.

für diesen ohnehin mit einer Reihe gewichtiger Vorteile[97] verbunden ist. Dies gilt insbesondere dann, wenn die Scanner im Rahmen geschlossener Warenwirtschaftssysteme eingesetzt werden (sollen)[98], was speziell für das Bestellwesen und die laufende Bestandsermittlung (Inventur) enorme Erleichterungen bringt.

Daneben eröffnet sich bspw. die Möglichkeit detaillierter und umfassender Sortiments- und Aktionsanalysen, die mit traditionellen Kassensystemen effektiv nicht realisierbar wären. Da der Handel aber hierfür i.d.R. (noch) nicht über das entsprechende Know-how verfügt, bietet sich die Auswertung der Scannerdaten als kostenlose Zusatzleistung des Marktforschungsinstitutes geradezu an. Darüber hinaus können Institutsmitarbeiter, die im Testgebiet für die Bevorratung des Testproduktes sowie die Überwachung der Versuchsbedingungen zuständig sind, für den Handel Aufgaben wie etwa Regalpflege, Nachcodierung von Artikeln ohne EAN bzw. UPC, etc. übernehmen.

Abschließend muß jedoch bemerkt werden, daß die rein finanziellen Zuwendungen eindeutig die größte Bedeutung besitzen, um den Handel zu einer Teilnahme an einem elektronischen Minimarkttest zu motivieren. Die Bereitstellung von Personal und auch die Lieferung von Marktforschungsdaten spielen dagegen eine völlig untergeordnete Rolle und eignen sich letztlich lediglich als ergänzende Maßnahmen.

IV. Der Einsatz von Testwerbung

Der Einsatz von Testwerbung gehört zu den elementaren Bestandteilen eines jeden elektronischen Minimarkttests, da man hier im Gegensatz zu den meisten Verfahren der Werbewirkungsforschung den Einfluß der Werbeaktivitäten eines Unternehmens auf das effektive Kaufverhalten der Konsumenten beobachten und messen kann. Von besonderem Interesse ist in diesem Zusammenhang die Möglichkeit des "Splittings". Darunter versteht man die Aufteilung der Gesamtheit der Test-Haushalte in homogene, d.h. strukturgleiche Gruppen, die dann jeweils unterschiedlichen Werbestimuli, wie etwa alternativen Werbekonzeptionen (z.B. Anzeigenkampagne A versus Anzeigenkampagne B) oder Werbebudgets (X Mio. DM versus Y Mio. DM), ausgesetzt werden. Untersucht wird daran anschließend, welche Kaufverhaltensreaktionen diese verschiedenen Stimuli bei den Test-Haushalten auslösen. In elektronischen Minimarkttests kommen hierfür als wichtigste Werbeträger die Printmedien und das Fernsehen in Frage.

---

97 Vgl. dazu die ausführliche Darstellung bei Huppert, E.: Scanning data for improved retail marketing, in: ESOMAR (Hrsg.): Papers on profitable cooperation of manufacturers and retailers, Amsterdam, March 1982, S. 63 ff.

98 Vgl. z.B. Baader, D.: Scanning - Thesen zu einem aktuellen Thema aus der Perspektive der Markenartikelindustrie, in: Marketing ZFP, 4. Jg., Heft 4, 1981, S. 295 ff.; Treis, B./ Schminke, L.: Die vertagte Revolution, in: asw, 24. Jg., Heft 9, 1981, S. 117 f.

1. Printmedien

In der Bundesrepublik Deutschland liegen bei den Werbeeinnahmen - nicht zuletzt aufgrund der rigiden gesetzlichen Beschränkung der Werbezeiten im öffentlich-rechtlichen Rundfunk[99] - traditionell die Printmedien unangefochten an der Spitze. So entfielen 1987 über die Hälfte der Netto-Werbeumsätze[100] alleine auf Tageszeitungen (39,1 %) und Publikumszeitschriften (16,3 %).[101] Zur Tageszeitung muß jedoch einschränkend angemerkt werden, daß die Herstellerwerbung am gesamten Anzeigenaufkommen dieses Werbeträgers nur einen äußerst geringen Anteil aufweist.[102] Die größte Bedeutung im Bereich der Printmedien besitzen für Herstellerunternehmen vielmehr die nationalen Publikumszeitschriften, hinter denen die Tageszeitungen wegen ihres überwiegend eher lokalen Charakters deutlich zurückstehen.

Im Rahmen eines elektronischen Minimarkttests sollte deshalb auf Publikumszeitschriften unter keinen Umständen verzichtet werden. Als problematisch erweist sich dabei zunächst das im Vergleich zur Tageszeitung wesentlich breitere Angebotsspektrum. Da es dem durchführenden Marktforschungsinstitut aus abwicklungstechnischen und finanziellen Gründen unmöglich ist, für sämtliche Zeitschriften die Möglichkeit der Schaltung von Testanzeigen zu bieten, muß aus den im Testgebiet erhältlichen Titeln a priori eine gewisse Auswahl getroffen werden. Wegen der Vielzahl der potentiellen Testobjekte eines elektronischen Minitmarkttests und der jeweils zugehörigen Verbraucher-Zielgruppen kann es letztendlich aber keine objektiven, allgemeingültigen Auswahlkriterien geben[103], so daß die Entscheidung zugunsten bestimmter Titel zwangsläufig immer subjektiv bleiben muß.

Publikumszeitschriften verfügen - wiederum im Gegensatz zu Tageszeitungen - im allgemeinen über einen relativ geringen Abonnenten-Anteil. Dies bedeutet, daß der Großteil der Auflage über die unterschiedlichsten Distributionskanäle (z.B. Lebensmitteleinzelhandel, Schreib- und Papierwarengeschäfte, Tankstellen, Tabakwarengeschäfte,

---

99 Vgl. o.V.: Begründung zum Staatsvertrag zur Neuordnung des Rundfunkwesens (Rundfunkstaatsvertrag), veröffentlicht in: Media Perspektiven Dokumentation, o.Jg., Heft II, 1987, S. 92 ff.
Eine entscheidende Ausweitung des Angebots an Sendezeit für TV- und Hörfunk-Werbung ist wohl erst durch das weitere Vordringen privater Programmanbieter und/oder eine Lockerung der gesetzlichen Bestimmungen für die öffentlich-rechtlichen Medien zu erwarten.

100 Netto-Werbeumsatz = Reine Schaltkosten (ohne Produktionskosten) nach Abzug von Mengen- und Malrabatten sowie Mittlerprovisionen.

101 Vgl. Zentralausschuß der Werbewirtschaft e.V. (Hrsg.): Werbung '88, Bonn 1988, S. 17.

102 Es wird hierbei keineswegs verkannt, daß bspw. bei einer Gesamtmarkteinführung durchaus auch die Werbung des Handels in Tageszeitungen einen gewissen, insgesamt aber wohl eher bescheidenen Beitrag zum Erfolg des Neuproduktes zu leisten vermag.

103 Am geeignetsten erscheint noch die Beschränkung auf auflagenstarke Publikumszeitschriften aus dem Bereich der Programm- und Frauenzeitschriften sowie der aktuellen Illustrierten, die speziell bei Frauen (als den hauptsächlich einkaufenden Personen) eine überdurchschnittlich hohe Reichweite erzielen.

Kioske, etc.) anonym abverkauft wird. Schwierigkeiten bereitet dieser Umstand dann, wenn - wie bei elektronischen Minimarkttests üblich - die Bildung von Anzeigensplits innerhalb eines einzigen Testgebietes vorgesehen ist. In diesem Fall muß nämlich gewährleistet werden, daß bspw. die Zeitschriften mit der Testanzeige A ausschließlich der einen, genau bezeichneten Hälfte der Test-Haushalte zugänglich sind, während die Zeitschriften mit der Testanzeige B ausschließlich den übrigen Panel-Haushalten vorbehalten bleiben. Da dies im freien Verkauf, noch dazu mit einer Reihe verschiedener Titel, nur mit unverhältnismäßig hohem Aufwand zu bewerkstelligen ist, arbeiten die bundesdeutschen Minimarkttest-Anbieter lediglich mit einer Publikumszeitschrift, der "HÖR ZU", die in den Testgeschäften gegen Vorlage der Identifikationskarte jede Woche kostenlos an die Test-Haushalte abgegeben wird.[104]

Die Beschränkung auf einen Titel mit einer 100 %igen Reichweite innerhalb des Haushalts-Panels ist jedoch nicht unproblematisch[105], weshalb wir eine andere Vorgehensweise vorschlagen, die auch der Bedeutung des Werbeträgers "Publikumszeitschrift" eher angemessen erscheint. Den Panel-Haushalten wird als zusätzliche Motivationsmaßnahme der Abschluß preislich stark ermäßigter Abonnements von Publikumszeitschriften aus einer Auswahl von etwa zehn bis fünfzehn verschiedenen Titeln mit Zustellung frei Haus angeboten. Die Bezugsbedingungen müssen allerdings so attraktiv sein, daß ein möglichst großer Prozentsatz der Test-Haushalte von der Offerte Gebrauch macht. Mit diesen zehn bis fünfzehn Zeitschriften läßt sich - eine ausreichend hohe Beteiligung der Test-Haushalte vorausgesetzt - eine später auf dem Gesamtmarkt geplante Printkampagne bereits recht gut simulieren. Zudem kann auch die Reichweite der einzelnen Testanzeigen aufgrund der vom Marktforschungsinstitut gesteuerten Zustellung exakt bestimmt werden.

Die Einmontierung der Testwerbung erfolgt i.d.R. durch das Marktforschungsunternehmen selbst. Die Verlage liefern dazu reguläre, aber ungeheftete Ausgaben ihrer Zeitschriften in der gewünschten Stückzahl an das Institut aus. Dort werden die Testanzeigen, die sich durch nichts von "normalen" Anzeigen unterscheiden, eingefügt, und die Zeitschriften geheftet. Die Verteilung an die Panel-Haushalte sollte schließlich entweder von Mitarbeitern des Marktforschungsinstitutes übernommen oder - gegen entsprechende Bezahlung - dem Zustelldienst einer im Testgebiet ansässigen Tageszeitung oder eines Anzeigenblattes übertragen werden.

Zur Abrundung des Printmediamixes besteht in den meisten elektronischen Minitestmärkten zusätzlich die Möglichkeit, Testwerbung (einfach oder gesplittet) in einer oder

---

104 Vgl z.B. o.V.: Marktforschung nutzt ihre elektronischen Potentiale, in: asw, 29. Jg., Heft 6, 1986, S. 94 f.

105 Vgl. dazu die Diskussion bei Holm, K.-F. (Hrsg.): Werbewirkungsforschung ex ante und ex post, Band 1, a.a.O., S. 133 ff.

mehreren Tageszeitung(en) und/oder Anzeigenblättern zu schalten.[106] Die Belegung dieser Medien ist wegen ihres ohnehin stark begrenzten Streubereiches relativ unproblematisch, sollte jedoch keinesfalls als Ersatz für die zugegebenermaßen aufwendigere (und kostenintensivere) Werbung in Publikumszeitschriften herangezogen werden.

2. Elektronische Medien

Aus dem Bereich der sogenannten "elektronischen Medien"[107] ragen Fernsehen und Radio[108] als die mit Abstand wichtigsten Werbeträger deutlich heraus. Beide Medien vereinten in der Bundesrepublik Deutschland 1987 etwa 12,5 % der Netto-Werbeumsätze auf sich, wobei das Verhältnis zwischen TV und Radio knapp 3 zu 1 betrug.[109]

Die Vorläufer der elektronischen Minimarkttests besaßen allesamt den großen Nachteil, daß für die Schaltung von Testwerbung in Fernsehen und Radio keinerlei Möglichkeit bestand, und die daraufhin vorgenommene Substitution dieser Medien durch lokale Werbeträger den Aussagewert der Testergebnisse z.T. erheblich schmälerte. Mittlerweile ist der Testmarktforschung jedoch - zumindest was die Integrierung des Fernsehens anbelangt - der Durchbruch gelungen. Dies wiegt umso schwerer, weil sich gerade die Fernsehwerbung für immer mehr Neuprodukte als ein unverzichtbares Element der Einführungskampagne erweist.

Die Einbindung von Radiowerbung in die Testanlage eines elektronischen Minimarkttests wäre für manche Testobjekte zwar ebenfalls durchaus wünschenswert, hat sich aber bislang in der angestrebten Form, d.h. mit vertretbarem finanziellen Aufwand und ohne Inkaufnahme unverhältnismäßig hoher Streuverluste, (noch) nicht realisieren lassen. Probleme bereiten insbesondere die ständig steigende Zahl der in einem Gebiet zu empfangenden Sender, der große Anteil mobiler Rundfunkgeräte in den Haushalten sowie die im Vergleich zum Fernsehen völlig anderen Nutzungsgewohnheiten.

Die nachstehenden Ausführungen zu den Voraussetzungen des Einsatzes von Testwerbung in elektronischen Medien beziehen sich deshalb ausschließlich auf das Medium Fernsehen.

---

106 Vgl. etwa o.V.: Shifting sales into high gear, in: Marketing Communications, Vol. 9, Jan. 1984, S. 17; Spadoni, M.: Nielsen Telemeter to take pulse of Sioux Falls, in: AA, Vol. 56, Feb. 28, 1985, S. 18.

107 Zur Abgrenzung des Begriffes "elektronische Medien" gegenüber den fälschlicherweise häufig synonym verwendeten Termini "Rundfunkmedien" und "neue Medien" vgl. Koschnick, W.J.: Standard-Lexikon für Marketing, Marktkommunikation, Markt- und Mediaforschung, München u.a. 1987, S. 191, 600 und 744.

108 Die Übertragung von Fernseh- und Radiosendungen erfolgt in der Bundesrepublik Deutschland entweder drahtlos auf dem Funkweg oder - in zunehmendem Maße - per Breitbandkabel.

109 Vgl. Zentralausschuß der Werbewirtschaft e.V. (Hrsg.): Werbung '88, a.a.O., S. 17.

2.1. Technische Voraussetzungen

Die Forderung nach einer Nutzung nationaler TV-Programme als Werbeträger für Testspots im Rahmen regional stark begrenzter Test- bzw. Minitestmärkte hat die Marktforschung lange Zeit vor schier unlösbare Probleme gestellt. Zur Überwindung dieser Schwierigkeiten sind mittlerweile insgesamt drei konkurrierende Lösungsansätze entwickelt worden. Sie ermöglichen es, vom Zuschauer unbemerkt, anstelle der regulären Fernsehwerbung Testwerbung einzublenden, deren Reichweite jedoch auf das Testgebiet, teilweise sogar nur auf die Test-Haushalte beschränkt bleibt. Die drei Systeme basieren dabei allerdings auf grundlegend verschiedenen Konzeptionen, die im folgenden näher erläutert werden sollen.

(1) Benutzung der Kabeltechnologie

Die Anwendung dieser Methodik setzt voraus, daß im Testgebiet bereits ein Breitbandkabelnetz vorhanden ist, und ein entsprechend hoher Prozentsatz der dort ansässigen Haushalte über einen Kabelanschluß verfügt, da die Test-Haushalte i.d.R. ausschließlich aus diesem Kreis rekrutiert werden müssen.[110] In der Bundesrepublik Deutschland sind diese Bedingungen, sieht man von den "Kabelpilotprojekten" in Berlin, Dortmund, München und Ludwigshafen einmal ab, bislang nur in vereinzelten Regionen erfüllt, da sowohl der "Versorgungsgrad" als auch die "Anschlußdichte"[111] hierzulande zum Teil deutlich hinter den Erwartungen zurückgeblieben sind. Für die Zukunft darf aber dennoch mit einer kontinuierlichen Verbreitung der Verkabelung gerechnet werden.

Die Pioniere des Einsatzes der Kabeltechnologie zu Marktforschungszwecken stammen größtenteils aus den USA. Besondere Erwähnung verdient in diesem Zusammenhang das amerikanische Marktforschungsinstitut "AdTel", das bereits Ende der 60er Jahre mit seinem "Split cable"-Konzept[112] experimentierte. Die Grundidee von AdTel bestand darin, ein in einem regional begrenzten Gebiet angeworbenes Panel mit etwa 2.500 verkabelten Haushalten in zwei gleichstarke, identisch strukturierte Untergruppen aufzu-

---

110 Als ausreichend gilt in der Marktforschungspraxis im allgemeinen ein Anteil von mindestens 50 % verkabelter Haushalte. Vgl. Walsh, D.J.: Rating the test markets, a.a.O., S. 42.
In manchen elektronischen Minitestmärkten wird daneben bewußt eine gewisse Zahl nicht verkabelter Haushalte angeworben, die primär als Kontrollgruppe für die Kabel-Haushalte dienen.

111 Unter dem Versorgungsgrad versteht man das Verhältnis der an das Kabelnetz anschließbaren Wohnungen zu den Wohnungen insgesamt, wogegen die Anschlußdichte den Anteil der effektiv angeschlossenen an den anschließbaren Wohnungen bezeichnet.
Ende des IV. Quartals 1988 sind nach Angaben des Bundespostministeriums 45,5 % aller 25,7 Mio. bundesdeutschen Wohnungen anschließbar gewesen, von der Möglichkeit des tatsächlichen Kabelanschlusses ist jedoch nur in knapp 40 % dieser 11,7 Mio. Wohnungen Gebrauch gemacht worden.

112 Vgl. dazu bspw. Mayer, C.S.: CATV test laboratory panels, in: JoAR, Vol. 10, No. 3, 1970, S. 39 f.; Sweet, N.: AdTel scans merits of controlled testing, in: AA, Vol. 54, Feb. 21, 1983, S. M-28; Gage, T.J.: Cable bringing more precision to the test, in: AA, Vol. 55, Feb. 20, 1984, S. M-31 f.

teilen, und diese u.a. jeweils unterschiedlichen TV-Werbestimuli auszusetzen. Dies gelang mit Hilfe einer "Cut-In"-Prozedur, die es ermöglicht, innerhalb eines jeden Teilsamples das laufende Programm zu überblenden, um bspw. - vom Fernsehzuschauer unbemerkt - reguläre Werbespots gegen Testwerbung exakt gleicher Länge quasi "auszutauschen". Die durch die Einteilung der Panel-Haushalte in zwei feste Gruppen bedingte Starrheit der AdTel-Testanlage erwies sich jedoch als großer Nachteil. Idealtypischerweise wäre nämlich bei jedem Marktexperiment, das im Rahmen eines elektronischen Minimarkttests durchgeführt werden soll, zu fordern, die Bildung von Test- und Kontrollgruppe erst unter Berücksichtigung der konkreten Problemstellung vorzunehmen.

Nicht zuletzt diese Forderung gab Ende der 70er Jahre in den USA den Anstoß zur Entwicklung des "Targetable TV"-Systems. Dieses vom Marktforschungsunternehmen IRI patentierte und mittlerweile auch in der Bundesrepublik Deutschland im Einsatz befindliche Verfahren[113] hat die Voraussetzungen für die individuelle Ansteuerung der an das Kabelnetz angeschlossenen Panel-Haushalte mit Test-Fernsehwerbung geschaffen, und ermöglicht damit jede beliebige Aufteilung des gesamten Panels in Untergruppen. Erforderlich war dazu die Integration verschiedener technischer Systemkomponenten:[114] Zunächst benötigt man am Kopfende des Kabelnetzes ein komplett eingerichtetes Fernsehstudio, von dem aus die Testwerbung über einen speziellen Kabelkanal an eine jeweils vorher fixierte Haushalts-Teilstichprobe übertragen werden kann. Auf der Haushaltsebene werden dazu die Fernsehgeräte der Panel-Teilnehmer mit adressierbaren Konvertern bestückt, die im wesentlichen einen mit institutseigener Software programmierten Microcomputer beinhalten und direkt mit dem Zentralrechner im Fernsehstudio verbunden sind. Diese Microcomputer nehmen zum einen die Kanalumschaltung für den Empfang der Testwerbung vor[115], zum anderen registrieren und speichern sie das TV-Nutzungsverhalten der Test-Haushalte. Der Abruf dieser Daten kann entweder über einen eigens zu diesem Zweck installierten Kabel-Rückkanal oder aber - mit Hilfe eines zusätzlichen Modems - über die Telefonleitung erfolgen.

---

113 Das "Targetable TV"-System bildet sowohl in den USA als auch hierzulande eine der tragenden Säulen der "BehaviorScan"-Minimarkttests von IRI bzw. der GfK.

114 Vgl. hierzu und im folgenden Fulgoni, G.M./ Eskin, G.J.: Use of the BehaviorScan research facility for studying retail shopping patterns, Paper presented at the 1981 workshop on "retail patronage theory", Lake Placid/New York 1981, S. 3; Malec, J.: Ad testing through the marriage of UPC scanning and targetable TV, in: Admap, Vol. 18, No. 5, May 1982, S. 276 f.; Eskin, G.J.: The BehaviorScan system: An application of new technologies, in: Proceedings of the 37th ESOMAR Congress, General sessions, Rome 1984, S. 6.

115 Dies geschieht natürlich nur bei Haushalten, die zur eigentlichen Testgruppe gehören und gerade das zur Überblendung vorgesehene Fernsehprogramm empfangen!

Das Prinzip des "Targetable TV" wird durch die folgende schematische Darstellung verdeutlicht:

Abb. 6 Das "Targetable TV"-System

Quelle In Anlehnung an Hehl, K.: Scanner-Marktforschung, in: Werbeforschung & Praxis, o.Jg., Heft 4, 1986, S. 163

(2) Benutzung von Umsetzeranlagen

Die Umsetzertechnik wurde für Testmarktforschungszwecke erstmalig 1982 von der A.C. Nielsen Co. in Frankreich eingesetzt und ist zwischenzeitlich bspw. Bestandteil der bundesdeutschen "Telerim"-Minitestmärkte des gleichen Institutes.[116] Das Verfahren macht sich den Umstand zunutze, daß eine Vielzahl von Städten und Gemeinden, zumeist aufgrund ihrer Lage in einem Talkessel, das TV-Programm nicht direkt von einem der überregionalen Hauptsender empfangen können. Sie werden vielmehr von sogenannten Umsetzern versorgt, die die Signale des Hauptsenders quasi ins Tal "umleiten" und lediglich über einen begrenzten Übertragungsbereich verfügen.[117]

116 Vgl. z.B. Portes, M.J.: Vorhersagen über die Absatzentwicklung neuer Produkte in Frankreich, in: Marketing Trends, o.Jg., Heft 2, 1986, S. 12 f.; o.V.: TV-Werbung jetzt auch testen im kleinen Testmarkt, in: Marketing-Journal, 19. Jg., Nr. 4, 1986, S. 375.

117 In der Bundesrepublik Deutschland befinden sich bspw. momentan etwa 1.900 solcher Umsetzeranlagen in Betrieb.

An diesen Umsetzern erfolgt nun die Einspeisung der Testwerbung mit Hilfe einer Steuereinheit und eines Videogerätes (vgl. Abb. 7):[118]
Auf ein Signal aus der Zentrale des jeweiligen Fernsehsenders schaltet die Steuereinheit auf das an den Umsetzer angeschlossene Videogerät um, von dem aus die Testwerbung eingespielt wird. Anfang und Ende des Überblendvorganges sind dabei vom menschlichen Auge nicht wahrnehmbar, d.h. der Spotaustausch bleibt den Fernsehzuschauern, und damit insbesondere den Test-Haushalten verborgen.

Abb. 7 Umsetzertechnik zur Einspeisung von Testwerbespots

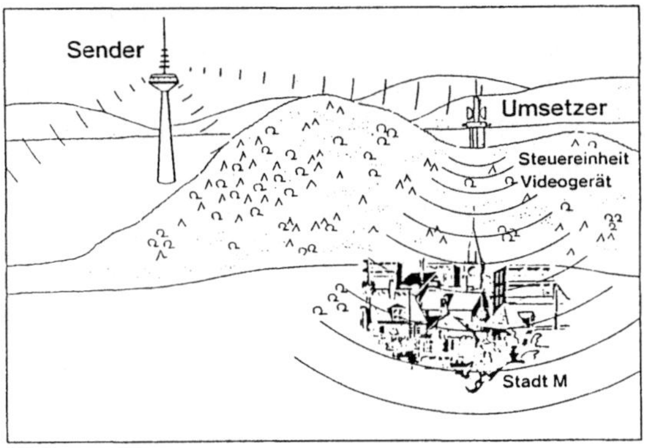

Quelle A.C. Nielsen Co.

Die Testgebiete müssen sich zwar zwangsläufig jeweils auf den Sendebereich der Umsetzer beschränken, es besteht dort - im Gegensatz etwa zum "Targetable TV" - aber keine Abhängigkeit von der Kabeltechnik. Als nicht zu unterschätzender Nachteil erweist sich dabei jedoch, daß eine Zielung der Testspots innerhalb des Konsumenten-Panels eines Testgebietes nicht vorgenommen werden kann. Ein "Splitten" ist demzufolge nur zwischen verschiedenen, räumlich getrennten Gebieten möglich, was die Vergleichbarkeit der gewonnenen Ergebnisse zumindest erschwert.

118 Vgl. hierzu Zepp, R.H.: Telerim - Härtetest für Marketing-Konzepte im realen Umfeld, in: Holm, K.-F. (Hrsg.): Werbewirkungsforschung - ex ante und ex post, Band 1, a.a.O., S. 122 f.; Brummer, B.: Elektronic-Testmarketing: Telerim, a.a.O., S. 26; o.V.: Nielsen erprobt TV-Spots im Testmarketing, in: LZ, 38. Jg., Nr. 12, 21.3.1986, S. 18.

(3) Verwendung institutseigener Sendeanlagen

Hierbei handelt es sich um das technisch bislang wohl anspruchsvollste Verfahren, da es einerseits die (drahtlose) Übertragung von Testwerbespots sowohl in verkabelte als auch in nicht verkabelte Haushalte ermöglicht, und andererseits - ähnlich dem "Targetable TV"-System - die beliebige Bildung von Unterstichproben gestattet. Entwickelt wurde es, mit einem Etat von ca. 16 Mio. Dollar (!), als Antwort auf IRI's "BehaviorScan" von der A.C. Nielsen Co. in den USA,[119] wo es sich seit 1984 im Rahmen von zwei sogenannten "ERIM-Testsight"-Minitestmärkten in der praktischen Erprobung befindet.

Erforderlich ist zunächst die Errichtung einer institutseigenen Sendestation in der Testregion, die über eine Sonderfrequenz die Ausstrahlung der Testwerbung vornimmt. Die Reichweite der Testwerbespots erstreckt sich jedoch nur auf die Mitglieder des Konsumenten-Panels im Testgebiet, da lediglich diese Haushalte vom Marktforschungsunternehmen mit den zum Empfang benötigten Zusatzgeräten ausgestattet werden. Das Kernstück bildet dabei ein Microprozessor (bzw. -computer), der in sämtlichen Test-Haushalten installiert und jeweils mit dem Fernsehgerät, einer speziellen Zusatzantenne sowie - über ein Modem - mit dem Telefon verbunden wird.[120]

Abb. 8 Das "ERIM-Testsight"-System

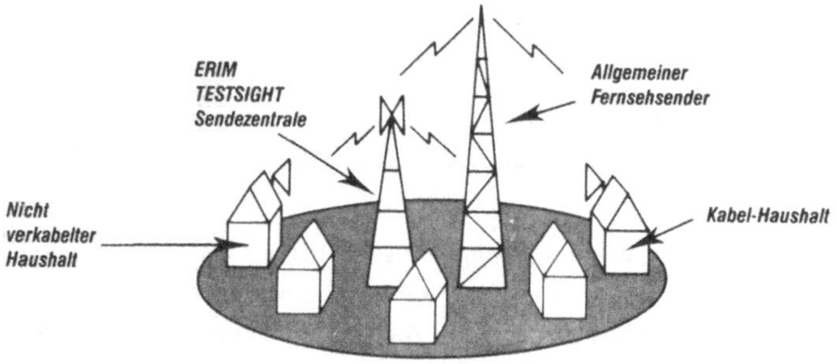

Quelle Gold, L.N.: ERIM: Neue Technologie als Entscheidungshilfe im Marketing, a.a.O., S. 5

119 Vgl. dazu die ausführliche Darstellung bei Honomichl, J.: Tracking Nielsen's ERIM development, in: AA, Vol. 56, Nov. 14, 1985, S. 16 ff.

120 Vgl. hierzu Gold, L.N.: ERIM: Neue Technologie als Entscheidungshilfe im Marketing, in: Marketing Trends, o.Jg., Heft 2, 1985, S. 4 ff.; derselbe: Technologie in der Marketingforschung - Vergangenheit, Gegenwart und Zukunft, a.a.O., S. 4 ff.; Escott, B.: ERIM: A new scanning service, in: Admap, Vol. 22, No. 3, March 1986, S. 141 f.

Jeder dieser Microcomputer bekommt täglich per Telefonleitung vom Zentralrechner des Marktforschungsinstituts die Identifikationscodes der Testspots übermittelt, die für den betreffenden Haushalt jeweils am folgenden Tag vorgesehen sind. Bei der Ausstrahlung eines Testspots, dem sein Identifikationscode um Sekundenbruchteile vorausgeht, schalten dann ausschließlich die Microcomputer derjenigen Haushalte vom Normal- auf das Testprogramm um, die für den Empfang dieses Testspots ausgewählt wurden und außerdem gerade den zur Überblendung vorgesehenen TV-Kanal[121] eingeschaltet haben. Eine zusätzliche Funktion des Microcomputers umfaßt die Messung und Speicherung des TV-Nutzungsverhaltens der Test-Haushalte. Diese Daten werden ebenfalls täglich vom Zentralrechner des Marktforschungsinstitutes über die Telefonleitung abgerufen.

Abgesehen von den immensen Investitionskosten liegt der einzig gravierende Nachteil dieses vom Leistungspotential fast perfekt anmutenden Systems darin, daß es in vielen Ländern aufgrund rundfunk- bzw. medienrechtlicher Bestimmungen in der oben beschriebenen Form (noch) nicht eingesetzt werden darf.[122]

2.2. Rechtliche Voraussetzungen

Neben der Überwindung der technischen Schwierigkeiten erfordert der Einsatz von Testwerbung im Fernsehen auch das Einverständnis der direkt oder indirekt daran beteiligten "Parteien". Im einzelnen handelt es sich dabei um die Sendeanstalten, die Werbungstreibenden und die Testhaushalte.

Der Austausch von regulären Werbespots durch Testwerbung stellt zunächst einen erlaubnispflichtigen Eingriff in das Programmangebot der Sendeanstalten dar. Zu diesem Zweck sind daher zwischen dem zuständigen Marktforschungsinstitut und den betreffenden Fernsehstationen Kooperationsvereinbarungen zu treffen, in denen die genauen Überblendungsmodalitäten (z.B. Genehmigung der geplanten Testspots, Abstimmung der vorgesehenen Sendetermine, etc.)[123] festgelegt werden. Besonderer Wert sollte von seiten des Marktforschungsinstituts darauf gelegt werden, die Einwilligung möglichst aller relevanten Programmanbieter zu erhalten, um die Wahrscheinlichkeit eines Kontaktes der Test-Haushalte mit der Testwerbung zu erhöhen.

---

121 Die Umschaltung auf die Testwerbung erfolgt immer nur dann, wenn das Fernsehgerät des Test-Haushaltes gerade dieses spezielle Programm empfängt. Der Überblendvorgang ist wieder - wie bereits bei den beiden anderen Systemen - für den Fernsehzuschauer nicht erkennbar.

122 Vgl. z.B. Bowles, T.: Measuring effects - A new perspective, a.a.O., S. 147 sowie die Ausführungen im folgenden Abschnitt.

123 Vgl. Arbeitsgemeinschaft GfK-BehaviorScan (Hrsg.): GfK-BehaviorScan: Experimenteller Mikro-Testmarkt zur Optimierung des Marketing-Mix, a.a.O., S. 15.

Aufgrund der hohen Einschaltkosten und des langen Buchungsvorlaufs bei ARD und ZDF erscheint es für das testende Unternehmen wenig empfehlenswert, zum Überblenden ausschließlich eigene gebuchte Werbezeit in Anspruch zu nehmen, da dies völlig unflexibel und vor allem viel zu teuer wäre. Die wesentlich effizientere und auch kostengünstigere Vorgehensweise besteht darin, auf die von anderen Werbungstreibenden gebuchte Werbezeit zurückzugreifen, wozu allerdings deren Einverständnis erforderlich ist. Dies geschieht i.d.R. auf der Grundlage eines vom Marktforschungsinstitut initiierten Zusammenschlusses von interessierten, im Medium Fernsehen werbenden Unternehmen zu einer Art Interessengemeinschaft auf Gegenseitigkeit.[124] Jedes Mitglied - zumeist potentielle Auftraggeber aus dem Bereich der Markenartikelindustrie - bringt dabei seine gesamte, bei den kooperierenden Sendeanstalten gebuchte Werbezeit in einen Pool ein, aus dem dann im Bedarfsfall der Spotaustausch bestritten werden kann.[125] Da letztlich jeder Überblendvorgang mit einem, wenn auch geringen Reichweitenverlust für den "ausgeblendeten" Spot verbunden ist, sollte das Marktforschungsinstitut den Spotaustausch so koordinieren bzw. ausgleichen, daß eine einseitige Benachteiligung einzelner Unternehmen von vornherein ausgeschlossen bleibt.

Die Frage, ob zum Überblenden der Werbespots auch die Einwilligung der Test-Haushalte eingeholt werden muß, ist in der Bundesrepublik Deutschland bislang zu verneinen, da es hierfür weder eine unmittelbare gesetzliche Grundlage noch eine gegenteilige Rechtsprechung gibt.[126] Eventuell bestehenden ethisch-moralischen Bedenken[127] kann

---

124 In der Bundesrepublik Deutschland gibt es bislang den "Telerim-User-Club" der A.C. Nielsen Co., an dem etwa 30 Unternehmen beteiligt sind, sowie die "Interessengemeinschaft GfK-BehaviorScan" mit über 50 Mitgliedern, wobei sich beide Zusammenschlüsse vom Teilnehmerkreis her stark überschneiden. Vgl. dazu bspw. Zepp, R.H.: TELERIM - Ein neuer Weg der Verbraucher-Reaktionsmessung, in: Marktforschung, 31. Jg., Nr. 3, 1987, S. 90; Litzenroth, H.A.: Neue Perspektiven für die Panelforschung durch hochentwickelte Technologien, a.a.O., S. 235.
In den USA ist demgegenüber das Überblenden "fremder" Werbespots nicht üblich. Die für den Einsatz von Testwerbung im Fernsehen benötigte Werbezeit muß daher vom testenden Unternehmen selbst gebucht werden, was allerdings wegen der im Vergleich zur Bundesrepublik gänzlich anderen Programmanbieterstruktur - gekennzeichnet durch eine sehr große Zahl von privaten Stationen mit vorwiegend lokalem Charakter - und des aufgrund fehlender gesetzlicher Reglementierungen wesentlich umfassenderen Angebots an Werbezeit keine nennenswerten Probleme aufwirft.

125 Beispielhaft sei hier aus der Satzung des "Telerim-User-Club" zitiert:
"Da nicht in jedem Fall die eigene Werbezeit eines auftraggebenden Mitgliedes für einen Telerim-Test ... ausreicht, stellen alle Mitglieder des "Telerim-User-Clubs" ihre gebuchte Werbezeit für den vorgesehenen Austausch zur Verfügung."
Vgl. Zepp, R.H.: Telerim - Härtetest für Marketing im realen Umfeld, in: Horizont, o.Jg., Nr. 1/2, 1986, S. 21.

126 Davon unberührt bleibt natürlich die Tatsache, daß die Installierung von technischen Geräten (z.B. Microcomputer, Telefonmodems, etc.) in den Test-Haushalten ohne deren ausdrückliche Zustimmung selbstverständlich nicht möglich ist!

127 Speziell von Verbraucherschutzorganisationen wird in diesem Zusammenhang häufig der Vorwurf des Mißbrauchs der Probanden als "gläserne Verbraucher" erhoben. Vgl. z.B. Birnbaum, J.H.: Admen excited over new marketing tool, but critics contend it smacks of "1984", in: The Wall Street Journal, Sept. 25, 1981, S. 17.

entgegengehalten werden, daß mit steigendem Wissen der Versuchspersonen um ihre spezifische Rolle gerade bei Marktexperimenten die Gefahr einer Sensibilisierung und damit einer möglichen Verhaltensbeeinflussung wächst, was unweigerlich zu verfälschten Testergebnissen führen würde. Zudem ließe sich mit dem Einwand normativer Bedenklichkeit letztlich nämlich nahezu jedes Experiment in den Wirtschafts- und Sozialwissenschaften in Frage stellen.
In der Marktforschungspraxis wird das Problem unterschiedlich gehandhabt. So weist etwa die GfK ihre Panel-Teilnehmer bereits bei der Anwerbung explizit darauf hin, daß einzelne Werbespots durch Testwerbung ersetzt werden, wogegen Nielsen seine Test-Haushalte darüber völlig im Dunkeln läßt. Ursächlich ist hierfür sicherlich nicht zuletzt der Umstand, daß beide Institute nicht die gleiche Technik verwenden, weswegen vom Überblendvorgang jeweils verschieden große Personenkreise berührt werden. Beim "Targetable TV"-System der GfK empfangen ja ausschließlich die verkabelten Mitglieder des Haushalts-Panels die Testwerbung, während bei Nielsen durch die Benutzung von Umsetzeranlagen der Spotaustausch nicht nur auf die Test-Haushalte begrenzt bleibt, sondern sämtliche Haushalte im Sendebereich des Umsetzers betrifft.

Dem Bereich der rechtlichen Voraussetzungen ebenfalls noch zuzuordnen sind die Bestimmungen, nach denen Geräte, die (potentiell) geeignet sind, die Fernmelde- bzw. Telekommunikationsnetze der Deutschen Bundespost zu stören, eine Betriebserlaubnis benötigen, die im Rahmen eines Prüfverfahrens durch das Zentralamt für Zulassungen im Fernmeldewesen (ZZF) der Bundespost erteilt wird. Dies betrifft speziell auch einen Teil der zur Installation in den Test-Haushalten vorgesehenen technischen Systemkomponenten, die - wie oben gezeigt wurde - für den Einsatz von Testwerbung im Fernsehen z.T. unabdingbare Voraussetzung sind. Der zunächst durchaus naheliegende Versuch einer direkten Übernahme erprobter ausländischer Technologien erweist sich deshalb i.d.R. als Fehlschlag, da die importierten Geräte - ohne entsprechende Modifikationen - zumeist an den im internationalen Vergleich strengen deutschen Qualitätsnormen scheitern.[128]

Besondere Beachtung verdient abschließend, daß nach dem derzeit geltenden bundesdeutschen Rundfunkrecht die Werbung 20 Prozent der täglichen Sendezeit nicht über-

---

128 So führte bspw. die Übertragung des amerikanischen "Targetable TV"-Systems auf hiesige Verhältnisse genau aus diesem Grund zu äußerst langwierigen und kostenintensiven Verzögerungen, die letztlich erst durch die Entwicklung eines fast vollständig neuen Konverters beendet werden konnten. Vgl. dazu Litzenroth, H.A.: Neue Marktforschungsinstrumente durch den Einsatz hochentwickelter Technologien, in: Proceedings of the 40th ESOMAR Congress, Montreux 1987, S. 55.

schreiten darf.[129] Demzufolge ist die ausschließliche Übertragung von Testwerbung, wie es bspw. Nielsen/USA mit Hilfe institutseigener Sendeanlagen in seinen "ERIM-Testsight"-Minitestmärkten praktiziert, hierzulande nicht möglich. Die Benutzung spezieller Sendefrequenzen bzw. Kabelkanäle würde nämlich für das verantwortliche Marktforschungsunternehmen bedeuten, zusätzlich zur Testwerbung ein "Rahmenprogramm" anbieten zu müssen,[130] was den vertretbaren Aufwand insgesamt wohl doch etwas übersteigen dürfte.

---

129 Vgl. Art. 7, Abs. 3, des "Staatsvertrages zur Neuordnung des Rundfunkwesens" vom 1.12.1987, oder - für das Gebiet des Kabelpilotprojektes Ludwigshafen - § 14, Abs. 10, des "Landesgesetzes über einen Versuch mit Breitbandkabel" vom 4.12.1980.

130 Ausnahmen bestätigen aber auch hier Regel: So konnte die GfK für ihren Behavior-Scan-Minitestmarkt im Verbreitungsgebiet des Kabelpilotprojektes Ludwigshafen einen Kabelkanal belegen, der im Vergleich zu den übrigen verfügbaren Kanälen gewisse, für den geplanten Einsatz der "Targetable TV"-Technik allerdings belanglose Restriktionen aufweist. Die eingeschränkten Nutzungsmöglichkeiten dieses Fernsehkanals brachten für die GfK jedoch den unschätzbaren Vorteil, von der Pflicht zur Veranstaltung eines "Normalprogramms" entbunden zu werden.

C. Planung und Durchführung von Marktexperimenten im Rahmen eines elektronischen Minimarkttests

Nachdem im vorigen Abschnitt aufgezeigt wurde, was beim Aufbau eines elektronischen Minimarkttests zu beachten ist, wollen wir uns in diesem Kapitel den eigentlichen Marktexperimenten zuwenden: Dazu werden anschließend die einzelnen Schritte abgeleitet, die im Zuge der Planung und Durchführung eines solchen Experimentes zu absolvieren sind, beginnend mit der Überprüfung der Eignung des potentiellen Testobjektes bis hin zur Hochrechnung der gewonnenen Testergebnisse auf die Gesamtmarktebene.

I. Bestimmung des Testobjektes

Eine der grundlegenden Voraussetzungen eines jeden elektronischen Minimarkttests besteht darin, daß es sich beim Testobjekt um ein markt- bzw. einführungsreifes Produkt mit einer komplett ausgearbeiteten Marketing-Konzeption handelt, deren Komponenten idealerweise bereits im Rahmen von zeitlich vorgelagerten Testmaßnahmen, wie etwa Produkttests oder Werbepretests, abgeprüft sein sollten. Zu warnen ist allerdings davor, das Testprodukt nur isoliert zu betrachten. Der testende Hersteller muß vielmehr stets die potentielle Gefahr von Kannibalisierungseffekten zwischen seiner übrigen Produktrange und dem Testprodukt berücksichtigen.[1] Gehen im Minimarkttest die Umsätze des Testproduktes nämlich größtenteils oder sogar ausschließlich zu Lasten eigener Produkte, erscheint die getestete Marketing-Konzeption für den Einsatz im Gesamtmarkt kaum empfehlenswert.

1. Eignung der verschiedenen Warengattungen

Zur Klärung der Frage, welche Warengattungen sich im besonderen Maße für einen elektronischen Minimarkttest eignen, wird im folgenden die Typologie von Knoblich zugrundegelegt, der durch die (synthetische) Kombination zweier Merkmale (Art der Verwendung und Nutzungsdauer) mit jeweils zwei Ausprägungen insgesamt vier verschiedene Warentypen unterscheidet:[2]

---

1 Dies gilt selbstverständlich nur für Hersteller, deren Testprodukt mit anderen eigenen Produkten in einem direkten oder zumindest indirekten Konkurrenzverhältnis steht.

2 Vgl. Knoblich, H.: Betriebswirtschaftliche Warentypologie, Köln/Opladen 1969, S. 120 ff.

Abb. 9 Die Warentypologie von Knoblich

Art der Verwendung \ Nutzungsdauer	Gebrauchsgut (=langlebig)	Verbrauchsgut (=kurzlebig)
produktiv	langlebige Produktivgüter	kurzlebige Produktivgüter
konsumtiv	langlebige Konsumgüter	kurzlebige Konsumgüter

Der Aufbau eines elektronischen Minimarkttests, und hier insbesondere das im Zentrum stehende Haushalts-Panel, läßt bereits erkennen, daß dieses Instrument nicht für Produktivgüter konzipiert wurde. Neben einer Reihe von produktionstechnischen und kostenwirtschaftlichen Erwägungen sprechen vor allem absatzwirtschaftliche Gründe gegen einen Einsatz in diesem Bereich. So ist auf Produktivgütermärkten die Zahl der potentiellen Nachfrager tendenziell kleiner, und auch deren regionale Verteilung i.d.R. wesentlich heterogener als auf Konsumgütermärkten, was das Auffinden geeigneter Testgebiete nahezu unmöglich machen dürfte. Da sich zudem auch das Nachfrage- und Informationsverhalten der produktiven Verwender im allgemeinen nachhaltig von dem der Endverbraucher unterscheidet, bietet der elektronische Minimarkttest für diese Warengattung keine Anwendungsmöglichkeiten. Der gesamte Produktivgütersektor kann deshalb von der weiteren Betrachtung ausgeklammert werden.

Für den konsumtiven Bereich ist generell zu konstatieren, daß sich Gebrauchsgüter (z.B. Möbel, Haushaltsgeräte, Bekleidung, Uhren, etc.) nur in vereinzelten Ausnahmefällen, Verbrauchsgüter (z.B. Nahrungs- und Genußmittel, Wasch-, Putz- und Reinigungsmittel, etc.) dagegen fast immer für Marktexperimente im Rahmen von elektronischen Minimarkttests eignen. Die Ursachen hierfür liegen zum einen in gewissen technischen Gegebenheiten des Produktionsprozesses: Für die (sinnvolle) Durchführung eines Minimarkttests wird nämlich die Fähigkeit des Unternehmens vorausgesetzt, begrenzte Mengen des zu testenden Produktes herzustellen. Bei kurzlebigen Konsumgütern ist dies durch eine improvisierte Fertigung in eigenen oder gemieteten Anlagen oder möglicherweise sogar durch eine einfache Ausweitung der laufenden Versuchsproduktion noch relativ unproblematisch zu realisieren. Im Gegensatz dazu würde bei langlebigen Konsumgütern die Herstellung der Testprodukte i.d.R. die gleichen oder nur unwesentlich geringere Anlageinvestitionen erfordern wie die unmittelbare Aufnahme einer Großserienfertigung, was nicht zuletzt aus Kostengründen kaum vertretbar erscheint.[3]

Neben den produktionstechnischen Beschränkungen unterliegen konsumtive Gebrauchsgüter zum anderen zusätzlich einer Reihe bedeutsamer Restriktionen auf der Verwenderseite. Die korrekte Anwendung der Prognosemodelle, die im Anschluß an den eigentlichen Minimarkttest zum Einsatz gelangen, setzt u.a. voraus, daß während der Dauer des Marktexperimentes eine hinreichende Zahl von Test-Haushalten zu Erst- und vor allem auch zu Wiederkäufern des Testproduktes wird. Die für die meisten Gebrauchsgüter charakteristischen sehr langen Kaufzyklen[4] würden dann aber Versuchslaufzeiten bedingen, die für kein testendes Unternehmen auch nur annähernd tragbar wären. Darüber hinaus zielen viele Gebrauchsgüter auf einen i.d.R. kleineren Kreis potentieller Käufer ab, woraus - wegen der voraussichtlich viel zu geringen Zellenbesetzung - massive Probleme bei der Hochrechnung und der Interpretierbarkeit der (Mini-)Markttestergebnisse resultieren würden.

Diese und einige weitere Gründe[5] haben letztendlich dazu beigetragen, daß als Testobjekte eines elektronischen Minimarkttests fast ausnahmslos Verbrauchsgüter (kurzlebige Konsumgüter) in Frage kommen. Doch auch bei dieser Warengattung gilt es gewisse Einschränkungen zu beachten. Vom Einsatz eines elektronischen Minimarkttests muß insbesondere bei solchen Testprodukten abgeraten werden, bei denen

o die Zahl der potentiellen Käufer zu gering ist, um aussagekräftige und projizierbare Testergebnisse zu erzielen (z.B. exklusive hochpreisige Lebensmittel wie etwa Champagner oder Dosenkaviar),

o die Länge des Kaufzyklus so groß ist, daß in einem angemessenen Zeitraum[6] nicht mit einer Stabilisierung der Wiederkaufsrate zu rechnen ist (z.B. bestimmte Putz- und Reinigungsmittel)[7],

---

3 Vgl. hierzu z.B. Cadbury, N.D.: When, where and how to test market, a.a.O., S. 96; Landis, D.: Durable goods good for a test?, in: AA, Vol. 52, Feb. 9, 1981, S. 18.
Die genannten produktionstechnischen Restriktionen entfallen jedoch, wenn es sich lediglich um die Überprüfung leicht modifizierter Produkte oder einzelner Marketing-Mix-Komponenten (wie etwa einer neuen Werbekonzeption) handelt, da in diesen Fällen entweder gar keine oder zumindest keine nennenswerten Investitionen im Produktionsbereich erforderlich sind. Vgl. Backhaus, H.: Das Marktexperiment - Methodologie und Forschungstechnik, a.a.O., S. 218.

4 Vgl. bspw. Knoblich, H.: Betriebswirtschaftliche Warentypologie, a.a.O., S. 122; Linda, G.: Those test-defying goods, in: AA, Vol. 53, Feb. 22, 1982, S. M-35.

5 Vgl. Beilinson, M.: Gap widens in testing approaches for different consumer products, in: MN, Vol. 20, No. 22, Oct. 24, 1986, S. 18.

6 Vgl. hierzu die Ausführungen in Kapitel C.III.2.

7 Vgl. dazu die tabellarische Auflistung der Kaufzyklen von 32 verschiedenen Warengruppen des Verbrauchsgütersektors bei Crawford, C.M.: New products management, a.a.O., S. 428.

- o es sich um regionale Marken bzw. Spezialitäten handelt, für die das Testgebiet nicht repräsentativ erscheint,
- o ein erheblicher Teil des Umsatzes in der betreffenden Warengruppe über Distributionskanäle abgewickelt wird, die mit Hilfe eines elektronischen Minimarkttests (noch) nicht zu erfassen sind (z.B. Zigarettenverkauf über Automaten, Tankstellen, etc.),
- o der Haushaltsbedarf nur zum Teil von der haushaltsführenden Person selbst, sondern primär von anderen Familienmitgliedern eingekauft wird (z.B. bestimmte Süßwaren)[8].

Ideal geeignet sind somit "Massengüter" des laufenden bzw. kurzperiodischen Bedarfs, die vornehmlich über den Lebensmitteleinzelhandel vertrieben und primär von den haushaltsführenden Personen eingekauft werden.

2. Eignung nach dem Neuheitsgrad

Die Neuartigkeit eines Produktes ist zunächst einmal eine relative Größe, die in entscheidendem Maße davon abhängt, welchen konkreten Bezugspunkt man wählt.[9] So läßt sich bspw. zwischen Produkten unterscheiden, die für die Käufer gänzlich neu, und solchen, die lediglich für das herstellende Unternehmen selbst neu sind. Booz, Allen & Hamilton haben dazu im Rahmen einer groß angelegten Studie insgesamt 13.311 Neueinführungen untersucht: Nur ein geringer Teil (10 %) konnte tatsächlich als neu für die Käufer und damit als "echte" Marktinnovationen bezeichnet werden, während die meisten (70 %) de facto bloße Erweiterungen oder Veränderungen bereits existierender Produkte waren.[10]

In dieser Arbeit wird der Begriff "Neuprodukt" in Übereinstimmung mit Kotler[11] nicht auf den Markt, sondern auf das jeweilige Unternehmen bezogen, da die Entscheidung pro oder contra Gesamtmarkteinführung letztendlich dort getroffen werden muß. Je neuartiger nämlich ein Produkt für eine Unternehmung ist, desto schwerer fällt gewöhnlich die Beurteilung seiner zukünftigen Marktchancen. Der Neuheitsgrad determiniert somit die Höhe des Einführungsrisikos, woraus wiederum der Umfang des Informations-

---

8 Dies betrifft speziell diejenigen elektronischen Minimarkttests, bei denen die Registrierung der Einkäufe der Test-Haushalte durch die Vorlage von Identifikationskarten in den Testgeschäften erfolgt. Mit diesen Karten werden nämlich nicht sämtliche Haushaltsmitglieder, sondern i.d.R. nur die haushaltsführende Person ausgestattet.

9 Zu den verschiedenen Dimensionen des Neuheitsbegriffes vgl. Koppelmann, U.: Produktmarketing: Entscheidungsgrundlage für den Produktmanager, 2. Aufl., Stuttgart u.a. 1987, S. 77 f.; Meffert, H.: Marketing: Grundlagen der Absatzpolitik, 7. Aufl., Wiesbaden 1986, S. 364 f.

10 Vgl. Lambin, J.-J.: Grundlagen und Methoden strategischen Marketings, Hamburg u.a. 1987, S. 235 f.

11 Vgl. Kotler, P.: Marketing management: Analysis, planning and control, 5th ed., a.a.O., S. 310.

bedarfes resultiert. Je größer aber der Informationsbedarf ist, desto eher empfiehlt sich der Einsatz der Testmarktforschung, d.h. speziell die Durchführung eines elektronischen Minimarkttests.[12]

Das Kriterium der Neuartigkeit verliert erst in solchen Fällen an Bedeutung, in denen es nicht um die geplante Einführung eines Produktes, sondern "lediglich" darum geht, einzelne Marketing-Mix-Komponenten abzutesten. So kann etwa die Überprüfung der Wirkung einer neuen TV-Werbekampagne für ein bereits auf dem Markt befindliches Produkt auf der Basis der Ergebnisse eines elektronischen Minimarkttests vorgenommen werden, indem im Anschluß an die Schaltung der Testspots die effektiven Kaufreaktionen der Konsumenten bzw. Test-Haushalte gemessen werden.[13]

II. Formulierung der Testziele

Bevor mit der zeitlichen Planung und der Gestaltung der experimentellen Rahmenbedingungen begonnen werden kann, gilt es für das testende Unternehmen zunächst möglichst präzise festzulegen, welche konkreten Zielsetzungen mit dem Marktexperiment verfolgt bzw. welche spezifischen Informationen gewonnen werden sollen. Grundsätzlich bietet sich ein elektronischer Minimarkttest nämlich für zwei relativ unterschiedliche Einsatzfelder an:

(1) Zum einen lassen sich die zukünftigen Marktchancen eines neuen oder geänderten Produktes auf dem Gesamtmarkt abschätzen (= elektronischer Minimarkttest als Prognoseinstrument). Im Zentrum der Betrachtung steht somit das Testprodukt in Verbindung mit seinem kompletten Marketing-Mix.

(2) Zum anderen kann die Wirkung einzelner Elemente des Marketing-Mix innerhalb der Gesamtkonzeption überprüft werden (= elektronischer Minimarkttest als Bewertungs- bzw. Kontrollinstrument). Gegenstand des Interesses ist hier weniger das Produkt selbst als vielmehr das zu analysierende absatzpolitische Instrument.

Eine genaue Zieldefinition erweist sich vor allem deshalb als notwendig, weil insbesondere die nachfolgenden Planungs- und Durchführungsschritte des Marktexperimentes in

---

12 Ein Ausnahme bilden allerdings Produkte, die aufgrund ihres extrem hohen Neuheitsgrades grundlegende Änderungen der bisherigen Konsumgewohnheiten der Verbraucher erfordern. Der dafür benötigte Testzeitraum könnte - nicht zuletzt aus Kostengründen - die Anwendung eines elektronischen Minimarkttests ausschließen. Vgl. Schmitt-Grohé, J.: Produktinnovation - Verfahren und Organisation der Neuproduktplanung, a.a.O., S. 136.

13 Vgl. hierzu auch die Ausführungen in Kapitel C.II.2.2.
In den USA ist die Werbewirkungsforschung mit Hilfe elektronischer Minimarkttests bereits sehr stark verbreitet. So sind bspw. bei IRI etwa die Hälfte aller "Behavior-Scan"-Tests reine Werbemitteltests! Vgl. Rehorn, J.: Mehr ein Geheimtip von Marktforschungspionieren und Kennern als ein verbreitetes Testvehikel, in: Handelsblatt, 1.10.1985, S. 16.

entscheidendem Maße davon beeinflußt werden, welche der beiden Funktionen der elektronische Minimarkttest im konkreten Fall primär erfüllen soll.

1. Prognose der Marktchancen neuer oder geänderter Produkte

Der Versuch der Bestimmung der Absatzchancen, die für ein Testprodukt im späteren Gesamtmarkt nach Abschluß der eigentlichen Einführungsphase zu erwarten sind, stellt in der Bundesrepublik Deutschland nach wie vor das Hauptmotiv zur Durchführung eines elektronischen Minimarkttests dar. Charakteristisch für diese Art des Testens ist, daß das Produkt vom testenden Unternehmen in dieser Form noch nicht am Markt angeboten wird. Als zu prognostizierende Größen dienen im allgemeinen das auf nationaler Ebene erreichbare Absatzvolumen und/oder der zukünftige Marktanteil des Testproduktes in der betreffenden Warengruppe.[14] Wichtig erscheint in diesem Zusammenhang die rechtzeitige Festlegung von quantitativen Erfolgskriterien inklusive der zugehörigen Zielvorgaben, da i.d.R. unmittelbar im Anschluß an das Marktexperiment beurteilt werden muß, ob ein hochgerechneter Marktanteil von X Prozent nun als Erfolg oder Mißerfolg zu werten ist. Hieraus ergeben sich nämlich nicht zuletzt die in der Folge zu ergreifenden Maßnahmen (z.B. "go" oder "no go"). Hat man sich im Unternehmen zugunsten einer Gesamtmarkteinführung des Testproduktes entschieden, bilden die Testergebnisse u.a. die Grundlage für die Planung der Produktionskapazitäten und des Marketing-Budgets, was die Notwendigkeit einer möglichst exakten und zuverlässigen Absatzprognose unterstreicht.

Da beim Einsatz des elektronischen Minimarkttests als Prognoseinstrument das Testprodukt mit seinem gesamten Marketing-Mix überprüft wird und damit quasi als eine einzige komplexe unabhängige Variable in das Marktexperiment eingeht, läßt sich der Wirkungsbeitrag einzelner absatzpolitischer Instrumente nicht isolieren. Problematisch wirkt sich dies insbesondere dann aus, wenn die erzielten Testergebnisse hinter den Erwartungen zurückbleiben und sich dann die Frage nach den Ursachen stellt. Eine genaue Diagnose, ob für das schlechte Abschneiden des Testproduktes bspw. ein zu niedriges Werbebudget, ein im Vergleich zum Marktführer zu hoher Preis oder gar eine Kombination verschiedener Faktoren verantwortlich ist, vermag ein einzelner elektronischer Minimarkttest aber effektiv nicht zu liefern.

Als Ausweg aus diesem Dilemma bietet sich allenfalls an, mehrere alternative Marketing-Konzeptionen gegeneinander zu testen, um eine differenziertere Ursache-Wirkungs-Analyse zu ermöglichen. Als Voraussetzung bedarf es dazu jedoch einer entsprechenden

---

14 Zur Eignung des Umsatzes bzw. des Marktanteiles als abhängige Variable in der Testmarktforschung vgl. Steidl, P.E.: Experimentelle Marktforschung, Berlin 1977, S. 31.
So setzt etwa die Ermittlung eines Marktanteiles voraus, daß sich das Testprodukt in eine bestehende Warengruppe einordnen läßt, was bspw. bei Marktinnovationen z.T. nicht unproblematisch ist.

Zahl vergleichbarer Testregionen.[15] Ausgenommen von dieser Bedingung bleiben lediglich solche Konzeptionen, die sich ausschließlich durch die Ausgestaltung der Kommunikationspolitik unterscheiden. Hier können, z.B. durch die Anwendung der "Targetable TV"-Technik, eine Reihe verschiedener Varianten mit Hilfe geeigneter Haushalts-Splits auch innerhalb eines einzigen Gebietes getestet werden.

2. Überprüfung der Wirkung einzelner Marketing-Mix-Komponenten

Ein elektronischer Minimarkttest kann ebenso für eine Wirkungsanalyse einzelner Komponenten des Marketing-Mix herangezogen werden. Im Rahmen eines Marktexperimentes wird hierzu der Einfluß einer Variation bestimmter absatzpolitischer Instrumente auf das Kaufverhalten der Konsumenten im allgemeinen und auf den Abverkauf des Testproduktes im speziellen untersucht. Durchgeführt werden solche Tests in aller Regel für Produkte, die sich bereits auf dem (Gesamt-)Markt befinden und für die der Hersteller eine partielle Änderung des Marketing-Mix in Erwägung zieht.

Erforderlich ist wiederum eine möglichst exakte Hochrechnung der vom Testprodukt erzielten Abverkaufsergebnisse von der Minitestmarkt- auf die Gesamtmarktebene. Erst wenn die prognostizierten Umsatzzuwächse den entstehenden Mehraufwendungen[16] gegenübergestellt werden, läßt sich letztendlich beurteilen, ob ein nationaler Einsatz der abgetesteten marketingpolitischen Maßnahme tatsächlich eine Ergebnisverbesserung für das Unternehmen bringt. Eine allein auf das Testgebiet bezogene Vergleichsrechnung könnte leicht zu falschen Schlußfolgerungen und Entscheidungen führen, da dort z.B. generell mit höheren anteiligen Marketingkosten als im Gesamtmarkt zu rechnen ist.[17]

2.1. Produktpolitik

Neben der am häufigsten verfolgten Zielsetzung, der Prognose der Marktchancen neuer oder geänderter Produkte, bietet ein elektronischer Minimarkttest im Rahmen der Produktpolitik eine Reihe weiterer Anwendungsmöglichkeiten. Erwähnenswert erscheinen insbesondere die Überprüfung neuer oder verbesserter Produktqualitäten und alternati-

---

15 Auch diese Vorgehensweise stößt daher mit wachsender Zahl der Alternativen rasch an ihre Grenzen. So würde etwa ein Testprodukt, für das 2 Markennamen, 2 Packungsvarianten und 3 verschiedene Preisniveaus zu überprüfen wären, bereits 2 x 2 x 3 = 12 identisch strukturierte Testgebiete erfordern, was nach heutigen Maßstäben absolut illusorisch erscheint!
Es sollte daher unbedingt versucht werden, bereits vor dem eigentlichen Minimarkttest die Zahl der Alternativen durch den Einsatz geeigneter Pretest-Verfahren auf ein Minimum zu reduzieren.

16 Mehraufwendungen (im Sinne eines Anstiegs der Marketing-Kosten) treten im allgemeinen nur bei einer effektiven Erhöhung des Marketing-Budgets auf, d.h. insbesondere nicht bei preispolitischen Maßnahmen (Preiserhöhungen bzw. -senkungen) oder reinen Etat-Umschichtungen (z.B. Einsatz von TV- anstelle von Printwerbung).

17 Vgl. hierzu auch Kapitel A.I.2.1.2.

ver Markennamen, sowie das Testen neuartiger Packungen, die sich bspw. durch Material, Form, Design und/oder Größe vom bisherigen Angebot unterscheiden können. Da im Prinzip jede Variation dieser Produktkomponenten auch zu einem zumindest geänderten Produkt führt, sind die Grenzen zwischen den beiden generellen Testzielen eines elektronischen Minimarkttests hier zwangsläufig fließend.

Insgesamt werden elektronische Minimarkttests jedoch relativ selten für die oben genannten produktpolitischen Problemstellungen herangezogen. Die meisten Hersteller greifen zur Überprüfung dieser Faktoren lieber auf andere Marktforschungsinstrumente zurück, die im allgemeinen schneller, kostengünstiger und mit durchaus akzeptabler Zuverlässigkeit arbeiten. Die größte Verbreitung haben in diesem Zusammenhang Produkttests, Namenstests, Packungstests und Storetests[18] gefunden. Die Frage nach der effektiven Verkaufswirksamkeit kann endgültig allerdings einzig und allein im realen Marktexperiment mit Hilfe von Methoden der Testmarktforschung beantwortet werden. Zu fordern ist deshalb eher ein komplementärer als ein substitutiver Einsatz dieser Verfahren!

Daß auf diesem Sektor offenbar aber immer noch gewisse Defizite herrschen, belegt u.a. eine Studie der Lebensmittelzeitung, in der man für 104 Flops aus vier ausgewählten Warengruppen des bundesdeutschen Lebensmitteleinzelhandels die Ursachen des Versagens am Markt zu ergründen suchte. So wurde - nach Angaben der verantwortlichen Hersteller - bei 23 % der analysierten Fälle eine falsche Markennamenswahl getroffen, bei 21 % waren Mängel an der Packung und bei immerhin 17 % sogar Mängel am Produkt selbst zu verzeichnen.[19]

2.2. Kommunikationspolitik

Beim Einsatz von elektronischen Minimarkttests zur Wirkungsanalyse der verschiedenen Marketing-Mix-Komponenten bilden in der Praxis ganz eindeutig Aufgabenstellungen aus dem Bereich der Kommunikationspolitik den Schwerpunkt. Im einzelnen handelt es sich dabei ausnahmslos um die Überprüfung von Werbemaßnahmen auf der einen und Verkaufsförderungsaktionen auf der anderen Seite, wobei der Großteil der Tests jedoch auf die Werbung entfällt.

---

18 Vgl. hierzu ausführlich Bauer, E.: Produkttests in der Marketingforschung, Göttingen 1981; Weissman, A./ Adlwarth, W./ Ruppert, U.: Neuere experimentelle Testverfahren zur Überprüfung der Marktchancen von Konsumgütern, Heft 2 der Arbeitspapiere des Lehrstuhls für Marketing, Internationales Marketing und Handel der Universität Erlangen-Nürnberg, Nürnberg 1983, S. 2 ff.; Eberl, D.: Methoden zur Beurteilung der Marktchancen von innovativen Produkten, Band 10 der Arbeitspapiere zur Schriftenreihe "Schwerpunkt Marketing", 2. Aufl., Augsburg 1987, S. 27 ff.

19 Vgl. LZ (Hrsg.): Tod im Regal - Eine Analyse der Lebensmittel-Zeitung zur Me too-Problematik bei der Einführung neuer Produkte, Frankfurt 1985, S. 13; Hunsinger, H.: Das große Sterben, in: Manager Magazin, 15. Jg., Heft 10, 1985, S. 248 ff.

In Zeiten weitgehend gesättigter Konsumgütermärkte, auf denen harter Verdrängungswettbewerb herrscht und die konkurrierenden Marken von der objektiven Produktleistung her nahezu austauschbar sind, gewinnt die Marktkommunikation in zunehmendem Maße an Bedeutung. Speziell in der Markenartikelindustrie erreichen mittlerweile die Werbeetats nicht selten zweistellige Millionenbeträge. Der Konsument sieht sich demzufolge stärker denn je einer regelrechten Informationsüberflutung ausgesetzt.[20] Für den einzelnen Werbungstreibenden hat dies zwangsläufig zur Konsequenz, daß sich seine Werbemaßnahmen, die ja letztlich nichts anderes als Investitionen darstellen, gegenüber denen der Konkurrenz durchsetzen müssen. Aufgrund des damit verbundenen hohen finanziellen Risikos erscheint es daher durchaus naheliegend und auch sinnvoll, Werbekampagnen vor ihrem Einsatz im Gesamtmarkt auf ihre Wirksamkeit hin abzutesten.

Der elektronische Minimarkttest dient nun der Messung des sogenannten ökonomischen Werbeerfolges, der in der Literatur übereinstimmend als das eigentliche Ziel der Werbung angesehen wird.[21] Der zeitlich vorgelagerte psychische Beeinflussungsprozeß selbst bleibt als "Black box" im Sinne eines S-R-Modelles aus der Betrachtung ausgeklammert, da diese sogenannten außerökonomischen Werbeziele (wie etwa Steigerung des Bekanntheitsgrades oder Änderung der Einstellungen) zwar als notwendige, aber eben nicht als hinreichende Bedingung zur Erzielung eines ökonomischen Werbeerfolges gelten. Untersucht wird also, welche Kaufverhaltensreaktionen (R) die Test-Haushalte auf einen bestimmten Werbestimulus (S) zeigen.

Im einzelnen läßt sich mit Hilfe eines elektronischen Minimarkttests ein ganzes Spektrum von werbepolitischen Testzielen verfolgen, die natürlich untereinander noch beliebig kombiniert werden können:

- Wirkungsvergleich zwischen verschiedenen Kampagnen innerhalb eines Mediums (z.B. Anzeige A vs. Anzeige B, TV-Spot A vs. TV-Spot B, etc.)
- Wirkungsvergleich zwischen verschiedenen Medien bzw. Media-Mix-Varianten (z.B. nur TV-Werbung vs. nur Print-Werbung vs. TV- plus Print-Werbung)
- Wirkungsvergleich zwischen unterschiedlich hohen Werbebudgets (Werbedrucktests)

---

20 Vgl. Kroeber-Riel, W./ Meyer-Hentschel, G.: Werbung - Steuerung des Konsumentenverhaltens, Würzburg/Wien 1982, S. 208 f.; Kroeber-Riel, W.: Informationsüberlastung durch Massenmedien und Werbung in Deutschland, in: DBW, 47. Jg., Heft 3, 1987, S. 257 ff.

21 Vgl. bspw. Steffenhagen, H.: Ansätze der Werbewirkungsforschung im Überblick, in: P&A, 12. Jg., Heft 6, 1985, S. 266; Fischerkoesen, H.M.: Experimentelle Werbeerfolgsprognose, Wiesbaden 1967, S. 12; Rosenstiel, L. v./ Ewald, G.: Methoden und Ergebnisse marktpsychologischer Forschung, in: Irle, M. (Hrsg.): Methoden und Anwendungen in der Marktpsychologie, Göttingen 1983, S. 233; Hossinger, H.-P.: Pretests in der Marktforschung, Würzburg/Wien 1982, S. 51.

- o Wirkungsvergleich zwischen verschiedener zeitlicher Streuung der Werbung (z.B. kontinuierliche Werbung vs. pulsierende Werbung[22])

Die verläßliche Messung der Verkaufswirksamkeit erfordert insbesondere die exakte Einhaltung experimenteller Rahmenbedingungen. Dies hat dazu beigetragen, daß speziell der Versuch einer feldexperimentellen Ermittlung des ökonomischen Werbeerfolges häufig äußerst kritisch beurteilt wird.[23] In der Tat existieren nur sehr wenige Instrumente, die hierfür überhaupt in Frage kommen.

Die Eignung eines elektronischen Minimarkttests für solche Zwecke leitet sich vornehmlich daraus ab, daß der Einsatz entsprechender Technologien[24] die beliebige Bildung von (strukturgleichen) Experimental- und Kontrollgruppen innerhalb eines einzigen Testgebietes gestattet. Daneben ermöglicht es die Anlage als Kombination aus Haushalts- und Scanner-Handels-Panel, die Kaufverhaltensreaktionen einer gleichbleibenden Haushaltsstichprobe auf die Werbestimuli kontinuierlich im Zeitablauf zu erfassen.

Dennoch ist auch die Anwendung dieses Verfahrens nicht frei von Problemen: So läßt sich mittels eines elektronischen Minimarkttests zwar überprüfen, ob eine Werbekampagne gut "verkauft", unklar bleibt dabei jedoch, warum dies der Fall ist. Diagnostische Informationen wie z.B. "Likes" oder "Dislikes" können zunächst nicht bereitgestellt werden.[25] Die größten Schwierigkeiten bereitet aber die zeitliche Abgrenzung des Werbeerfolges. Speziell bei bereits eingeführten und stark beworbenen Testprodukten ist es nicht ungewöhnlich, daß die Wirkung der "alten" Werbung noch in die eigentliche Testperiode hineinreicht. Da zudem auch die Testwerbung selbst i.d.R. erst mit gewisser zeitlicher Verzögerung Verhaltensreaktionen bei den Test-Haushalten auslöst, gilt es durch die Wahl einer entsprechend langen Testdauer den störenden Einfluß dieser "Carry-over-Effekte"[26] zu begrenzen.

Die Wirkung von Verkaufsförderungsaktionen wird im Vergleich zur Werbung nur äußerst selten im Rahmen eines elektronischen Minimarkttests untersucht. Insbesondere

---

22 Vgl. hierzu Simon, H.: ADPULS: An advertising model with wearout and pulsation, in: JoMR, Vol. 19, No. 3, Aug. 1982, S. 352 f.; derselbe: Pulsierende Werbung, in: asw, 26. Jg., Heft 5, 1983, S. 60 ff.

23 Vgl. z.B. die ausführliche Diskussion bei Beeskow, W./ Dichtl, E./ Finck, G./ Müller, S.: Die Bewertung von Marketing-Aktivitäten, in: Irle, M. (Hrsg.): Methoden und Anwendungen in der Marktpsychologie, Göttingen 1983, S. 578 f.

24 Vgl. dazu Kapitel B.IV.2.1.

25 Diese Informationen lassen sich aber relativ problemlos im Rahmen von zeitlich vorgeschalteten Werbepretests erheben. Einen umfassenden Überblick über diese Verfahren bietet Rehorn, J.: Methoden der Werbeforschung aus der Sicht der Praxis, in: Tietz, B. (Hrsg.): Die Werbung: Handbuch der Kommunikations- und Werbewirtschaft, Band 1, Landsberg am Lech 1981, S. 485 ff.

26 Zum Begriff der "Carry-over-Effekte" vgl. bspw. Böcker, F./ Thomas, L.: Marketing, Stuttgart/New York 1981, S. 272 ff.

Instore-Promotions wie etwa Sonder- bzw. Zweitplazierungen oder Produktverkostungen lassen sich z.B. wesentlich kostengünstiger, aber mit durchaus zufriedenstellender Genauigkeit und Verläßlichkeit mit Hilfe eines im Idealfall sogar scannergestützten Storetests überprüfen, da es bei der Beurteilung des Erfolges solcher Aktionen nicht im entscheidenden Maße auf individuelle Kaufverhaltensreaktionen einzelner Verbraucher bzw. Haushalte ankommt.

2.3. Preispolitik

Konkreter Ausgangspunkt für den Einsatz eines elektronischen Minimarkttests für preispolitische Zielsetzungen ist zumeist die Unsicherheit von Herstellern darüber, wie die Konsumenten im Gesamtmarkt auf eine geplante einschneidende Preisänderung[27] für ein bereits eingeführtes Produkt reagieren werden.[28] Dahinter steht letztendlich allgemein das Bemühen vieler Unternehmen um die Ermittlung produktspezifischer Preis-Absatz-Funktionen (eventuell sogar differenziert nach verschiedenen Verbrauchersegmenten), mit deren Hilfe man sich dem gewinnoptimalen Preis zumindest zu nähern hofft.

Ebenfalls von Bedeutung sind in diesem Bereich die Erkundung von Preisschwellen, deren Überschreiten im allgemeinen mit überproportionalen Absatzeinbußen verbunden ist, sowie die Bestimmung von optimalen Preisabständen zu Konkurrenzprodukten (insbesondere dem Marktführer). Gerade der letzte Aspekt verdeutlicht aber, daß der durch eine Preis-Absatz-Funktion zum Ausdruck kommende monokausale Zusammenhang zwischen Preis und Absatz eines bestimmten Produktes eben nur ceteris paribus gilt. Während des gesamten Marktexperimentes muß deshalb speziell das Konkurrenzumfeld genauestens beobachtet und auch bei der anschließenden Analyse und Hochrechnung der Testergebnisse entsprechend berücksichtigt werden.

Da es sich bei der Preispolitik um ein äußerst flexibles und kurzfristig wirkendes Instrument handelt, kommen im elektronischen Minimarkttest die Vorzüge einer Erfassung der Abverkäufe mit Hilfe von Scannerkassensystemen voll zum Tragen.[29] So läßt sich aufgrund der Kürze der Berichtsperiode (i.d.R. eine Woche) etwa durch eine Unter-

---

27 Höger meint hierzu, daß sich der Einsatz von Verfahren der Testmarktforschung nur bei Preisänderungen um mindestens 15 Prozent lohne, da erst ab dieser Grenze mit signifikanten Verbraucherreaktionen zu rechnen sei. Vgl. Höger, A.: Die drei Todsünden des Testmarketings, a.a.O., S. 6. Dieser Ansicht kann - mit Ausnahme der weiter unten angesprochenen Preisschwellen - grundsätzlich zugestimmt werden.

28 Es soll hier keinesfalls verkannt werden, daß speziell eine Preisänderung natürlich zunächst einmal vom Handel akzeptiert werden muß. Entsprechend positive Testmarktforschungsergebnisse vermögen aber nicht zuletzt auch in den Handelszentralen durchaus gute Überzeugungsarbeit zu leisten!

29 Vgl. z.B. Simon, H.: Preismanagement, Wiesbaden 1982, S. 85 ff.; Kucher, E.: Scannerdaten und Preissensitivität bei Konsumgütern, Wiesbaden 1985, S. 12 ff.

suchung zeitlich begrenzter Sonderangebote die Preisreagibilität eines Produktes in einer Weise aufzeigen, wie sie mit traditionellen Handels-Panels effektiv nicht zu erreichen ist. Ein eindrucksvolles Beispiel hierfür findet sich bei Simon und Kucher:

Abb. 10 Vergleich von Scannerdaten auf Wochenbasis mit traditionellen Monats- bzw. Zweimonatsdaten

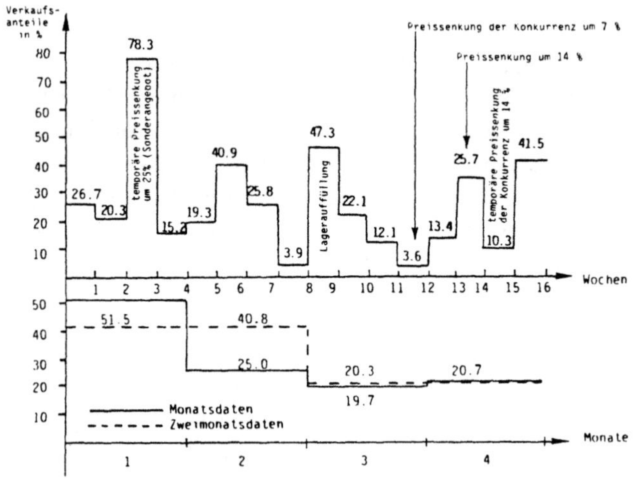

Quelle Simon, H./ Kucher, E.: Höhere Marketing-Effizienz mit Scanner-Daten, a.a.O., S. 82

Eine grundsätzliche Problematik solcher marktexperimenteller Preistests besteht allerdings darin, daß der testende Hersteller die exakte Höhe des Endverbraucherpreises für das Testprodukt eben nur im eigentlichen Minimarkttest verbindlich vorschreiben kann. Im späteren Gesamtmarkt bleibt ihm das versagt, da dort wegen des generellen Verbotes der vertikalen Preisbindung ausschließlich dem Einzelhandel die Festsetzung (und Variierung) der Endverbraucherpreise obliegt. Manche Hersteller versuchen zwar, über unverbindliche Preisempfehlungen einen gewissen Einfluß zu nehmen, eine direkte Durchgriffsmöglichkeit ist damit jedoch nicht gegeben. Letztlich mag dies dazu beigetragen haben, daß preispolitische Maßnahmen als Untersuchungsgegenstand eines elektronischen Minimarkttests noch zu den Ausnahmen zählen.

2.4. Distributionspolitik

Zur Klärung distributionspolitischer Entscheidungstatbestände erweist sich ein elektronischer Minimarkttest als relativ ungeeignet. Einerseits gibt es für Hersteller von kurzlebigen Konsumgütern - von einigen wenigen Ausnahmen abgesehen - nämlich kaum eine Alternative zum indirekten Vertrieb über den Einzelhandel, andererseits kann die Handelsakzeptanz für das Testprodukt aufgrund der "künstlichen" Distribution im Testgebiet ohnehin nicht ermittelt werden.

Theoretisch denkbar wäre es allenfalls, die Auswirkungen einer geplanten Einschaltung bislang nicht berücksichtigter Betriebsformen im Marktexperiment zu überprüfen.[30] So ließe sich durch ein entsprechendes Untersuchungsdesign etwa feststellen, ob die zusätzliche Belieferung von Discountern dem Unternehmen effektive Mehrumsätze bringt oder nur zu Kannibalisierungseffekten zwischen den verschiedenen Einkaufsstätten führt.[31] Auch hier würde u.E. aber der erforderliche Marktforschungsaufwand den zu erwartenden Informationswert übersteigen, so daß vom Einsatz elektronischer Minimarkttests im Distributionssektor insgesamt eher abzuraten ist.

III. Zeitliche Planung

1. Zeitpunkt des Beginns

Die Wahl eines geeigneten Zeitpunktes für den Beginn eines elektronischen Minimarkttests erscheint speziell für Testprodukte aus solchen Warengruppen wichtig, bei denen im Jahresablauf markante saisonale Absatzschwankungen zu verzeichnen sind (z.B. Eiscreme, Erfrischungsgetränke, etc.).[32] Bei einer Testdauer von zwölf Monaten und mehr erweisen sich diese Schwankungen aber auch hier als relativ unproblematisch, da sie bereits im Verlaufe des Marktexperimentes vollständig auftreten und daher die Hochrechnung der Ergebnisse auf den Gesamtmarkt nicht beeinträchtigen.

Beträgt die geplante Testdauer jedoch deutlich weniger als ein Jahr, was bei elektronischen Minimarkttests zumeist der Fall ist, sollte zunächst unbedingt vermieden werden, mit dem Marktexperiment unmittelbar nach einer extremen Saisonspitze zu beginnen. Dies hätte nämlich unweigerlich negative Auswirkungen auf die Entwicklung der Erstkaufsrate des Testproduktes zur Folge, was die Aussagekraft der Testergebnisse u.U. er-

---

30 Voraussetzung hierfür ist natürlich, daß sich die betreffenden Handelsunternehmen auch tatsächlich zur nationalen Listung des Testproduktes bereit erklären.

31 Testgebiet A (Experimentalmarkt): Abverkauf des Testproduktes unter Einschluß von Discountern; Testgebiet B (Kontrollmarkt): Abverkauf des Testproduktes unter Ausschluß von Discountern.

32 Vgl. Irniger, J.: Pretesting und Testmarkt - Instrumente der Marketing-Forschung für die Prognose des Absatzvolumens neuer Produkte des Massenkonsums, a.a.O., S. 33 f.

heblich schmälern kann.[33] Zusätzlich muß nach Beendigung des eigentlichen Experimentes versucht werden, den Einfluß dieser periodischen Zyklen bei der Hochrechnung der Testergebnisse durch entsprechende Gewichtungsfaktoren zu berücksichtigen.[34]

2. Dauer des Marktexperimentes

Die Planung der Versuchsdauer eines Marktexperimentes im Rahmen eines elektronischen Minimarkttests orientiert sich im wesentlichen an der eigentlichen Testzielsetzung, dem Neuheitsgrad und Kaufzyklus des Testproduktes sowie dem voraussichtlichen Verhalten der Konkurrenz. Zu berücksichtigen ist dabei, daß der Informationswert und damit letztlich die Prognosegenauigkeit der Testergebnisse in nicht unerheblichem Maße auch von der Testdauer abhängen. Recht deutlich demonstriert diesen Zusammenhang eine Studie der A.C. Nielsen Co. (vgl. Abb. 11):[35] In einer Ex-post-Analyse wurde das Datenmaterial von etwa 100 abgeschlossenen Marktexperimenten daraufhin untersucht, nach welchem Testzeitraum sich die endgültigen Testergebnisse bereits exakt vorhersagen ließen. Es konnte festgestellt werden, daß sich mit zunehmender Testdauer die Prognosegenauigkeit der (Zwischen-)Ergebnisse tatsächlich laufend erhöhte, jedoch mit immer geringeren Wachstumsraten.

Obwohl sich diese Studie ausschließlich auf regionale Markttests bezieht, können die Untersuchungsergebnisse dennoch durchaus auf elektronische Minimarkttests übertragen werden. I.d.R. wird ein elektronischer Minimarkttest im Vergleich zu einem regionalen Markttest sogar eine deutlich geringere Testdauer beanspruchen, da insbesondere der zeitintensive Aufbau der Distribution entfällt. Es ist daher anzunehmen, daß sich Minimarkttest-Ergebnisse schon wesentlich früher stabilisieren.

Der Einfluß des Neuheitsgrades auf die Dauer eines elektronischen Minimarkttests wurde bereits weiter oben abgeleitet[36], weshalb auf eine erneute Darstellung der Zusammenhänge verzichtet werden kann. Festzuhalten bleibt lediglich, daß mit zunehmendem Neuheitsgrad des Testproduktes der für ein Marktexperiment erforderliche Zeitbedarf tendenziell steigt.

---

33 Dies ist insbesondere dann der Fall, wenn aufgrund der "Nebensaison" die Zahl der Test-Haushalte, die das Testprodukt kaufen, zu gering ist, um als Basis für eine verläßliche Hochrechnung zu dienen. In einer solchen Situation empfiehlt sich letztlich nur eine entsprechende Verlängerung der Testdauer.

34 Ohne den Einsatz dieser Korrekturfaktoren würde bspw. ein elektronischer Minimarkttest, der für eine Eiscreme in den (heißen) Sommermonaten durchgeführt wird, bei der Hochrechnung der gewonnenen Testergebnisse auf das ganze Jahr und auf die Gesamtmarktebene eine völlig überhöhte Absatzprognose erbringen.

35 Vgl. o.V.: The true test of test marketing is time, in: S&MM, Vol. 130, March 14, 1983, S. 74 ff.

36 Vgl. Kapitel C.I.2.

Abb. 11	Prognosegenauigkeit von Testergebnissen in Abhängigkeit von der Testdauer

Zwischenzeitliche Dauer des Marktexperimentes in Monaten	Kumulierter Prozentanteil der richtigen Voraussagen
2	13 %
4	37 %
6	55 %
8	73 %
10	85 %
12	95 %
14	96 %
16	99 %
18	100 %

Quelle	A.C. Nielsen Co., USA

Eine der wichtigsten Determinanten der Testdauer stellt der Kaufzyklus bzw. die Wiederkaufsperiode des Testproduktes dar.[37] Jeder Erstkäufer sollte im Verlaufe des Marktexperimentes Gelegenheit haben, das Testprodukt mindestens ein zweites, besser noch ein drittes Mal zu kaufen, da im Bereich der kurzlebigen Konsumgüter nicht die Erstkäufer, sondern ausschließlich die Wiederkäufer über den langfristigen Erfolg oder Mißerfolg eines Neuproduktes entscheiden. Die Zufriedenheit der Käufer mit dem Testprodukt kommt somit nicht zuletzt erst durch eine hohe Wiederkaufsrate zum Ausdruck. Der elektronische Minimarkttest ist daher nach Möglichkeit so lange fortzusetzen, bis eine Stabilisierung der Wiederkaufsrate eintritt oder sich zumindest abzeichnet.

Gerade in der Anfangsphase eines Marktexperimentes kann ein starker Anstieg der Abverkäufe des Testproduktes, hervorgerufen durch einen hohen Anteil an Erstkäufern, nämlich einen vermeintlichen Markterfolg vortäuschen, der schon manches Unternehmen zum sofortigen Abbruch der Testmaßnahmen und zur unmittelbaren Gesamtmarkteinführung verleitet hat. Eine solche Reaktion erweist sich allerdings als verhängnisvoll, wenn auf die vielen Erstkäufe keine oder nur geringe Wiederkäufe folgen. Das

37 Vgl. z.B. Zeltner, H.: When should you market test? Five guides help you decide, in: AA, Vol. 48, Jan. 17, 1977, S. 46; Wind, Y.: Product policy: Concepts, methods and strategy, Reading (Mass.) 1982, S. 407.

Käuferpotential ist dann sehr schnell ausgeschöpft, und das Testprodukt mangels Folgekäufen zum Scheitern verurteilt.
Da sich die Länge der Kaufzyklen in den verschiedenen Warengruppen bspw. mit Hilfe von traditionellen Haushalts-Panels problemlos erheben läßt, kann die erforderliche Mindestdauer des Marktexperimentes recht genau abgeschätzt werden.[38]

Die Testdauer richtet sich natürlich auch nach dem konkreten Untersuchungsgegenstand bzw. der Zielsetzung des elektronischen Minimarkttests, d.h. ob bspw. die Gesamtmarkteinführung eines neuen Produktes simuliert oder "lediglich" ein Werbedrucktest für ein bereits im Markt befindliches Produkt durchgeführt werden soll. Exakte, allgemeingültige Zeitempfehlungen können hier jedoch nicht gegeben werden, da die Entscheidung zugunsten einer bestimmten Testdauer letztendlich erst unter vollständiger Berücksichtigung der individuellen Ausgangssituation eines jeden Tests getroffen werden sollte, und selbst dann zwangsläufig immer noch stark von subjektiven Einflußgrößen (wie etwa dem Grad der persönlichen Risikobereitschaft des Entscheiders) geprägt wäre.

Schließlich muß noch beachtet werden, in welchem Maße das Testprodukt von einer Nachahmung durch die Konkurrenz bedroht ist. Da das testende Unternehmen mit Beginn des Marktexperimentes im Testgebiet seine Marketing-Pläne weitgehend offenlegt, wächst die Gefahr der Imitierung einer erfolgversprechenden Produktidee zweifelsohne mit zunehmender Testdauer. Gelingt es der Konkurrenz darüber hinaus, ihr Imitat als erstes, d.h. noch vor dem Testprodukt selbst, in den Gesamtmarkt einzuführen, hätte das testende Unternehmen dadurch seinen Wettbewerbsvorsprung zum Großteil, wenn nicht sogar in Gänze eingebüßt. Gerade bei kurzlebigen Konsumgütern, wo die produktionstechnischen Voraussetzungen für solche kurzfristigen Konkurrenzreaktionen häufig gegeben sind, ist dieses Risiko bei der Festlegung der genauen Testdauer deshalb stets einzubeziehen.

In der Marktforschungspraxis beträgt die Laufzeit eines elektronischen Minimarkttests - je nach zugrundeliegender Ausgangssituation und Problemstellung - im allgemeinen zwischen vier und acht Monate. Längere Testzeiträume kommen gelegentlich zwar vor, zählen jedoch absolut zu den Ausnahmen.

Überlegenswert und in manchen Fällen durchaus empfehlenswert erscheint es u.E. in diesem Zusammenhang zu sein, die Beobachtung des Testproduktes im Minitestmarkt auch nach erfolgter nationaler Einführung und Beendigung der eigentlichen Testphase eine gewisse Zeitdauer fortzusetzen. Durch den hieraus entstehenden zeitlichen Vorlauf können nämlich sich im Gesamtmarkt anbahnende negative Entwicklungen (z.B. Käufer

---

38 Weist das Testprodukt voraussichtlich eine für Testmarktforschungszwecke zu lange Wiederkaufsperiode auf, so läßt sich der Testzeitraum durch die Verteilung von Produktproben an die Test-Haushalte verkürzen. Eine solche künstliche Erhöhung der Erstkaufsrate ist jedoch nicht unproblematisch und sollte daher nur in Ausnahmefällen vorgenommen werden.

des Testproduktes wandern wieder zu Konkurrenzmarken ab) unter Umständen bereits vorher im Minitestmarkt erkannt und dadurch noch rechtzeitig entsprechende Gegenmaßnahmen ergriffen werden.

IV. Experimentelle Rahmenbedingungen

1. Repräsentanz der Haushalts-Stichprobe

Wie bereits in einem früheren Kapitel erläutert wurde[39], legen die hohen Investitionskosten und die zu erwartende lange Amortisationsdauer es bei der Installation eines elektronischen Minitestmarktes nahe, die Struktur des Haushalts-Panels an die Verhältnisse im Gesamtmarkt anzupassen, um damit von vornherein ein möglichst breites Anwendungsspektrum dieses Instruments sicherzustellen. In manchen Warengruppen erscheint es nun aber empfehlenswert, vor der konkreten Durchführung eines Marktexperimentes die Ausgangsstichprobe um diejenigen Haushalte zu reduzieren, die nicht zur eigentlichen Zielgruppe des Testproduktes gehören.[40] Angestrebt wird dadurch letztlich die Strukturgleichheit der Test-Haushalte mit der anvisierten Zielgruppe bezüglich der in der betreffenden Warengruppe kaufrelevanten Eigenschaften.

Dazu bedarf es zunächst jedoch einer genauen Charakterisierung der potentiellen Käufer- bzw. Verwenderschaft des Testproduktes. Herangezogen werden können hierfür bspw. soziodemographische Kriterien (z.B. Alter der Haushaltsmitglieder), Besitzverhältnisse (z.B. Hausgeräte, Haustiere, etc.), Verhaltensmerkmale (z.B. Kauf substitutiver oder komplementärer Güter) und/oder psychographische Variablen (z.B. warengruppenspezifische Einstellungen). Diese Daten liegen für sämtliche Panelteilnehmer entweder bereits aus dem Eingangsinterview bzw. der jährlichen Haushalts-Befragung vor oder lassen sich mit Hilfe von Zusatzbefragungen relativ einfach erheben. Besondere Beachtung verdienen die kaufrelevanten Eigenschaften nicht zuletzt auch bei der Bildung von identisch strukturierten Experimental- und Kontrollgruppen innerhalb eines Marktexperimentes.

Zu berücksichtigen ist aber andererseits die Problematik einer allzu "spitzen" Zielgruppendefinition. Gerade im Lebensmittelsektor gibt es eine Reihe von Beispielen, in denen ein Neuprodukt tatsächlich nur zum geringsten Teil von der anvisierten Zielgruppe, sondern hauptsächlich von völlig anderen Verbrauchersegmenten gekauft wurde.[41] Aus diesem Grunde beziehen viele Hersteller neben den eigentlichen Zielgruppen-Haushalten auch die übrigen Panelmitglieder mit in die Untersuchung ein.

---

39 Vgl. S. 37 dieser Arbeit.

40 So sind etwa für einen Hersteller von Tiernahrung aus verständlichen Gründen ausschließlich solche Haushalte von Interesse, die auch tatsächlich ein Haustier besitzen.

41 Vgl. z.B. Brennan, L.: Test marketing put to the test, a.a.O., S. 68.

2. Simulation des Marketing-Mix

Die im Rahmen des Marktexperimentes zur Anwendung kommenden Marketing-Mix-Komponenten sollten nach Art und Umfang den im späteren Gesamtmarkt geplanten Aktivitäten des testenden Herstellers entsprechen. Je realistischer nämlich der kombinierte Einsatz dieser Marketing-Maßnahmen im Testgebiet simuliert werden kann, desto eher ist eine präzise und verläßliche Hochrechnung der Testergebnisse zu gewährleisten.[42]

Für den Bereich der Produktpolitik erweist sich die Erfüllung dieser Forderung als relativ leicht, da sich prinzipiell sämtliche produktpolitischen Entscheidungen, die im Gesamtmarkt realisierbar sind, auch im Testgebiet durchsetzen lassen. Für die Kommunikationspolitik, die Preispolitik und die Distributionspolitik gilt es dagegen eine Reihe von unternehmensexternen Restriktionen zu beachten, die eine direkte Übertragung der nationalen Marketing-Strategie auf die Minitestmarkt-Ebene erschweren oder gar verhindern.

Im kommunikationspolitischen Sektor besteht die vorrangige Zielsetzung darin, einen für den Gesamtmarkt konzipierten Mediastreuplan auch in einem regional stark begrenzten Gebiet einsetzen zu können, und zwar ohne die Inkaufnahme unvertretbar hoher Streuverluste. Als extrem problematisch haben sich hier in der Vergangenheit speziell die elektronischen Medien erwiesen. Mittlerweile sind diese Schwierigkeiten - zumindest was das Medium Fernsehen anbelangt - durch die Anwendung neuer Technologien weitgehend überwunden.[43] Da in den wichtigsten Printmedien (Publikumszeitschriften und Tageszeitungen) die Schaltung von Testwerbung trotz gewisser Beschränkungen ebenfalls generell möglich ist[44], sind damit mit Ausnahme des öffentlich-rechtlichen Hörfunks, der sich nach wie vor einer Belegung auf lokaler Ebene entzieht, sämtliche bedeutenden Werbeträger auch in relativ kleinen Testgebieten einsetzbar. Es kann daher insgesamt festgehalten werden, daß sich eine nationale Werbekampagne durch die Nutzung geeigneter technischer Möglichkeiten durchaus in einem elektronischen Minimarkttest simulieren läßt.

Im Gegensatz zum späteren Gesamtmarkt kann im eigentlichen Marktexperiment der testende Hersteller autonom den Preis bestimmen, mit dem das Testprodukt in den Regalen der Testgeschäfte plaziert wird. Dennoch sollte hierzu vorher Rücksprache mit den

---

42 Abzulehnen sind u.E. daher insbesondere überproportionale Marketingaufwendungen im Testgebiet wie etwa erhöhter Werbedruck oder verstärkte Verkaufsförderungsaktionen, die dazu beitragen sollen, die Dauer des Marktexperimentes künstlich zu verkürzen. Zu akzeptieren wäre eine solche Vorgehensweise allenfalls dann, wenn das testende Unternehmen aufgrund zu erwartender Konkurrenzreaktionen unter extremem Zeitdruck steht.

43 Vgl. hierzu die Ausführungen in Kapitel B.IV.2.1.

44 Vgl. hierzu Abschnitt B.IV.1.

relevanten Handelsunternehmen genommen werden, die ja nach Beendigung der Testphase für die endgültige Fixierung des Endverbraucherpreises verantwortlich sind. Auf diese Weise erscheinen zumindest extreme Diskrepanzen zwischen den Preisen vor und nach der nationalen Einführung vermeidbar. Zusätzlich empfiehlt sich - falls erforderlich - die Höhe des Preises für das Testprodukt nach Einkaufsstätten zu differenzieren, um den speziell im Lebensmitteleinzelhandel in vielen Warengruppen zu verzeichnenden unterschiedlichen Preisniveaus der diversen Betriebs- und Organisationsformen Rechnung zu tragen.[45] Informationen hierüber können bspw. aus nationalen Verbraucher- und/oder Handels-Panels gewonnen werden.

Eine realistische Simulation distributionspolitischer Maßnahmen ist im Minimarkttest nur mit größten Einschränkungen möglich. Grundsätzlich muß hierzu zunächst festgestellt werden, daß die Einzelhandelsstruktur in einem elektronischen Minimarkttest wegen der geringen Größe der Testgebiete niemals mit der Situation im Gesamtmarkt übereinstimmen kann. Ein Marktexperiment verbietet sich prinzipiell aber dennoch nur in solchen Fällen, in denen im Testgebiet speziell diejenigen Betriebsformen oder Handelsorganisationen fehlen, die für das Testprodukt im Gesamtmarkt überragende Bedeutung besitzen. Darüber hinaus ist zu berücksichtigen, daß im Gesamtmarkt der angestrebte Distributionsgrad nicht unmittelbar, sondern i.d.R. erst nach mehreren Monaten, z.T. sogar überhaupt nicht erreicht wird. Demgegenüber erfolgt im elektronischen Minimarkttest der Aufbau der Distribution des Testproduktes aufgrund der Kooperationsvereinbarungen mit den Testgeschäften "forciert", d.h. ohne jegliche zeitliche Verzögerung. Obwohl die meisten Hersteller im Testgebiet eine hundertprozentige Distribution, d.h. die Einbeziehung sämtlicher Einkaufsstätten, bevorzugen, sollte das Testprodukt im Marktexperiment nichtsdestoweniger ausschließlich über diejenigen Betriebstypen verkauft werden, die auch im späteren Gesamtmarkt als Absatzmittler vorgesehen sind.

3. Kontrolle von Störfaktoren

Die grundsätzliche Aufgabe eines jeden Marktexperimentes im Rahmen eines elektronischen Minimarkttests besteht darin, vermutete Kausalbeziehungen zwischen dem Marketing-Mix eines Unternehmens (bzw. einzelner Mix-Komponenten) als unabhängige Variable und dem Kaufverhalten der Konsumenten als abhängige Variable zu überprü-

45 So wurde bspw. im Frühjahr 1988 das Testprodukt "Valensina plus Calcium" von Procter & Gamble im "GfK-BehaviorScan" mit folgenden Preisen in den Testgeschäften plaziert:

Penny	1,69 DM	(Discounter)
Nutzkauf	1,89 DM	(Lebensmittelgeschäft)
Massa	1,95 DM	(SB-Warenhaus)
Coop	2,09 DM	(Supermarkt).

fen und zu messen.[46] Das Kaufverhalten der Konsumenten - im Minimarkttest zumeist operationalisiert durch den Umsatz und/oder Marktanteil des Testproduktes - wird nun aber nicht nur von den Marketing-Aktivitäten des testenden Herstellers, sondern zusätzlich von einer Vielzahl weiterer, sogenannter exogener Einflußgrößen determiniert. Im Gegensatz zu einer Laborsituation, in der es im allgemeinen durchaus gelingen mag, diese exogenen Variablen oder Störfaktoren für die Dauer des eigentlichen Experimentes konstant zu halten, sind im realen Marktgeschehen solche idealtypischen Versuchsbedingungen nicht zu verwirklichen. Es gilt daher, sich zunächst im Vorfeld des Marktexperimentes Klarheit über das Spektrum der potentiellen Störfaktoren zu verschaffen, um diese während der anschließenden Testphase genauestens kontrollieren und gegebenenfalls - zumindest teilweise - durch geeignete Untersuchungsdesigns neutralisieren zu können.

3.1. Mögliche Störfaktoren

3.1.1. Testmarktexterne Störgrößen

Bei den testmarktexternen Störgrößen handelt es sich vornehmlich um Änderungen der externen ökonomischen und außerökonomischen Rahmenbedingungen des Marktexperimentes, die quasi "von außen" auf den Testablauf einwirken. Hierzu zählen etwa unerwartet starke konjunkturelle Einbrüche, die von einem überproportionalen Anstieg der Arbeitslosigkeit und Kurzarbeit begleitet sind, aber auch spezifische regionale Arbeitsmarktprobleme, verursacht bspw. durch wirtschaftliche Schwierigkeiten eines im Testgebiet oder dessen Einzugsbereich ansässigen wichtigen Arbeitgebers. Diese Faktoren führen i.d.R. zu einem Rückgang der Kaufkraft, was insbesondere in einkommensreagiblen Warengruppen signifikante Umsatzeinbußen auslösen kann. Weiterhin können auch außergewöhnliche Witterungsbedingungen in der Testregion, wie ausgeprägte Hitze- oder Kälteperioden, durchaus drastische Abweichungen von der "normalen" saisonalen Marktentwicklung hervorrufen und damit die Generalisierbarkeit der Testergebnisse in erheblichem Maße einschränken.

Zusammenfassend betrachtet lassen sich für die testmarktexternen Störgrößen insgesamt zweierlei mögliche Auswirkungen unterscheiden: So wird im allgemeinen einerseits das absolute mengenmäßige Umsatzniveau der verschiedenen Warengruppen beeinflußt, während es andererseits aber auch innerhalb einer Warengruppe zu Marktanteilsverschiebungen kommen kann, wenn die Verbraucher bei ihren Einkäufen bspw. aufgrund

46 Zur Problematik des Nachweises von Kausalbeziehungen im Feld- bzw. Marktexperiment vgl. Hildebrandt, L./ Trommsdorff, V.: Konfirmatorische Analysen in der empirischen Forschung, in: Forschungsgruppe Konsum und Verhalten (Hrsg.): Innovative Marktforschung, Würzburg/Wien 1983, S. 139 f.; Linker, W.: Experiment und Analyse in der demoskopischen Marktforschung, a.a.O., S. 346 f.; Topritzhofer, E.: Marketing - Neue Ergebnisse aus Forschung und Praxis, Wiesbaden 1978, S. 22.

gesunkener Realeinkommen höherpreisige Marken durch mittel- oder niedrigpreisige substituieren.

3.1.2. Testmarktinterne Störgrößen

Die weitaus größte Bedeutung kommt jedoch all jenen Einflußfaktoren zu, die sich auf die innerhalb des eigentlichen Testgebietes agierenden Marktteilnehmer zurückführen lassen und daher als testmarktinterne Störgrößen bezeichnet werden. In besonderem Maße gilt es hier als potentielle Verursacher die Konkurrenten, die Testgeschäfte und die Test-Haushalte zu berücksichtigen. Unter Umständen können darüber hinaus sogar Mitarbeiter des testenden Herstellers und des verantwortlichen Marktforschungs-Institutes zu einer Verzerrung der Testergebnisse beitragen.

Erfahrungen in den USA haben gezeigt[47], daß die permanente Inanspruchnahme einer Region für Marktexperimente im Extremfall zu einer regelrechten Übertestung führen kann. Die testmarktinternen Störeinflüsse nehmen in einer solchen Situation ein Ausmaß an, das die weitere Nutzung des Gebietes für Testzwecke zumindest einschränkt, eventuell sogar ganz verbietet. Speziell die Marktforschungs-Institute als die Betreiber elektronischer Minimarkttests sollten sich dieser Gefahr stets bewußt sein!

(1) Konkurrenz

Die generellen Möglichkeiten der Konkurrenz, störend in den Ablauf eines Marktexperimentes einzugreifen, wurden bereits an anderer Stelle beschrieben.[48] Im wesentlichen handelte es sich dabei um ein bewußt erhöhtes oder reduziertes Aktivitätsniveau sowie um ein gezieltes, aber getarntes Herauskaufen der Testprodukte in größerem Umfang. Festzustellen ist jedoch zunächst, daß Konkurrenzaktionen grundsätzlich als elementare Bestandteile eines "normalen", intakten Wettbewerbsumfeldes angesehen werden müssen. Der Aussagewert eines Marktexperimentes erscheint deshalb erst dann gefährdet, wenn diese Aktionen ein extremes Ausmaß annehmen und ganz offensichtlich als Störmanöver konzipiert sind.

Da die Testgebiete der bundesdeutschen Minimarkttest-Anbieter allgemein bekannt sind und auch vom Außendienst aller interessierten Hersteller regelmäßig besucht werden, erfährt die Konkurrenz relativ schnell von einem gerade stattfindenden Marktexperiment. Obwohl dieser Umstand und auch die geringe Größe der Testregionen gezielte Störaktionen prinzipiell erleichtern würden, zählen solche Versuche hierzulande bislang

---

47 Vgl. z.B. Hodock, C.L.: An appeal to honor, in: AA, Vol. 54, Feb. 21, 1983, S. M-12; Osborne, D.W.: Marktforschung für neue Produkte, a.a.O., S. 653.

48 Vgl. hierzu die Ausführungen in Kapitel A.I.2.1.2.

noch absolut zu den Ausnahmen. Dies beruht sicherlich nicht zuletzt darauf, daß es den verantwortlichen Marktforschungs-Instituten gelungen ist, den Großteil der relevanten Lieferanten des bundesdeutschen Lebensmitteleinzelhandels vertraglich in die bereits weiter oben erwähnten "Interessengemeinschaften auf Gegenseitigkeit"[49] einzubinden. Zudem würde auch bspw. das Herauskaufen der Testprodukte im elektronischen Minimarkttest ohnehin nur die Ergebnisse des Handels-Panels tangieren, während das für die weiteren Analysen letztlich viel wichtigere Haushalts-Panel hiervon völlig unberührt bliebe. Die Konkurrenten beschränken sich während der Testphase daher zumeist auf eine passive Beobachtung des Testproduktes[50], um so gegebenenfalls rechtzeitig geeignete Gegenmaßnahmen auf nationaler Ebene ergreifen zu können.

(2) Handel

Die Vereinbarungen, die zwischen dem Marktforschungs-Institut (als dem Betreiber eines elektronischen Minimarkttests) und den kooperationswilligen Einzelhandelsgeschäften im Testgebiet getroffen werden, haben häufig zur Folge, daß dem Testprodukt im Marktexperiment seitens des teilnehmenden Handels ein mehr oder weniger starker Goodwill entgegengebracht wird.[51] Äußern kann sich dies zum einen durch eine sowohl von der Quantität als auch von der Qualität her großzügige Zuweisung von Regal- und Aktionsflächen an die Testprodukte, zum anderen aber auch durch die ansonsten keineswegs selbstverständliche Bereitschaft des Handels, in den Testgeschäften umfangreiches Displaymaterial des Herstellers zur Unterstützung des Abverkaufs der Testprodukte zuzulassen. Um dieser - sicherlich unbewußten - Forcierung des Testproduktes durch die kooperierenden Einkaufsstätten und der daraus resultierenden Verfälschung der Testergebnisse entgegenzuwirken, sind im Marktexperiment daher nicht zuletzt unrealistische Plazierungsverhältnisse zu vermeiden, die sich auf Gesamtmarktebene im Handel unter keinen Umständen durchsetzen lassen.

---

49 Vgl. hierzu Kapitel B.IV.2.2.

50 Um Anhaltspunkte über das Abschneiden des Testproduktes eines Wettbewerbers im Testgebiet zu erhalten, bedarf es i.d.R. lediglich entsprechend guter Kontakte zu den Testgeschäften. Ansonsten bestünde die einzige, allerdings kaum praktikabel erscheinende Alternative zur Gewinnung der gewünschten Informationen darin, in den Testgeschäften eigenes Personal zu postieren, das den Abverkauf der Testprodukte permanent überwacht. Vgl. Howard, N./ Siegel, M.: Fighting it out in the test market, a.a.O., S. 70.

51 Diese Erscheinung kann u.E. durchaus als eine Sonderform der sogenannten Paneleffekte interpretiert werden, die ansonsten jedoch - zumindest was die Handelsseite betrifft - beim elektronischen Minimarkttest keine besondere Bedeutung besitzen.
Zur allgemeinen Problematik von Paneleffekten im Rahmen von Handelspanel-Untersuchungen vgl. Mann, R.: Die Bedeutung des Handelspanels für das Marketing, Thun/Frankfurt a.M. 1983, S. 139 ff.

Als weiterer Störfaktor aus dem Bereich des Handels kann sich im elektronischen Minimarkttest mangelnde Disziplin des Kassenpersonals bemerkbar machen.[52] So ist z.B. bei Produkten, die in unterschiedlichen Geschmacksrichtungen, aber zum gleichen Preis angeboten werden, bisweilen zu beobachten, daß bei einem Kauf mehrerer Varianten die einzelnen Sorten nicht mehr separat mit Hilfe des Scanners erfaßt werden, sondern nur noch eine einzige stellvertretend für alle anderen eingelesen und anschließend entsprechend häufig die Multiplikationstaste gedrückt wird. Die Information über die tatsächlich gekauften Varianten ist dadurch aber effektiv verloren.

(3) Test-Haushalte

Da dem Konsumenten-Panel innerhalb eines elektronischen Minimarkttests eine zentrale Bedeutung zukommt, ist beim Marktexperiment ein besonderes Augenmerk auf diejenigen potentiellen Störeinflüsse zu richten, die von den Test-Haushalten bzw. deren Verhalten ausgehen. Als wichtigste Faktoren verdienen hier die Paneleffekte sowie die Panelsterblichkeit Erwähnung.

Paneleffekte können zunächst durch eine gewisse Übersensibilisierung der Test-Haushalte entstehen. Die Verpflichtung zum ständigen Vorzeigen der Identifikationskarte in den Testgeschäften, die in regelmäßigen Zeitabständen stattfindenden Zusatzbefragungen, die Installation von (sichtbaren) Meßgeräten in den Wohnungen, etc. tragen unweigerlich dazu bei, daß die Test-Haushalte sich ihrer Rolle als Untersuchungsobjekt bewußt werden. Dieses Wissen um die Registrierung des Einkaufsverhaltens und/oder der TV-Nutzung durch ein Marktforschungsinstitut vermag nun aber unter Umständen bestimmte reaktive Effekte bei den Panel-Haushalten auszulösen, die sich z.B. in einer bewußteren Einkaufstätigkeit oder gar einer "Suche" nach Testwerbung im Fernsehen ausdrücken können.[53] Möglicherweise ist sogar damit zu rechnen, daß die im Handel plazierten Testprodukte, wenn sie von den Test-Haushalten als solche erkannt werden, aufgrund eines gewissen Aufforderungscharakters zu Käufen führen, die unter "normalen" Bedingungen nicht getätigt worden wären. Obwohl über das genaue Ausmaß dieser potentiellen Störgrößen noch keine gesicherten Aussagen vorliegen, scheint u.E. deren Bedeutung doch eher hypothetischer Natur zu sein. So ist es bspw. selbst im traditionel-

---

52 Vgl. Corr, F.L.: Scanners in marketing research: Paradise (almost), in: MN, Vol. 18, No. 15, Jan. 4, 1985, S. 15; McCurry, D.R.: Marketing-Informationen aus Scanner-Kassen, in: Nielsen Beobachter, o.Jg., Heft 2, 1980, S. 16.

53 Huber bezeichnet reaktive Effekte als das Hauptproblem einer wissentlichen Beobachtung, räumt aber gleichzeitig ein, daß sich diese nach einer Gewöhnungsphase abschwächen. Vgl. Huber, O.: Beobachtung, a.a.O., S. 130.

len Haushalts-Panel bislang nicht gelungen, die Existenz solcher Paneleffekte schlüssig nachzuweisen.[54]

Als weitaus problematischer erweisen sich dagegen Einkäufe, die zwar von Mitgliedern der Test-Haushalte getätigt werden, aus bestimmten Gründen aber nicht in den Testgeschäften registriert werden können und daher für die weitere Analyse verloren gehen. Es handelt sich dabei bspw. um Einkaufsakte, bei denen die haushaltführenden Personen das Vorzeigen der Identifikationskarten vergessen oder bewußt unterlassen. Des weiteren fallen darunter sämtliche Produkte, die von Test-Haushalts-Mitgliedern gekauft werden, die selbst überhaupt keine Karte besitzen (z.B. Kinder). Die insgesamt aber wohl größte praktische Relevanz besitzen in elektronischen Minimarkttests jedoch diejenigen Fälle, in denen die Panel-Teilnehmer ihren Haushaltsbedarf nicht vollständig in den eigentlichen Testgeschäften decken, sondern darüber hinaus noch andere Einkaufsstätten frequentieren. Die Folge eines solchen Verhaltens ist eine direkte Beeinträchtigung der Coverage des Konsumenten-Panels. So taxiert etwa die GfK die Marktabdeckung ihres Haushalts-Panels im "BehaviorScan"-Minitestmarkt Haßloch auf durchschnittlich 80 %, d.h. circa 20 % des Einkaufsvolumens der Test-Haushalte werden nicht erfaßt. In Warengruppen, in denen die Coverageverluste ein noch extremeres Ausmaß annehmen, kann dies gravierende Auswirkungen auf die Aussagekraft der gewonnenen Ergebnisse haben.

Das Phänomen der Panelsterblichkeit (oder -mortalität), d.h. des Ausscheidens von Test-Haushalten im Laufe der Zeit, spielt im elektronischen Minimarkttest zwar nicht die Rolle wie etwa in einem traditionellen Haushalts-Panel, ist aber trotzdem nicht zu vernachlässigen. So beziffern GfK und Nielsen die jährliche Fluktuationsrate in ihren Minitestmärkten übereinstimmend auf etwa 10 bis 15 Prozent, wogegen die Panelsterblichkeit im traditionellen Haushalts-Panel ungefähr doppelt so hoch sein dürfte. Dieser Unterschied resultiert sicherlich nicht zuletzt daraus, daß im traditionellen Verbraucher-Panel durch das permanente manuelle Ausfüllen der Einkaufsberichte die Arbeitsbelastung der Haushalte - neben den natürlichen Ursachen (z.B. Tod) einer der Hauptgründe für das Ausscheiden von Panel-Teilnehmern - ungleich größer als im elektronischen Minimarkttest ist.

Durch den Ausfall von Test-Haushalten wird zunächst das Panelprinzip einer kontinuierlichen Erhebung bei den gleichen Untersuchungseinheiten durchbrochen. Erschwert bzw. gefährdet werden damit insbesondere solche Analysen, die eine Identität eben dieser Untersuchungseinheiten für die Dauer eines Marktexperimentes voraussetzen (z.B.

54 Vgl. Weissman, A.: Verbraucherpanel-Informationen als Grundlage für Marketingentscheidungen im Einzelhandel, a.a.O., S. 29, und die dort zitierte Literatur.

Markentreue, Käuferwanderungen, etc.)[55] Jeder dieser ausgeschiedenen Panel-Haushalte ist nun in der Folge durch einen neuen, teilnahmewilligen Haushalt zu ersetzen, der bezüglich Soziodemographie und Kaufverhalten im Idealfall strukturgleich sein sollte. In praxi erweist sich dies allerdings als ein nahezu aussichtsloses Unterfangen, da zum einen im elektronischen Minimarkttest das Potential teilnahmebereiter Haushalte sehr begrenzt und zum anderen die Zahl der theoretisch einzubeziehenden Variablen effektiv zu groß ist. Man beschränkt sich deshalb i.d.R. auf einige wenige soziodemographische Merkmale.[56]

Erwähnenswert erscheint in diesem Zusammenhang noch die von manchen Autoren[57] erhobene Forderung nach einer dynamischen Panel-Stichprobe. Ein Verbraucher-Panel muß demnach kontinuierlich bspw. durch jüngere Haushalte ergänzt werden, um zu verhindern, daß das Panel im Laufe der Zeit systematisch veraltet und damit nicht mehr den Repräsentanzbedingungen genügt. Ohne eine solche bewußt gesteuerte Fluktuation würde das Panel zwangsläufig atypisch werden, weil es sich in seiner Struktur mehr und mehr von der zugrundeliegenden Grundgesamtheit entfernt.

(4) Eigene Mitarbeiter

Abschließend sollen noch kurz Störeinflüsse angesprochen werden, die von Mitarbeitern des testenden Herstellers oder des Marktforschungs-Institutes ausgehen können. Hierbei handelt es sich vorwiegend um ein gewisses Überengagement seitens des verantwortlichen Außendienstpersonals etwa bei der Regalpflege für das Testprodukt oder bei besonderen Verkaufsförderungsaktionen (z.B. Verkostungen in den Testgeschäften). Hervorgerufen wird dieser Effekt sicherlich nicht zuletzt durch das Bewußtsein, an einem für das Herstellerunternehmen außerordentlich wichtigen Test mitzuwirken, den auch die jeweilige Geschäftsleitung mit größtem Interesse verfolgt.[58] Das Testprodukt genießt somit während des Marktexperimentes in den Testgeschäften eine Betreuung, die im Gesamtmarkt i.d.R. nicht aufrechtzuerhalten ist. Bei der Interpretation von Minimarkttest-Ergebnissen gilt es daher auch diesen Faktor stets zu berücksichtigen.

---

55 Probleme können sich hier vornehmlich durch ein Unterschreiten der für eine verläßliche Hochrechnung der Minimarkttest-Ergebnisse erforderlichen (Mindest-)Zellenbesetzungen ergeben.

56 Zur Frage, inwieweit sich ausscheidende und teilnahmewillige Panel-Haushalte hinsichtlich ihres Kaufverhaltens unterscheiden, liegen bislang nur relativ uneinheitliche empirische Ergebnisse vor. Vgl. hierzu bspw. Sedlmeyer, K.-J.: Panelinformation und Marketing-Entscheidung, a.a.O., S. 75 ff.; Schwarz, S.: Zur Genauigkeit der Messung des Einkaufsverhaltens, a.a.O., S. 88 ff.

57 Vgl. z.B. Hansen, J.: Das Panel: Zur Analyse von Verhaltens- und Einstellungswandel, Opladen 1982, S. 111; Rehorn, J.: Das Consumer Panel als Instrument der Absatzforschung, a.a.O., S. 32 f.

58 Vgl. Fröba, H.-U.: Der Markttest als Informationsinstrument für den Einsatz der absatzpolitischen Instrumente, a.a.O., S. 140 f.

3.2. Maßnahmen zur Kontrolle der Störfaktoren

3.2.1. Laufende Beobachtung

Die Zielsetzung der laufenden Beobachtung eines elektronischen Minimarkttests besteht vornehmlich darin, sämtliche der potentiellen Störfaktoren - sowohl testmarktexterne als auch testmarktinterne - jeweils für die Dauer eines Marktexperimentes auf mögliche verzerrende Einflüsse hin zu kontrollieren. Als äußerst vorteilhaft erweist sich dabei die quasi zeitkontinuierliche Messung der abhängigen Variablen (d.h. des Einkaufsverhaltens der Test-Haushalte im allgemeinen bzw. der Abverkäufe des Testproduktes im speziellen) durch Scannerkassensysteme in den Testgeschäften. In ihrer formalen Struktur entspricht die laufende Beobachtung somit einer Zeitreihenanalyse.[59]

Das Auftreten testmarktexterner Störgrößen läßt sich verhältnismäßig einfach feststellen. So können etwa Änderungen der externen ökonomischen Rahmenbedingungen eines Marktexperimentes unmittelbar an der Entwicklung bestimmter volkswirtschaftlicher Kenngrößen abgelesen und bei der Analyse der Testergebnisse entsprechend berücksichtigt werden. Zu nennen sind hier bspw. nationale oder regionale Arbeitslosenquoten, das verfügbare Haushaltseinkommen, Kaufkraftkennziffern, Preisindices, etc.

Die Situation in den Testgeschäften, wo hauptsächlich Einflüsse aus dem Bereich der Konkurrenz und des Handels zu verzeichnen sind, kann prinzipiell vom testenden Hersteller selbst und/oder vom verantwortlichen Marktforschungs-Institut überwacht werden.[60] Empfehlenswert erscheint hier insbesondere die kontinuierliche Erfassung sämtlicher Konkurrenz- und Handelsaktivitäten innerhalb der Warengruppe des Testproduktes am PoS, wie etwa Sonderpreise, Zweitplazierungen, Probenverteilungen, etc. Da diese Aktionen i.d.R. direkt auf das Einkaufsverhalten der Test-Haushalte bzw. auf die Abverkäufe in den Testgeschäften durchschlagen, lassen sich ihre Auswirkungen mit Hilfe der Scannerdaten recht gut nachvollziehen.

Zur Kontrolle von Störeinflüssen, die von den Test-Haushalten ausgehen, bietet sich zunächst eine Gegenüberstellung der Daten des Verbraucher- und des Handels-Panels im Testgebiet an. Das Verbraucher-Panel deckt ja bekanntlich nur diejenigen Einkäufe ab, die von den Test-Haushalten in den Testgeschäften getätigt werden, während das Handels-Panel dagegen sämtliche Abverkäufe erfaßt. Setzt man diese zwei Größen für

---

59 Zur Zeitreihenanalyse bzw. zum Zeitreihenexperiment vgl. Backhaus, H.: Das Marktexperiment - Methodologie und Forschungstechnik, a.a.O., S. 158 ff.; Zimmermann, E.: Das Experiment in den Sozialwissenschaften, a.a.O., S. 136 ff.

60 In der Bundesrepublik Deutschland schließen die Honorare der Marktforschungs-Institute für die Durchführung eines elektronischen Minimarkttests im allgemeinen die Kontrolle der experimentellen Rahmenbedingungen durch Institutsmitarbeiter, die daneben noch für die Regalpflege der Testprodukte zuständig sind, mit ein. Der testende Hersteller sollte aber trotzdem nicht auf eine eigene sorgfältige Beobachtung des Testablaufes verzichten, um das Risiko unentdeckt gebliebener Störeinflüsse so gering wie möglich zu halten.

verschiedene Warengruppen ins Verhältnis, so erhält man damit jeweils den Anteil des Umsatzes in den Testgeschäften, der auf die Test-Haushalte entfällt. Diese Quotienten sollten nun zum einen nur geringe Unterschiede zwischen den einzelnen Produktklassen aufweisen, zum anderen aber auch innerhalb einer jeden Warengruppe im Zeitablauf relativ stabil sein. Größere Abweichungen könnten auf mögliche Störeinflüsse hindeuten und bedürfen von daher zumindest einer plausiblen Erklärung.

Zu Kontrollzwecken sollten darüber hinaus jedoch auch Informationen aus repräsentativen nationalen Verbraucher-Panels herangezogen werden. Vorsicht ist generell immer dann geboten, wenn ein Vergleich eines Gesamtmarkt- und eines Minitestmarkt-Haushalts-Panels gravierende Unterschiede im Einkaufsverhalten offenlegt. So deuten bspw. unerklärliche größere Diskrepanzen zwischen diesen beiden Panelstichproben bezüglich der in verschiedenen Warengruppen pro Haushalt gekauften Mengen ganz klar auf gewisse Coverage-Probleme innerhalb des Minitestmarktes hin. In der Folge können dann entweder bei der Hochrechnung der Ergebnisse entsprechende Korrekturfaktoren eingesetzt werden oder aber diejenigen Test-Haushalte, deren Einkäufe offensichtlich nur zum geringsten Teil in den Testgeschäften erfaßt werden, aus der Stichprobe entfernt und durch andere Haushalte ersetzt werden.

Durch Zusatzbefragungen (im Rahmen des "Single-source-Ansatzes") besteht darüber hinaus noch die Möglichkeit, zusätzliche sozioökonomische und psychographische Daten in den Vergleich mit einzubeziehen, um auch damit die Repräsentanz der Test-Haushalte fortlaufend zu überprüfen.

3.2.2. Splitting

Das Grundprinzip des Splittings besteht darin, zwei homogene, d.h. strukturgleiche Gruppen von Versuchspersonen bzw. Test-Haushalten zu bilden, von denen jedoch lediglich die Experimentalgruppe dem eigentlich interessierenden experimentellen Faktor ausgesetzt wird. Die Kontrollgruppe dient hingegen dazu, die Wirkung der übrigen Einflußfaktoren festzustellen und anschließend herauszufiltern. Diese Untersuchungsanlage basiert somit im wesentlichen auf der Annahme, daß sämtliche potentiellen Störfaktoren (bekannte, aber auch unbekannte) in gleichem Maße auf die Experimental- und die Kontrollgruppe einwirken.

Im elektronischen Minimarkttest ermöglicht es das Splitting folglich, den Einfluß von exogenen Variablen zu neutralisieren, um dadurch die Wirkung der getesteten Marketing-Instrumente isoliert messen zu können. In idealer Weise ist das Prinzip des Splittings dann verwirklicht, wenn Experimental- und Kontrollgruppe sich in ein und demselben Testgebiet befinden und damit - zumindest zum größten Teil - auch den gleichen

Störeinflüssen unterliegen.[61] Bei einer räumlichen Trennung beider Gruppen lassen sich identische experimentelle Rahmenbedingungen dagegen kaum gewährleisten, was eine exakte Ursache-Wirkungs-Analyse zwischen dem eingesetzten Marketing-Mix und dem Abverkauf des Testproduktes im allgemeinen äußerst schwierig gestaltet, z.T. sogar unmöglich macht.

Zur konkreten Durchführung des Splitting bieten sich insgesamt drei verschiedene Techniken an:

- o Randomisierung
- o "Matched Pairs"
- o "Matched Groups"

Bei der Randomisierung erfolgt die Zuweisung der Test-Haushalte auf die Experimental- bzw. auf die Kontrollgruppe nach dem Zufallsprinzip.[62] Jedes Element der Grundgesamtheit - im Falle des Minimarkttests also jeder Panel-Haushalt im Testgebiet - besitzt demnach eine berechenbare und von Null verschiedene Wahrscheinlichkeit, für eine der beiden Gruppen ausgewählt zu werden. Angestrebt wird mit der Randomisierung letztlich eine maximale Zufallsstreuung der systematischen Faktoren, d.h. man geht davon aus, daß sich die Strukturgleichheit beider Gruppen bei entsprechend großem Stichprobenumfang quasi "automatisch" durch den Auswahlprozeß einstellt. Als vorteilhaft erweist sich dieses Verfahren deshalb insbesondere dann, wenn die zu kontrollierenden Variablen (noch) nicht bekannt sind.

Im Gegensatz zur Methode der Randomisierung wird bei den sogenannten Matching-Verfahren die Einteilung der Test-Haushalte in Experimental- und Kontrollgruppe bewußt, d.h. unter Ausschaltung des Zufallsprinzips vorgenommen. Man unterscheidet zum einen die Methode der "Matched Pairs" (Parallelisierte Paare, auch Präzisionskontrolle genannt) und zum anderen die der "Matched Groups" (Parallelisierte Gruppen, auch Kontrolle der Häufigkeitsverteilung genannt).[63] In beiden Fällen besteht die Zielsetzung darin, eine Übereinstimmung zwischen Experimental- und Kontrollgruppe bezüglich bestimmter Faktoren herbeizuführen, um dadurch deren Einfluß auf die abhängige Va-

---

61 Vgl. Veitengruber, D.K.: Die Towntests - Neuentwicklungen in der Testmarktforschung, a.a.O., S. 11. Für manche Fragestellungen erscheint eine räumliche Trennung von Experimental- und Kontrollgruppe allerdings unumgänglich. So läßt sich bspw. die Einführung eines neuen Produktes im Rahmen eines Minimarkttests niemals nur auf die Test-Haushalte der Experimentalgruppe begrenzen, da zumindest in den Testgeschäften auch die Mitglieder der Kontrollgruppe mit dem Neuprodukt in Kontakt kommen können.

62 Zur Methode der Randomisierung vgl. z.B. Selltiz, C./ Jahoda, M./ Deutsch, M./ Cook, S.W.: Untersuchungsmethoden der Sozialforschung, Teil I, Neuwied/Darmstadt 1972, S. 119 ff.; Dworak, K.: Beobachtung und Experiment als Verfahren der Erhebung in der Absatzforschung, a.a.O., S. 178 f.

63 Vgl. hierzu bspw. Linker, W.: Experimente im Marketing, a.a.O., S. 127 f.; Zimmermann, E.: Das Experiment in den Sozialwissenschaften, a.a.O., S. 67 ff.

riable im Marktexperiment eliminieren zu können. Bei der Auswahl geeigneter Matching-Variablen sollte man daher ausschließlich auf solche Faktoren zurückgreifen, die mit der abhängigen Variablen tatsächlich in engem Zusammenhang stehen und deren Ausprägungen bei den einzelnen Test-Haushalten darüber hinaus entweder bereits bekannt oder zumindest ohne großen Aufwand zu erheben sind.

Die "Matched Pairs"-Technik bezeichnet ein Verfahren, bei dem jeder Test-Haushalt in der Experimentalgruppe ein in bezug auf die wesentlichen Merkmale identisches "Gegenstück" in der Kontrollgruppe besitzt. Die Kongruenz zwischen den Gruppen wird also durch jeweils gleichstrukturierte Paare von Test-Haushalten erreicht. Mit steigender Zahl der einzubeziehenden Matching-Variablen erweist sich das Auffinden von einander genau entsprechenden Panel-Haushalten allerdings als immer weniger praktikabel, weshalb diese Methode nur in Ausnahmefällen Verwendung finden kann.

Diese Schwierigkeiten versucht man mit der "Matched Groups"-Technik zu umgehen. Gefordert wird hier nicht mehr, daß die Test-Haushalte in Experimental- und Kontrollgruppe jeweils paarweise in ihrer Struktur übereinstimmen, die Kontrolle der Störfaktoren gilt vielmehr bereits dann als hinreichend gewährleistet, wenn beide Gruppen bei den relevanten Merkmalen die gleiche Häufigkeitsverteilung aufweisen. Als Matching-Variablen werden i.d.R. das Kaufverhalten in der untersuchten Warengruppe in Verbindung mit soziodemographischen Kriterien herangezogen, da diese Merkmale zum einen bei vielen kurzlebigen Konsumgütern das zukünftige Kaufverhalten mitbestimmen und zum anderen im Minimarkttest permanent erhoben werden.[64]

In der Praxis finden sich häufig Kombinationen der verschiedenen Kontrolltechniken, wie das folgende Beispiel aus dem GfK-BehaviorScan demonstriert:[65] Die Aufteilung der Test-Haushalte in eine Test- und eine Kontrollgruppe wurde im ersten Schritt per Zufallsauswahl (Randomisierung) vorgenommen. Diese Ausgangsverteilung wurde im Anschluß daran mit Hilfe eines auf der "Matched Groups"-Technik basierenden Optimierungsprogrammes so lange schrittweise verbessert, bis eine weitgehende Übereinstimmung beider Gruppen hinsichtlich der einbezogenen Merkmale (hier: Einkaufsmenge pro Haushalt in der Warengruppe Cola-Getränke) erzielt war.

---

64 Das Matching könnte jedoch - unter Beachtung gewisser Restriktionen - durchaus auch mit psychographischen Faktoren durchgeführt werden, deren Verteilung natürlich vorher durch entsprechende Paneleinfragen zu erheben wäre.

65 Vgl. Hehl, K.: Ändert der Einsatz hochentwickelter Technologien die Werbewirkungsforschung?, in: Österreichische Werbewirtschaftliche Gesellschaft (Hrsg.): Vision 2000 - Bericht der 34. Werbewirtschaftlichen Tagung, Bregenz 1987, S. 66 f.
Auch in der Literatur wird die Vorteilhaftigkeit eines kombinierten Einsatzes von Kontrolltechniken betont. Vgl. etwa Zimmermann, E.: Das Experiment in den Sozialwissenschaften, a.a.O., S. 73 f.

Abb. 12 Kombinierter Einsatz der Randomisierung und der "Matched Groups"-Technik am Beispiel des Cola-Marktes

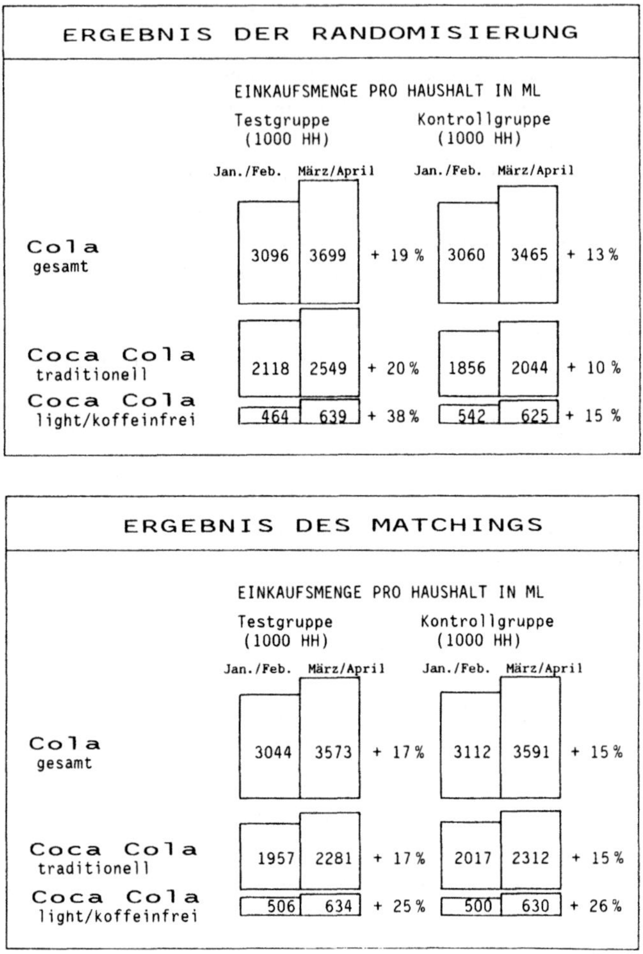

Quelle GfK

Zusammenfassend betrachtet ergänzen sich gerade die Methoden der laufenden Beobachtung und des Splittings in idealer Weise. Durch die Verknüpfung dieser beiden Verfahren entsteht nämlich das Untersuchungsdesign einer mehrfachen Zeitreihe, was zu einer bedeutenden Erhöhung der Validität des Marktexperimentes beiträgt.[66]

V. Testergebnisse

Die Messung des Erfolges eines Neuproduktes oder der Wirkung einzelner Marketing-Mix-Komponenten sollte im elektronischen Minimarkttest prinzipiell zweistufig erfolgen, und zwar auf der Einzelhandels- und auf der Verbraucherebene. Ausgangspunkt für diese Testanlage ist der Weg, den das Testprodukt vom Hersteller bis hin zum Endverbraucher nimmt.

Abb. 13 Absatzweg des Testproduktes und wichtige Erhebungsinstrumente im elektronischen Minimarkttest

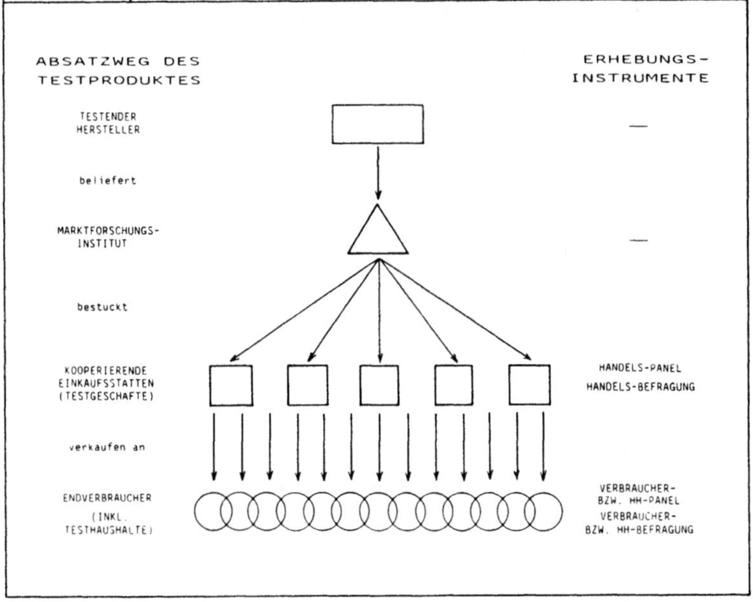

Als äußerst vorteilhaft erweist sich im Minimarkttest dabei der Einsatz elektronischer Handels- und Konsumenten-Panels, die nicht zuletzt eine kontinuierliche Erfassung des Marktgeschehens im Testgebiet gewährleisten. Die Anwendung der Scannertechnologie ermöglicht es aber nicht nur, während der eigentlichen Testphase die Entwicklungen

66 Vgl. Backhaus, H.: Das Marktexperiment - Methodologie und Forschungstechnik, a.a.O., S. 160 f.

innerhalb der zu untersuchenden Warengruppe aufzuzeigen, sondern es liegen vielmehr bei Testbeginn auch bereits sämtliche relevanten Marktdaten aus früheren Zeitabschnitten mit nahezu beliebig hohem Detaillierungsgrad abrufbereit vor. Die bei Marktexperimenten ansonsten übliche, sogenannte "Nullperiode" (ohne Testmaßnahmen) zur Erhebung des Ist-Zustandes im Testgebiet erübrigt sich dadurch völlig.

Bei der Interpretation der Minimarkttest-Ergebnisse stehen primär zwei Gruppen von Daten im Vordergrund des Interesses, die ausschließlich im Rahmen der beiden Panels gewonnen werden:

- Das Absatzvolumen des Testproduktes sowie sein Markt- bzw. Verkaufsanteil innerhalb der betreffenden Warengruppe

- Die Erstkaufsrate und die Wiederkaufsrate des Testproduktes jeweils im Vergleich zu bedeutenden Konkurrenzprodukten und zum angestrebten "Sollwert"

Als Ergänzung zu diesen rein quantitativen Testergebnissen bieten sich zusätzlich qualitative Daten an, die durch Befragungen von Handel und Verbrauchern im Testgebiet erhoben werden können.

1. Ergebnisse des Handels-Panels

Das Handels-Panel gilt innerhalb der Marktforschung als das Standardinstrument zur Messung der Distributionsentwicklung eines Produktes.[67] Gerade diese spezifische Funktion kann das im Minitestmarkt installierte Scanner-Handels-Panel jedoch nicht ausüben, da der Distributionsaufbau - ähnlich wie beim Storetest - "forciert" erfolgt und auch die Panelstichprobe für entsprechende Analysen ohnehin viel zu klein wäre. Der Einsatz eines elektronischen Handels-Panels im Minimarkttest leitet sich vielmehr aus der Überlegenheit von Scannerdaten im Vergleich zu traditionellen, manuell erhobenen Handels-Panel-Informationen ab. Pluspunkte ergeben sich hier vor allem bezüglich des Umfanges, der Detailliertheit, der Genauigkeit und der Aktualität der gewonnenen Ergebnisse.[68]

Darstellen lassen sich die verschiedenen Standard- und Sonderanalysen entweder auf der Basis einzelner Testgeschäfte oder aber aggregiert für sämtliche kooperierenden Einkaufsstätten.

---

67 Vgl. Ruppe, H.: Handelspanel, in: Poth, L. (Hrsg.): Marketing, Loseblattsammlung, Neuwied 1976, S. 12; Hammann, P./ Erichson, B.: Marktforschung, Stuttgart/New York 1978, S. 67.

68 Vgl. hierzu ausführlich Baur, D.: Das Handels-Panel auf neuen Wegen, in: Marketing-Journal, 14. Jg., Heft 4, 1981, S. 399 f.; Huppert, E.: Scanning aus der Perspektive der Marktforschung, a.a.O., S. 154 f.; Simon, H./ Kucher, E./ Sebastian, K.-H.: Scanner-Daten in Marktforschung und Marketingentscheidung, a.a.O., S. 559 ff.

1.1. Standardanalysen

Den Idealfall einer vollständigen Marktabdeckung vorausgesetzt, umfaßt das Handels-Panel sämtliche im Testgebiet getätigten Einkäufe. Für das Testprodukt können demzufolge sowohl der insgesamt erzielte nominelle Endverbraucherumsatz als auch der "Markt-" oder besser der Verkaufsanteil in der zugrundeliegenden Warengruppe ermittelt werden, und zwar jeweils auf Wert- und/oder Mengenbasis. Zu berücksichtigen ist dabei jedoch, daß die genaue Zahl der Käufer, die hinter diesen Größen stehen, unbekannt bleibt, da das Handels-Panel eine Identifizierung einzelner Haushalte nicht gestattet. Es läßt sich lediglich feststellen, wie sich das gesamte Absatzvolumen des Testproduktes in der Testregion prozentual auf Teilnehmer bzw. Nichtteilnehmer des Haushalts-Panels verteilt und aus wievielen individuellen Einkaufsakten es sich zusammensetzt.

Zur Abrundung dieser Wert- bzw. Mengen-Betrachtungen bieten sich Preisanalysen an. Der vom testenden Hersteller fixierte Preis des Testproduktes sollte dabei für die Dauer des Marktexperimentes kontinuierlich mit den durchschnittlichen Endverbraucherpreisen wichtiger Konkurrenzmarken verglichen werden, um hieraus eventuelle Rückschlüsse auf Kreuzpreiselastizitäten, optimale Preisabstände, etc. ziehen zu können.

Zum Standardprogramm der Handels-Panel-Auswertungen zählen schließlich noch Informationen zur Umschlagsgeschwindigkeit des Testproduktes. Problematisch wirkt sich hierbei jedoch aus, daß sich die Bezugsgröße dieser Kennziffer - der durchschnittliche Lagerbestand - beim Testprodukt nicht "frei", d.h. durch eine eigenständige Warendisposition des Handels bildet, sondern aufgrund der Bevorratung der Testgeschäfte seitens des Marktforschungs-Institutes quasi extern vorgegeben wird. Es empfiehlt sich daher, bei der Abschätzung des durchschnittlichen Lagerbestandes des Testproduktes Erfahrungswerte des Handels heranzuziehen.

1.2. Sonderanalysen

Den Schwerpunkt bei den handelspanelbezogenen Sonderanalysen bilden ganz eindeutig Untersuchungen, die einen Ursache-Wirkungs-Zusammenhang zwischen verschiedenen Marketing-Mix-Komponenten und dem Abverkauf des Testproduktes aufzeigen sollen. Als erklärende bzw. unabhängige Variablen können dabei bspw. Preissenkungen für das Testprodukt, der Preisabstand etwa zum Marktführer, die Kontaktstrecke im Regal oder

der Einsatz von Verkaufsförderungs- und Werbemaßnahmen fungieren.[69] Die möglichen Ergebnisse einer solchen Analyse seien im folgenden am Beispiel einer konkreten Auswertung demonstriert, die für das untersuchte Produkt bereits eine recht präzise Bewertung der alternativen Verkaufsförderungskonzepte erlaubt:

Abb. 14 Auswirkungen verschiedener Promotions-Maßnahmen auf den Abverkauf eines Produktes (in Indexpunkten)

Produkt P	Preisreduzierung 0 %	-5 %	-10 %	-15 %
Keine Promotion	100	155	248	408
TZ	171	267	426	699
D	153	239	382	627
HZ	134	210	335	550
TZ + D	263	410	655	1074
TZ + HZ	231	360	575	943
D + HZ	207	323	516	846
TZ + D + HZ	355	554	884	1450

Tageszeitung = TZ
Handzettel = HZ
Display = D

Quelle o.V.: Forschung mit Scanner-Daten, in: Coorganisation, o.Jg., Heft 1, 1986, S. 30

Voraussetzung für solche Berechnungen ist natürlich zunächst, daß diese sogenannten Kausal- oder "Reason-why"-Daten[70] im Testgebiet bzw. in den Testgeschäften permanent erhoben werden, was in fast allen Minitestmärkten auch tatsächlich durch Mitarbeiter der Marktforschungs-Institute geschieht. Durchgeführt werden die Analysen

69 Beispiele hierfür finden sich u.a. bei Both, M./ Gaul, W.: Analysis of sales of price promoted consumer goods using scanner data, in: Proceedings of the EMAC/ ESOMAR symposium on methodological advances in marketing research in theory and practice, Copenhagen, Oct. 17 - 19, 1984, S. 333 ff.; Fulgoni, G.M.: The role of advertising - is there one?, in: Admap, Vol. 23, No. 4, April 1987, S. 55; Gollins, J.R.: Measuring the impact of pricing/ promotion variables on consumer behavior, Paper presented at the IRI seminar of marketing researchers, Stamford (Conn.), June 3 - 5, 1985; Huppert, E.: Preis- und Markenabhängigkeit des Absatzes bei Sonderangeboten des Lebensmittelhandels, in: DBW, 47. Jg., Heft 2, 1987, S. 185 ff.; IRI (ed.): Price/ promotion sensitivity typical study, Chicago 1983; Milde, H.: Auswirkungen von Aktionen auf den Absatz eines Produktes (Preis-Promotion-Modell), in: Marktforschung, 30. Jg., Nr. 3, 1986, S. 94 ff.; Simon, H.: Revolution im Marketing, in: WiWo, 36. Jg., Nr. 47, 1982, S. 50 f.

70 Vgl. Huppert, E.: Scanning aus der Perspektive der Marktforschung, a.a.O., S. 156

dann zumeist auf der Basis multipler Regressionsmodelle, wobei das Bestimmtheitsmaß (als Ausdruck für die Güte der Anpassung) häufig beachtlich hohe Werte im Bereich zwischen 0,8 und 0,9 erreicht.[71]

Zusammenfassend betrachtet erweist sich das Defizit an verbraucherspezifischen Informationen aber nach wie vor als das größte Manko eines elektronischen Handels-Panels. Um wirklich fundierte Entscheidungen über die Zukunft des Testproduktes treffen zu können, bedürfen die Handels-Panel-Ergebnisse daher unbedingt einer Ergänzung durch korrespondierende Daten aus dem Haushalts-Panel.

2. Ergebnisse des Haushalts-Panels

Die Bedeutung detaillierter Käuferdaten kann für die Beurteilung des Erfolgspotentials von Neuprodukten nicht hoch genug eingeschätzt werden. Die Beobachtung der Entwicklung von Abverkaufszahlen und Marktanteilen im Minitestmarkt liefert zwar durchaus gewisse Anhaltspunkte für das voraussichtliche Abschneiden des Testproduktes im Gesamtmarkt, eine differenzierte Analyse des Konsumentenverhaltens vermag sie jedoch keinesfalls zu ersetzen. Besondere Beachtung verdienen in diesem Zusammenhang Erstkaufs- und Wiederkaufsraten, die eine Interpretation der im Testgebiet erzielten Umsätze des Testproduktes wesentlich erleichtern und dadurch entscheidende Hinweise auf die im Anschluß an den Minimarkttest zu treffenden Maßnahmen geben.[72]

Die Relevanz dieser beiden Größen läßt sich eindrucksvoll an einem frei gewählten Beispiel zweier Marken demonstrieren, die der gleichen Warengruppe angehören und auch auf die gleiche Zielgruppe gerichtet sind. Beiden Marken ist es zudem gelungen, im Laufe des ersten Jahres nach ihrer Markteinführung jeweils ein vom Umfang her gleich großes Verbrauchersegment als Stammkäufer zu gewinnen. Zusätzlich haben sich die Umsätze von A und B ebenfalls auf annähernd gleichem Niveau stabilisiert.

Trotz dieser vielen Parallelen unterscheiden sich die zukünftigen Perspektiven für beide Marken dennoch diametral. Zu dieser Erkenntnis gelangt man allerdings erst dann, wenn die entsprechenden Verbraucherdaten in die Bewertung einbezogen werden.

---

71 Vgl. Litzenroth, H.A.: Neue Marktforschungsperspektiven durch hochentwickelte Technologien, in: Simon, H. (Hrsg.): Marketing im technologischen Umbruch, Stuttgart 1987, S. 79 f.

72 Zu diesem Zweck wurden sogenannte Entscheidungsmatrizen entwickelt, aus denen sich für die verschiedenen Kombinationen der Ausprägungen von Erstkaufsrate, Wiederkaufsrate und - bei manchen Autoren - auch Bekanntheit die jeweils zu ergreifende Handlungsalternative ablesen läßt. Vgl. hierzu z.B. Kotler, P.: Marketing-Management: Analyse, Planung und Kontrolle, 4. Aufl., Stuttgart 1982, S. 351; Saunders, J.: New product forecasting in the UK, a.a.O., S. 3.

Abb. 15 Vergleich zweier Marken anhand der Kriterien "Bekanntheit", "Erstkauf" und "Wiederkauf"

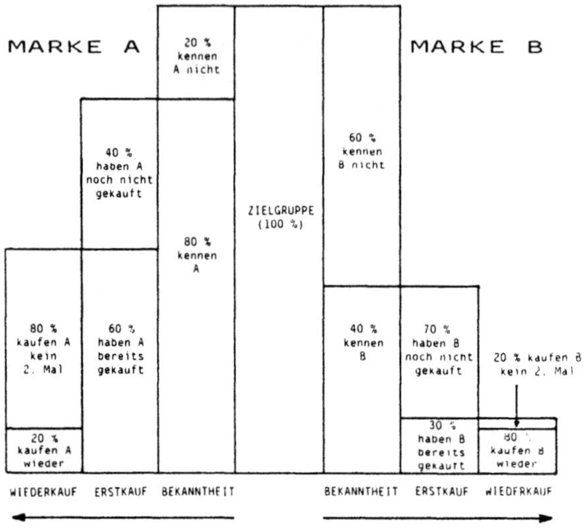

Die Marke A hat ihr Käuferpotential bereits weitgehend ausgeschöpft. Obwohl ihr Bekanntheitsgrad und ihre Erstkaufsrate außergewöhnlich hoch sind, konnte sie nur einen relativ kleinen Kreis von (zufriedenen) Wiederkäufern an sich binden. Der Großteil der Probierkäufer wurde dagegen ganz offensichtlich von der Marke A enttäuscht und kaufte sie kein zweites Mal nach. Das Problem für den Hersteller besteht nun darin, daß sich die "Rückgewinnung" dieser Verbraucher in der Praxis erfahrungsgemäß als äußerst schwierig, z.T. sogar als gänzlich unmöglich erweist.

Die Marke B besitzt im Vergleich dazu zumindest noch eine gute Chance, über eine Erhöhung des Bekanntheitsgrades und der Erstkaufsrate ihre Stammkäuferschaft zu erweitern, da die Wiederkaufsrate von 80 Prozent auf eine hohe Zufriedenheit der Verbraucher mit der gekauften Marke schließen läßt. In einer solchen Situation empfehlen sich bspw. verstärkte Werbe- und Verkaufsförderungsmaßnahmen, um bisherige Nichtkäufer zu einem Probierkauf anzuregen.

Am Beispiel dieser beiden Marken wird aber auch deutlich, daß eine Beurteilung der Zukunftsperspektiven eines Produktes viel leichter fällt, wenn auf einen Vergleichsmaßstab, etwa in Gestalt anderer Marken, zurückgegriffen werden kann. An dieser Stelle sei deshalb nochmals darauf hingewiesen, daß eine isolierte Betrachtung eines Testproduktes unbedingt zu vermeiden ist. Es sollten vielmehr relevante Konkurrenzmarken und die Entwicklung der gesamten Warengruppe in möglichst alle Analysen miteinbezogen werden.

2.1. Standardanalysen

Ausgangspunkt für sämtliche Auswertungen im Rahmen des Haushalts-Panels bilden die Grunddaten "Käufer", "Menge" und "Wert". Hierzu zählen neben einigen warengruppenbezogenen Kenngrößen (wie z.B. Gesamtkäuferreichweiten, etc.) vor allem elementare Markenkennziffern. Zu erwähnen sind hier insbesondere die schon bekannten Erstkaufs- und Wiederkaufsraten, sowie weiterhin Absatzvolumina und Marktanteile innerhalb der Panelstichprobe sowohl auf Mengen- als auch auf Wertbasis.

Durch Verknüpfung der Grunddaten lassen sich darüber hinaus weitere interessante Kenngrößen errechnen, wie etwa Indexpreise oder Einkaufsmengen pro Käufer-Haushalt. Diese sogenannten abgeleiteten Daten werden ihrerseits z.T. wiederum für bestimmte Sonderanalysen benötigt. So können bspw. durch eine Gegenüberstellung der durchschnittlichen Einkaufsmengen in der Warengruppe von Käufer-Haushalten des Testproduktes auf der einen Seite und allen Käufer-Haushalten in der Warengruppe auf der anderen Seite Aussagen über die Einkaufsintensität der Käufer des Testproduktes getroffen werden, die nicht zuletzt Voraussetzung für Marktanteilsprognosen nach dem Parfitt-Collins-Modell[73] sind.

Einen umfassenden Überblick über die im Rahmen von Standardanalysen gebräuchlichsten verbraucherspezifischen Kennziffern vermittelt die nachfolgende Abbildung 16:

Alle die dort enthaltenen Kenngrößen lassen sich entweder für das gesamte Haushalts-Panel oder aber für einzelne Teilsegmente (z.B. Haushalte in Testgebiet A bzw. Testgebiet B, Haushalte innerhalb bzw. außerhalb des Streubereiches des Umsetzers, verkabelte bzw. nichtverkabelte Haushalte, etc.) bestimmen.

---

73 Vgl. Parfitt, J.H./ Collins, B.J.K.: Use of consumer panels for brand share prediction, in: JoMR, Vol. 5, No. 2, May 1968, S. 131 ff., sowie die Ausführungen in Kapitel C.VI.2.1.

Abb. 16	Standardauswertungen innerhalb des Haushalts-Panels eines elektronischen Minimarkttests

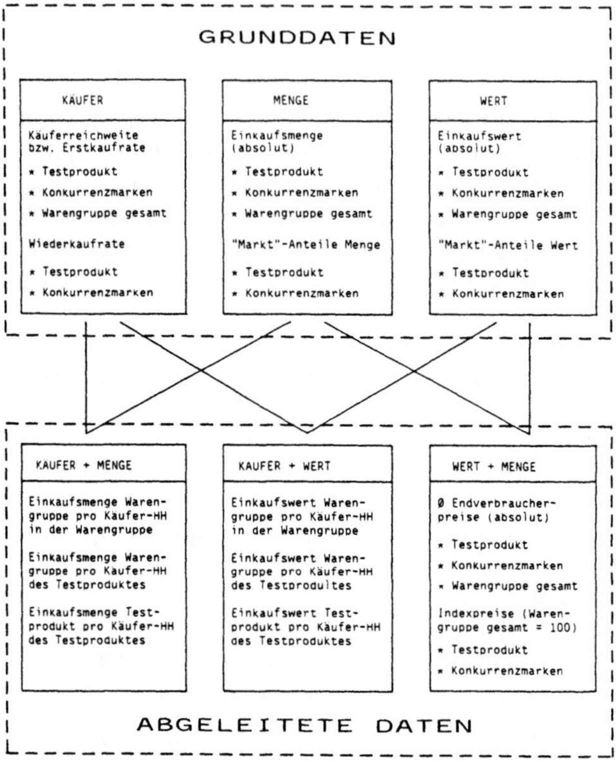

2.2. Sonderanalysen

Mit den Sonderanalysen wird im Rahmen eines elektronischen Minimarkttests gewöhnlich die Zielsetzung verfolgt, die aus den Standardauswertungen gewonnenen Erkenntnisse weiter zu vertiefen, um eine noch detailliertere und differenziertere Beurteilung des Testproduktes zu ermöglichen. Man unterscheidet dabei im allgemeinen zwischen statischen und dynamischen Sonderanalysen.

Statische Sonderanalysen beziehen sich stets auf einen einzigen Berichtszeitraum und stellen quasi eine Art Momentaufnahme eines Marktes bzw. eines bestimmten Marktausschnittes dar. Zu den Vertretern dieser Kategorie zählen bspw. Untersuchungen zur Käuferstruktur, Einkaufshäufigkeit, Bedarfsdeckung oder Nebeneinanderverwendung. Demgegenüber sollen mit Hilfe von dynamischen Sonderanalysen (wie etwa Käuferwanderung oder Gain and Loss) Entwicklungen innerhalb eines Marktes im Zeitablauf aufgezeigt werden, weshalb diese zumeist auf Daten mehrerer Berichtsperioden basieren.

Zu beachten gilt jedoch, daß die einzelnen Analysen jeweils nur gewisse Teilaspekte beleuchten und sich daher in ihrem Aussagewert gegenseitig ergänzen. Somit vermag letztlich erst ein kombinierter Einsatz verschiedener Auswertungen ein geschlossenes Bild der Marktstellung eines Testproduktes zu vermitteln, wobei die Entscheidung für oder gegen die Durchführung einer spezifischen Analyse aber ausschließlich im konkreten Einzelfall unter Beachtung von Kosten-Nutzen-Erwägungen getroffen werden sollte.

Im folgenden werden nun die aus unserer Sicht wichtigsten Sonderanalysen[74] aus dem Bereich des Haushalts-Panels eines Minimarkttests kurz erläutert, um dem Leser einen Eindruck von der Vielfalt der möglichen Untersuchungsansätze zu verschaffen.

(1) Käuferstruktur

Zu den wichtigsten Informationen eines elektronischen Minimarkttests gehört für den testenden Hersteller die Kenntnis der charakteristischen Eigenschaften der Käuferschaft des Testproduktes. Im Mittelpunkt von Käuferstrukturanalysen steht somit die Frage, bezüglich welcher Merkmale bzw. Merkmalskombinationen sich "typische" Käufer- und Nichtkäufer-Haushalte des Testproduktes voneinander unterscheiden. Durch eine solche Untersuchung kann zudem festgestellt werden, ob das im Minimarkttest gewonnene Käufersegment mit der angestrebten Zielgruppe des Testproduktes übereinstimmt oder ob in Wirklichkeit ganz andere Verbraucherschichten positiv auf das Testprodukt reagieren.

Darüber hinaus lassen sich aber auch innerhalb der Käuferschaft des Testproduktes Untergruppen bilden, wie z.B. Intensiv- und Extensivkäufer anhand der Variablen "Einkaufsmenge des Testproduktes pro Haushalt".[75] Als weitere Analysemöglichkeit käme bspw. noch die Gegenüberstellung der Profile von Käufern des Testproduktes und Käufern der wichtigsten Konkurrenzmarken in Betracht.

Zur Charakterisierung der verschiedenen Käufertypen bietet sich eine Vielzahl von Merkmalen an, deren Verteilungen aufgrund der Verwirklichung des "Single-source-An-

---

74 Zu weiteren Analysemöglichkeiten vgl. z.B. Broder, M.: Haushaltspanel, a.a.O., S. 27 ff.; G&I-Forschungsgemeinschaft für Marketing (Hrsg.): Die G&I-Panels, Nürnberg 1987, S. 24 ff.

75 Die Festlegung der Einkaufsmenge, ab der ein Haushalt zu den Intensivkäufern zu rechnen ist, sollte generell aufgrund von Plausibilitätsüberlegungen erfolgen. Eine gewisse Willkür läßt sich hierbei aber dennoch niemals ausschließen!

satzes" im elektronischen Minimarkttest bereits für die gesamte Panelstichprobe vorliegen:

- o Soziodemographische Variablen (Alter der Haushaltsmitglieder, Haushaltsgröße, Haushaltseinkommen, etc.)
- o Besitzverhältnisse (z.B. Haushaltsgeräte)
- o Einkaufsverhalten (Zahl der Einkaufsakte, Einkaufsmenge, Preisverhalten, Markenwahl, etc.)
- o Medianutzungsverhalten (insbesondere TV)
- o Psychographische Variablen (z.B. Umweltbewußtsein)

Aus der Aufdeckung der genauen Strukturen von Käufern, aber auch Nichtkäufern des Testproduktes können sich nicht zuletzt Ansatzpunkte für eine effizientere Ausgestaltung des Marketing-Mix ergeben. Als Beispiele hierfür ließen sich etwa eine verbesserte werbliche Zielgruppenansprache oder Möglichkeiten zur Gewinnung bisheriger Nichtkäufer anführen.

(2) Einkaufsintensität

Die Käuferreichweite bzw. Erstkaufsrate als eine der Standard-Markenkennziffern im Haushalts-Panel gibt bekanntlich lediglich Auskunft darüber, welcher Prozentsatz der Panelmitglieder das Testprodukt mindestens einmal im betrachteten Berichtszeitraum gekauft hat. Eine zusätzliche Auswertungsmöglichkeit besteht nun darin, sämtliche Käufer-Haushalte des Testproduktes nach der Zahl ihrer Käufe dieser Marke zu gruppieren.

Zur Steigerung des Aussagewertes solcher Analysen empfiehlt es sich, den einzelnen Segmenten zusätzliche Einkaufsdaten zuzuordnen, was am folgenden Beispiel in Abbildung 17 demonstriert werden soll:

Man erkennt recht deutlich, daß etwa ein Drittel der Käufer des Testproduktes insgesamt drei Viertel der gesamten Einkaufsmenge auf sich vereint. Diese Intensivkäufer sollten möglichst langfristig an das Testprodukt gebunden werden und verdienen von daher die besondere Aufmerksamkeit des testenden Herstellers. Charakterisieren bzw. beschreiben läßt sich dieses Käufersegment wiederum mit Hilfe der Strukturdaten aus dem "Single-source-Ansatz."

Abb. 17 Einkaufsmenge in Abhängigkeit von der Einkaufshäufigkeit eines Produktes

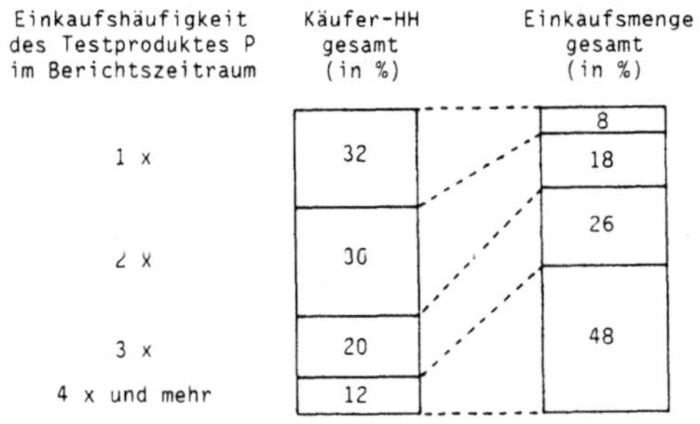

(3) Bedarfsdeckung

Die Bedarfsdeckungsanalyse geht der Fragestellung nach, welchen Anteil ihres Haushaltsbedarfs (in einer konkreten Warengruppe) Käufer einer bestimmten Marke mit eben dieser Marke decken. Damit dient die Bedarfsdeckung als Indikator für die Loyalität von Verbrauchern zu einer Marke. Zu beachten ist dabei jedoch, daß ein hoher Bedarfsdeckungsgrad eines einzelnen Haushalts - als Ausdruck einer starken Bindung zu einer Marke - nicht per se mit einer hohen Einkaufsmenge dieser Marke gleichgesetzt werden darf!

Eine Bedarfsdeckungsanalyse läßt sich zunächst auf der Basis einer Durchschnittsbetrachtung durchführen. So könnte etwa ein mögliches Untersuchungsergebnis lauten, daß das Testprodukt P im Berichtszeitraum von 8 Prozent aller Test-Haushalte gekauft wurde, bei denen im Durchschnitt 28 Prozent ihres Haushalts-Bedarfs in der betreffenden Warengruppe auf P entfielen. Um ein solches Ergebnis aber einordnen zu können, sollte ein Vergleich mit den entsprechenden Werten relevanter Konkurrenzmarken vorgenommen werden.

Eine zusätzliche und differenziertere Auswertungsmöglichkeit besteht darin, die Panel-Haushalte für das Testprodukt in Bedarfsdeckungsklassen (mit allerdings willkürlich gewählten Grenzen) einzuteilen. Die unterschiedliche Bedeutung der einzelnen Segmente für den testenden Hersteller wird deutlich, wenn man die Bedarfsdeckungsklassen - analog zur Vorgehensweise bei der Einkaufshäufigkeit - mit den dahinterstehenden Einkaufsmengen des Testproduktes verknüpft.

(4) Nebeneinanderverwendung

Gegenstand dieses Untersuchungsansatzes ist primär die Analyse derjenigen Marken, die von den Käufer-Haushalten des Testproduktes noch nebenher in der gleichen oder in anderen Warengruppen gekauft werden. Für den testenden Hersteller können sich hieraus wertvolle Hinweise auf eventuelle Komplementär- oder Substitutionseffekte zwischen dem Testprodukt und anderen Marken (und zwar sowohl konkurrierende als auch eigene) ergeben.

Die Anwendungsmöglichkeiten dieser Analyse beschränken sich aber nicht nur auf Neuprodukte bzw. neue Marken, sie läßt sich vielmehr durchaus auch bei der Einführung zusätzlicher Packungsgrößen einsetzen. Die größte Relevanz besitzt die Nebeneinanderverwendungsanalyse u.E. jedoch zweifelsohne bei Erweiterungen bestehender Produktlinien (Line extensions) und bei Markentransfers.[76] So kann mit Hilfe dieses Ansatzes z.B. problemlos festgestellt werden, ob die Käufer eines neuen Nivea-Produktes andere bereits auf dem Markt befindliche Nivea-Produkte in überdurchschnittlichem Maße (d.h. bezüglich Käuferanteil und Menge) kaufen oder nicht.

(5) Käuferwanderung

In Zeiten weitgehend gesättigter Konsumgütermärkte, die von hartem Verdrängungswettbewerb geprägt sind, geht die Einführung eines neuen Produktes in den meisten Fällen zwangsläufig zu Lasten anderer Marken. Im elektronischen Minimarkttest sollte es für den testenden Hersteller daher von besonderem Interesse sein, woher das Testprodukt sein Käuferpotential gewonnen hat bzw. welche Marken von der Neueinführung am stärksten tangiert werden.

Zur Beantwortung dieser Frage eignen sich in besonderem Maße dynamische Sonderanalysen bzw. Längsschnittbetrachtungen, die ihre Stärken ja speziell in der Erklärung von Marktveränderungen haben. Zunächst soll in diesem Zusammenhang das Modell der Käuferwanderung vorgestellt werden, das seinerseits wiederum verschiedene Auswertungsmöglichkeiten bietet.

Die einfachste Variante besteht darin, jeden einzelnen der Käufer-Haushalte des Testproduktes daraufhin zu untersuchen, welche Marke in der betreffenden Warengruppe vor dem Erstkauf des Testproduktes zuletzt gekauft wurde. Durch einen Vergleich der auf diese Weise gewonnenen Ergebnisse mit den Käuferreichweiten der jeweiligen Marken vor Einführung des Testproduktes kann dann festgestellt werden, welche Marken tatsächlich überdurchschnittlich stark betroffen sind. Einschränkend muß jedoch ange-

---

76 Zur Abgrenzung der Begriffe "Line extension" und "Markentransfer" vgl. Hätty, H.: Der Markentransfer, Heidelberg 1989, S. 41 ff.

merkt werden, daß dieser Ansatz u.a. wegen der reinen Käuferbetrachtung (d.h. ohne Einbeziehung von Einkaufsmengen) und der ausschließlichen Berücksichtigung des unmittelbar letzten Einkaufs vor dem eigentlichen Erstkauf des Testproduktes nur eine begrenzte Aussagekraft besitzt.

Mit Hilfe der Käuferwanderungsanalyse lassen sich aber nicht nur - wie gerade gezeigt wurde - Änderungen im Markenwahlverhalten zwischen zwei Einkaufsakten erfassen, sondern auch Wanderungsbewegungen zwischen zwei Zeiträumen untersuchen. Zu diesem Zweck können bspw. diejenigen Panel-Haushalte, die das Testprodukt innerhalb des ersten halben Jahres[77] nach seiner Einführung im Minitestmarkt mindestens einmal gekauft haben, in die folgenden drei Gruppen aufgeteilt werden:

- Abwanderer: Kauf des Testproduktes nur im ersten Vierteljahr
- Zuwanderer: Kauf des Testproduktes nur im zweiten Vierteljahr
- Wiederkäufer: Kauf des Testproduktes in beiden Perioden

Die erste relevante Information besteht für den testenden Hersteller zunächst darin, ob die Wiederkäufer die insgesamt stärkste Gruppe repräsentieren und ob der Anteil der Zuwanderer den der Abwanderer übersteigt, was zumindest als potentieller Indikator für einen Erfolg des Testproduktes zu werten wäre. Das Hauptaugenmerk sollte bei den Auswertungen allerdings darauf gerichtet werden, innerhalb der drei Käufersegmente die Veränderungen des Einkaufsverhaltens zwischen den beiden Zeiträumen zu analysieren. So läßt sich einerseits aufzeigen, von welchen Marken die Zuwanderer hauptsächlich gewonnen werden konnten, andererseits aber auch, an welche Marken die Abwanderer verloren wurden. Bei der Gruppe der Wiederkäufer kann dagegen bspw. überprüft werden, ob sich die Bedarfsdeckungsrate des Testproduktes vom ersten zum zweiten Vierteljahr mit steigender oder fallender Tendenz entwickelt hat.

Zusammenfassend betrachtet bietet die Käuferwanderungsanalyse gerade im Vergleich zu den statischen Sonderanalysen ein deutlich breiteres Anwendungsspektrum. Als gewisses Manko erweist sich jedoch, daß es auch mit ihrer Hilfe nicht gelingt, Marktanteilsverschiebungen zwischen dem Testprodukt und den Konkurrenzmarken voll zu erklären. Hierzu bedarf es vielmehr des sogenannten "Gain and Loss"-Modells.

(6) Gain and Loss

Die Zielsetzung der Gain und Loss-Analyse besteht in den meisten Anwendungsfällen darin, die in Einkaufsmengen oder Verbrauchsausgaben gemessenen Bewegungen zwischen den Marken einer bestimmten Warengruppe in Form einer Matrix darzustellen,

---

77 Die Analysen lassen sich selbstverständlich auch auf der Basis längerer Zeiträume durchführen.

um dadurch die Transparenz des Marktgeschehens zu erhöhen. Die absoluten Marktanteilsveränderungen innerhalb einer Warengruppe vermitteln nämlich oftmals nur einen unzureichenden Eindruck über die tatsächlichen Mengen- und Wertverschiebungen, da sich Gewinne und Verluste zwischen den Marken z.T. gegenseitig aufheben.

Bei der Gain and Loss-Analyse handelt es sich um ein relativ aufwendiges Verfahren, von dem bereits mehrere Modellvarianten existieren, die sich jedoch vom Grundprinzip her alle gleichen. Ihre Untersuchungsanlage basiert - wie bereits die Käuferwanderung - auf einem Mikromodell[78] mit dem einzelnen Haushalt als kleinster Einheit. Ausgangspunkt der Betrachtung ist somit das individuelle Kaufverhalten eines jeden Panel-Haushaltes, das in zwei aufeinanderfolgenden Zeiträumen beobachtet wird. Diese beiden Perioden müssen gleich lang und genügend groß sein, um zu gewährleisten, daß jeweils eine vergleichbare und ausreichende Zahl von Käufen (und Wiederkäufen) zustande kommt.

Für die Analyse der Wanderungsbewegungen erweist sich allerdings zunächst als problematisch, daß die Einkaufsmengen bzw. Verbrauchsausgaben eines Test-Haushaltes in beiden Beobachtungsperioden nicht übereinstimmen. Zwei potentielle Ursachen können hierfür verantwortlich sein:

- o Der Test-Haushalt kauft in Periode 2 mehr bzw. weniger ein als in Periode 1 (Mehrkauf bzw. Minderkauf).
- o Der Test-Haushalt kauft ausschließlich in einer der beiden Zeiträume ein (Nurkauf in Periode 1 bzw. 2).

Der Saldo dieser beiden Positionen muß nun wegen der ansonsten nicht gegebenen Vergleichbarkeit der Perioden von der weiteren Betrachtung ausgeklammert werden. In die eigentliche Wanderungsanalyse fließt somit pro Periode nur die deckungsgleiche Einkaufsmenge bzw. der gleiche Einkaufswert ein.

Das gesamte Marktgeschehen, d.h. vor allem natürlich die effektiven Wanderungsbewegungen zwischen den Marken ergeben sich nun aus dem aggregierten Einkaufsverhalten der einzelnen Test-Haushalte. Der kumulierte Saldo aller Mehr-, Minder- und Nurkäufe wird dabei als "nicht aufrechenbares Segment" bezeichnet, während die nach Abzug dieser Größe verbleibenden (und jetzt übereinstimmenden) Einkaufsvolumina beider Perioden das sogenannte "aufrechenbare Segment" bzw. die Innenmatrix der Gain and Loss-Analyse bilden. Das "aufrechenbare Segment" setzt sich somit aus Mengen bzw. Werten zusammen, die von Periode 1 zu Periode 2 bei den einzelnen Marken wiedergekauft werden bzw. zwischen den verschiedenen Marken "wandern".

---

78 Zur Unterscheidung des mikro- und makroanalytischen Ansatzes im Rahmen von Modellen zur Erforschung des Konsumentenverhaltens vgl. Massy, W.F./ Montgomery, D.B./ Morrison, D.G.: Stochastic models of buyer behavior, Cambridge (Mass.)/London 1970, S. 4 ff.

Abb. 18 Innenmatrix einer Gain and Loss-Analyse

MARKE	A	B	P	Verluste	Wiederkäufe	Aufrechenbares Segment
A	-	20	60	80	10	90
B	30	-	10	40	80	120
P	10	10	-	20	40	60
Gewinne	40	30	70	140 / 140		
Wiederkäufe	10	80	40		130 / 130	
Aufrechenbares Segment	50	110	110			270 / 270

Man erkennt an diesem Beispiel dreier konkurrierender Marken zunächst, daß sich in den beiden Perioden Gewinne/Verluste (140 Einheiten) und Wiederkäufe (130 Einheiten) in etwa die Waage halten, es sich also offenbar um keine Warengruppe mit ausgeprägt hoher Markentreue handelt. Bei der Analyse der einzelnen Marken fällt besonders auf, daß das Testprodukt P sehr stark die Konkurrenzmarke A angreift, während zwischen P und B nur geringfügige Wanderungsbewegungen stattfinden.[79] Auch der Anteil an Wiederkäufen ist für ein neueingeführtes Produkt bereits beachtlich hoch. Die Marke B weist mit 10 Einheiten (40 minus 30) zwar einen geringen Nettoverlust auf, kann sich dafür aber auf einen extrem hohen Anteil an Wiederkäufen stützen (pro Periode 80 Einheiten). Im Gegensatz dazu befindet sich die Marke A in keiner überzeugenden Marktposition, da sie netto insgesamt 40 Einheiten (80 minus 40) verliert und zudem auch nur einen unbedeutenden Anteil an Wiederkäufen besitzt.

Anhand dieses Beispiels wird deutlich, daß die Gain and Loss-Analyse ein überaus wertvolles Instrument zur Beobachtung von Neueinführungen im Rahmen eines elektronischen Minimarkttests darstellt. Sie zeigt nicht nur, ob das Testprodukt eine Marktausweitung und/oder "nur" zusätzlichen Verdrängungswettbewerb auslöst, sondern auch Richtung und Ausmaß der Konkurrenzbeziehungen zwischen dem Testprodukt und

79 Als Maß für die Austauschbarkeit von Marken dient im Rahmen der Gain and Loss-Analyse der sogenannte Affinitätswert, der die realen Gewinne und Verluste zwischen zwei Marken in Beziehung zu ihren jeweiligen Erwartungswerten setzt. Zur Berechnung dieser Indexgröße vgl. Weissman, A.: Verbraucherpanel-Informationen als Grundlage für Marketingentscheidungen im Einzelhandel, a.a.O., S. 129 ff.

sämtlichen anderen Marken einer Warengruppe auf Mengen- oder Wertbasis. Als Kritikpunkt ist jedoch anzuführen, daß die sich hinter den Einkaufsmengen bzw. Verbrauchsausgaben verbergende Zahl an Käufern und Wiederkäufern unbekannt bleibt. Als Ergänzung zu einer Gain and Loss-Analyse bietet sich deshalb eine Käuferwanderungsuntersuchung geradezu an, da beide Verfahren jeweils dem anderen die fehlenden Informationen liefern. Ein gewisser Nachteil liegt sicherlich auch in der erforderlichen Mindestlänge der Beobachtungsperioden. Sie sollte im Minimum 2 x 6 Monate betragen, um ein für Analysezwecke ausreichend großes "aufrechenbares Segment" zu erhalten. Für manche Testprodukte bzw. deren Hersteller dürfte sich eine solche Testdauer aber effektiv als zu lang erweisen.

(7) Ursache-Wirkungs-Analysen

Zentrales Anliegen der Ursache-Wirkungs-Analysen ist die Untersuchung der Reaktionen von Test-Haushalten auf bestimmte Marketing-Maßnahmen, vornehmlich aus dem Bereich der Kommunikationspolitik, um daraus gewisse Erkenntnisse bzw. Gesetzmäßigkeiten im Hinblick auf deren späteren Einsatz im Gesamtmarkt abzuleiten. Als äußerst günstig für die Ermittlung solcher Zusammenhänge erweist sich dabei, daß auch die entsprechenden Kausaldaten voll in die Betrachtung einbezogen werden können. Hierbei handelt es sich jedoch nicht nur um die unabhängigen Variablen selbst, sondern zusätzlich noch um die "Kontakte" der Test-Haushalte mit den jeweiligen Maßnahmen. Für Verkaufsförderungsaktionen am PoS lassen sich diese Kontakte etwa durch die Zahl der Einkaufsakte eines Panel-Haushaltes in den Testgeschäften erfassen, für die Fernsehwerbung dagegen bspw. durch die elektronische Messung des TV-Nutzungsverhaltens in den Test-Haushalten.

Mit Hilfe einer haushaltsbezogenen Analyse der Daten kann aber auch aufgedeckt werden, wie eine Steigerung der Abverkäufe des Testproduktes, die von einer bestimmten absatzpolitischen Maßnahme ausgelöst wurde, überhaupt zustande kommt: Beruht sie auf einer Ausweitung des Käuferkreises, einer Erhöhung der durchschnittlichen Menge pro Käufer-Haushalt oder auf einer Kombination aus beiden Faktoren? Am Beispiel eines Werbedrucktests aus dem GfK-BehaviorScan läßt sich dies recht anschaulich demonstrieren. Die Testgruppe, bestehend aus verkabelten Panel-Haushalten, erhielt dabei im Anschluß an eine Nullperiode von 14 Wochen (ohne Testwerbung) insgesamt 34 Wochen lang Test-Fernsehwerbung mit einem Druck von 300 GRP's[80] pro Monat

80 GRP's (Gross-Rating-Points) dienen der Messung des relativen Werbedrucks. Definiert sind sie als Produkt aus prozentualer Zielgruppenreichweite und Zahl der Durchschnittskontakte. Vgl. hierzu Huth, R./ Pflaum, D.: Einführung in die Werbelehre, 2. Aufl., Stuttgart u.a. 1986, S. 148 f.; Naples, M.J.: Media research: Going beyond audience ratings and demographics to single-source data, in: European Research, Vol. 14, No. 4, 1986, S. 186 f.

zugespielt. Als Kontrollgruppe (ohne Testwerbung) dienten nichtverkabelte Panel-Haushalte.

Abb. 19 Werbedrucktest am Beispiel eines Relaunches aus der Warengruppe Waschmittel

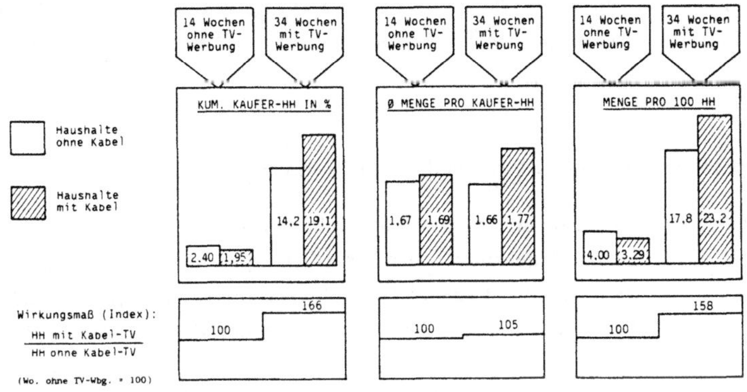

Quelle In Anlehnung an Arbeitsgemeinschaft GfK-BehaviorScan (Hrsg.): GfK-BehaviorScan: Experimentelle Messung von TV-Werbung - Methodische Erläuterungen und Fallstudien, Nürnberg, Juli 1987, S. 14

Der Einsatz der TV-Werbung bewirkt beim Testprodukt einen deutlichen Mengenzuwachs von insgesamt 58 Prozent. Dieser Zugewinn basiert nun fast ausschließlich auf einer Ausweitung des Käuferkreises. Die durchschnittliche Menge pro Käufer-Haushalt bleibt dagegen nahezu konstant, da hier offenbar bereits eine gewisse Sättigungsgrenze erreicht ist. Zusätzliches Mengenwachstum des Testproduktes dürfte daher nur über die Aktivierung bisheriger Nichtkäufer möglich sein, was für den testenden Hersteller zweifellos eine außerordentlich wichtige Information darstellt.

Eine weitere Analysemöglichkeit im Rahmen der Werbewirkungsforschung besteht darin, sämtliche Käufer-Haushalte des Testproduktes in zwei Gruppen aufzuteilen: Haushalte, die die Testwerbung im Fernsehen gesehen haben, und Haushalte, die sie nicht gesehen haben. Im Anschluß daran kann dann untersucht werden, ob sich zwischen beiden Gruppen signifikante Strukturunterschiede etwa bezüglich soziodemographischen Merkmalen oder im Kaufverhalten (Einkaufsmengen, Verbrauchsausgaben, Zahl der

Einkaufsakte, etc.) zeigen, was - bei hinreichend großen Zellenbesetzungen - zumindest ein Indiz für die Wirksamkeit der TV-Werbung wäre.

In den USA werden elektronische Minitestmärkte darüber hinaus bereits gezielt zur Allokation von TV-Werbegeldern eingesetzt. So analysiert der Minimarkttest-Anbieter IRI regelmäßig die Seherschaft von TV-Serien bezüglich ihres Kauf- und Markenwahlverhaltens in verschiedenen Warengruppen, wobei z.T. gravierende Unterschiede zwischen den einzelnen Sendungen zu beobachten sind.[81] Werbungstreibende besitzen damit die Möglichkeit, die Streuung ihres TV-Werbeetats exakt auf ihre Zielgruppen auszurichten.[82]

3. Ergebnisse von zusätzlichen Handels- und Verbraucherbefragungen

Als Ergänzung der eher quantitativ orientierten Standard- und Sonderanalysen des Handels- und des Haushalts-Panels bieten sich zusätzliche qualitative Befragungen des Handels und der Verbraucher im Testgebiet an. Zu klären ist dabei jedoch zunächst die Frage, ob die Erhebungen innerhalb oder außerhalb der Panels durchgeführt werden sollen. Das Prinzip des "Single-source-Ansatzes" wäre ja nur im ersten Fall gewahrt, im zweiten Fall würde es dagegen durchbrochen. Primär hängt die Antwort auf diese Frage aber von den zu erwartenden direkten und indirekten Auswirkungen einer Befragung auf den eigentlichen Untersuchungsgegenstand - das Kaufverhalten der Test-Haushalte bzw. den Abverkauf des Testproduktes - ab.

Im Bereich der Verbraucherforschung verbietet sich eine Reihe von Themenbereichen explizit für eine Paneleinfrage, da verzerrende Einflüsse speziell auf das Markenwahlverhalten zu befürchten sind bzw. nicht völlig ausgeschlossen werden können.[83] Dies gilt insbesondere für markenspezifische Fragestellungen, die für den testenden Hersteller aber gerade von außerordentlichem Interesse wären:

---

81 Vgl. hierzu bspw. Cannon, H.M.: Media-market matching vs. "random walk" in television media selection, in: JoAR, Vol. 26, No. 2, 1986, S. 37 ff.; Garrick, G.: Optimizing media planning, buying and frequency through electronic single-source data, in: Proceedings of the ARF 30th annual conference, New York, March 5 - 7, 1984, S. 17 ff.; Levin, G.: IRI says data can now link ads to sales, in: AA, Vol. 58, Jan. 26, 1987, S. 3 und 74.

82 Hierzulande ist dieser interessante Ansatz zur Reduzierung von Streuverlusten - zumindest im Bereich der öffentlich-rechtlichen Fernsehanstalten - allerdings noch nicht realisierbar, da man dort Werbezeiten nicht gezielt buchen kann, sondern vielmehr ohne jede Mitsprachemöglichkeit zugewiesen bekommt.

83 Der mögliche Einwand, man könne, um den Testablauf nicht zu stören, die Paneleinfrage ja erst nach Beendigung der eigentlichen Testdauer durchführen, erweist sich als nicht stichhaltig, da die Verhaltensänderungen der Test-Haushalte dann eben die nachfolgenden Tests in der Warengruppe beeinträchtigen würden!

- o Bekanntheitsgrad des Testproduktes (ungestützt und gestützt)
- o Beurteilung des Testproduktes anhand relevanter Eigenschaften (insbesondere im Vergleich zu maßgeblichen Konkurrenzmarken)
- o "Likes" und "Dislikes"
- o Kaufmotive bzw. noch bestehende Kaufhemmnisse
- o Spezifische Fragen zur Testwerbung, etc.

Sollen diese Informationen in einem elektronischen Minimarkttest erhoben werden, muß man deshalb zwangsläufig auf eine außerhalb des eigentlichen Haushalts-Panels zu rekrutierende Ad hoc-Stichprobe ausweichen. Unbedenklich erscheinen in diesem Zusammenhang allenfalls Paneleinfragen zu allgemeinen oder warengruppenspezifischen Einstellungen, die auf keine konkreten Marken bezug nehmen und bspw. als Basis für psychographische Marktsegmentierungen dienen können.[84] Zu berücksichtigen ist jedoch stets, daß zusätzliche Paneleinfragen generell die Gefahr einer Überlastung der Test-Haushalte bergen, was mittel- bis langfristig zu einer Erhöhung der Panelsterblichkeit führen kann.

Befragungen des Handels, wie z.B. der Marktleiter in den Testgeschäften, berühren hingegen das Kaufverhalten der Test-Haushalte nicht und sind daher unproblematisch. Als mögliche Themenschwerpunkte kämen wohl hauptsächlich eine differenzierte Beurteilung des Testproduktes sowie die - allerdings rein subjektive - Einschätzung seiner zukünftigen Absatzchancen im Gesamtmarkt in Betracht.

VI. Hochrechnung auf den Gesamtmarkt

Den Abschluß eines jeden Minimarkttests bildet die Extrapolation der gewonnenen Testergebnisse auf den zukünftigen Gesamtmarkt. Die besondere Bedeutung dieses letzten Schrittes ist daraus zu ersehen, daß selbst ein überragender Erfolg eines Testproduktes im Minitestmarkt für den testenden Hersteller letztlich belanglos wäre, wenn sich hieraus keine genauen und verläßlichen Aussagen über eine ähnlich positive Entwicklung auf der späteren nationalen Ebene ableiten ließen.

Zu beachten ist dabei, daß die Hochrechnung der Ergebnisse letztlich zwei Dimensionen umfaßt. Zum einen gilt es, durch eine Analyse der Beobachtungswerte aus dem Minimarkttest, die ja in Form von Zeitreihen vorliegen, Anhaltspunkte über die zukünftige

---

84 Zu den Möglichkeiten der qualitativen Marktsegmentierung im Verbraucher-Panel vgl. Weissman, A./ Tröger, G./ Adlwarth, W.: Psychographische Marktsegmentierung, Heft 3 der Arbeitspapiere des Lehrstuhls für Marketing, Internationales Marketing und Handel der Universität Erlangen-Nürnberg, Nürnberg 1983, S. 46 ff.

Entwicklung des Testproduktes zu gewinnen (= Prognose). Zum anderen müssen diese Daten aber auch zeitpunktbezogen von der Minitestmarkt- auf die Gesamtmarktebene übertragen werden (= Projektion).

Vor Beginn der eigentlichen Hochrechnung empfiehlt es sich jedoch, die im Zuge des Marktexperimentes erhobenen Ergebnisse noch einmal einer Plausibilitätskontrolle zu unterziehen. Dadurch soll vor allem festgestellt werden, ob innerhalb des Testgebietes Störfaktoren aufgetreten sind, die weder bei der Gestaltung der experimentellen Rahmenbedingungen entsprechend antizipiert werden konnten noch bei der kontinuierlichen Beobachtung des Testablaufes entdeckt wurden. Als Kontrollgröße bietet sich hierfür die Entwicklung der Warengruppe des Testproduktes in einem nationalen Verbraucher- und/oder Handels-Panel während der Testdauer an. Mit Hilfe einer solchen Gegenüberstellung kann dann zumindest abgeschätzt werden, ob die zu verzeichnenden Abweichungen zwischen Testgebiet und Gesamtmarkt tatsächlich ausschließlich auf den Testmaßnahmen selbst oder darüber hinaus auf anderen, bislang nicht berücksichtigten Ursachen beruhen, wodurch sich möglicherweise Hinweise auf zusätzlich einzusetzende Korrekturfaktoren ergeben.

Darüber hinaus ist noch dringend die Überprüfung der absoluten Käuferzahlen des Testproduktes zu empfehlen, die ja letztlich die Basis für die Extrapolation der Minitestmarktdaten bilden. Stehen hinter den Abverkäufen des Testproduktes nämlich nur einige wenige Käufer-Haushalte, wären die Ergebnisse bei einer Hochrechnung auf die Gesamtmarktebene zwangsläufig mit großer Unsicherheit behaftet und nur mit äußerster Vorsicht zu interpretieren. Eine gewisse Mindestzellenbesetzung, deren Festlegung allerdings nur nach subjektivem Ermessen erfolgen kann, sollte folglich unbedingt eingehalten werden.

1. Dimensionen der Hochrechnung

1.1. Prognose

Prognosemodelle werden im Rahmen von elektronischen Minimarkttests hauptsächlich dazu verwendet, die zukünftige Entwicklung quantitativer Erfolgsdeterminanten eines Testproduktes vorherzusagen. Im Kern handelt es sich bei diesen Größen um die Grunddaten eines Verbraucher- bzw. Haushalts-Panels: Käuferreichweite bzw. Erstkaufsrate, Wiederkaufsrate, Absatzvolumen, Marktvolumen und Marktanteil. Prognosen dieser Art werden (auf der Basis von Verbraucherpaneldaten) fast ausschließlich mit Hilfe globalanalytischer Mikromodelle[85], und hier vor allem mittels sogenannter

85 Zur Unterscheidung zwischen global- und detailanalytischen sowie zwischen Mikro- und Makromodellen im Rahmen von Markt- und Absatzprognosen vgl. Meffert, H./ Steffenhagen, H.: Marketing-Prognosemodelle, a.a.O., S. 37 ff.

Kaufeintrittsmodelle durchgeführt. Das Charakteristikum dieser, auch als Marktdurchdringungsmodelle bezeichneten Prognoseverfahren besteht darin, daß sie den Diffusionsprozeß von Neuprodukten in Stufen abbilden, und zwar - je nach Modell - in Erstkauf - Wiederkauf oder Bekanntheit - Erstkauf - Wiederkauf. Manche Autoren nehmen darüber hinaus noch auf einzelnen Stufen eine zusätzliche Einteilung der Verbraucher bzw. Haushalte in verschiedene Käuferklassen, z.B. nach der Häufigkeit des Wiederkaufs, vor.

Innerhalb der panelgestützten Kaufeintritts- oder Marktdurchdringungsmodelle ist bis heute eine Vielzahl unterschiedlichster Modelltypen entwickelt worden[86], von denen jedoch nur die wenigsten eine entsprechende Verbreitung gefunden haben. Im folgenden soll nun exemplarisch ein Ansatz vorgestellt und erläutert werden, der in der Praxis anerkanntermaßen die wohl größte Bedeutung besitzt[87]: das Prognosemodell von Parfitt und Collins.

In seinen Grundzügen wurde dieses Verfahren bereits 1961 von Baum und Dennis[88] beschrieben, aber erst in den darauffolgenden Jahren von Parfitt und Collins entscheidend verbessert und validiert.[89] Die Zielsetzung des Modells besteht darin, den Marktanteil eines neu eingeführten Produktes zu prognostizieren. Der Marktanteil errechnet sich dabei als Produkt dreier voneinander unabhängiger Komponenten, die alle mit Hilfe eines Verbraucher-Panels problemlos erhoben werden können:

$$\text{Marktanteil} = \text{Käuferpenetration} \times \text{Bedarfsdeckung} \times \text{Intensitätsfaktor}$$

Die Käuferpenetration bezeichnet den Anteil der Käufer-Haushalte des Testproduktes an sämtlichen Käufer-Haushalten in der Warengruppe. In das eigentliche Prognosemodell fließt jedoch nicht die gegenwärtige Penetration, sondern vielmehr ihr Grenzwert ein, den das Testprodukt voraussichtlich maximal erreichen wird. Um diesen Wert zu

86 Zu den bekanntesten Vertretern dieser Gattung zählen die Prognosemodelle von Fourt und Woodlock, Parfitt und Collins, Massy (STEAM), Urban (SPRINTER) und Eskin. Vgl. hierzu ausführlich Fourt, L.A./ Woodlock, J.W.: Early prediction of market success for new grocery products, in: JoM, Vol. 25, October 1960, S. 31-38; Parfitt, J.H./ Collins, B.J.K.: Use of consumer panels for brand-share prediction, a.a.O., S. 131-145; Massy, W.F.: Forecasting the demand for new convenience products, in: JoMR, Vol. 6, No. 4, November 1969, S. 405-412; Urban, G.L.: Sprinter Mod III: A model for the analysis of new frequently purchased consumer products, in: Operations Research, Vol. 18, Sept./Oct. 1970, S. 805-854; Eskin, G.J.: Dynamic forecasts of new product demand using a depth of repeat model, in: JoMR, Vol. 10, No. 2, May 1973, S. 115-129.

87 Vgl. Narasimhan, C./ Sen, S.K.: New product models for test market data, in: JoM, Vol. 47, No. 1, Winter 1983, S. 19.

88 Vgl. Baum, J./ Dennis, K.E.R.: The estimation of the expected brand share of a new product, Paper presented at the 15th ESOMAR Congress, Baden-Baden 1961.

89 Vgl. hierzu und im folgenden Parfitt, J.H./ Clay, R.: Panel prediction techniques - What we have learned and where we are going, in: Proceedings of the 33rd ESOMAR Congress, Monte Carlo 1980, S. 176 f.; Rehorn, J.: So errechnen Sie den Marktanteil neuer Produkte, in: asw, 15. Jg., Heft 13/14, 1972, S. 51; o.V.: Gipfel in Sicht, in: asw, 23. Jg., Heft 9, 1980, S. 98 f.

ermitteln, verfolgt man über eine ausreichend lange Zeitspanne die Entwicklung der kumulierten Erstkäufer des Testproduktes und extrapoliert die sich hieraus ergebende Zeitreihe in die Zukunft. Notwendige Voraussetzung ist dafür allerdings, daß diese Kurve sich im Betrachtungszeitraum, d.h. zwischen Produkteinführung und Prognoseerstellung, stabilisiert und einen asymptotischen Verlauf annimmt.

Abb. 20 Ermittlung des Grenzwertes der Käuferpenetration

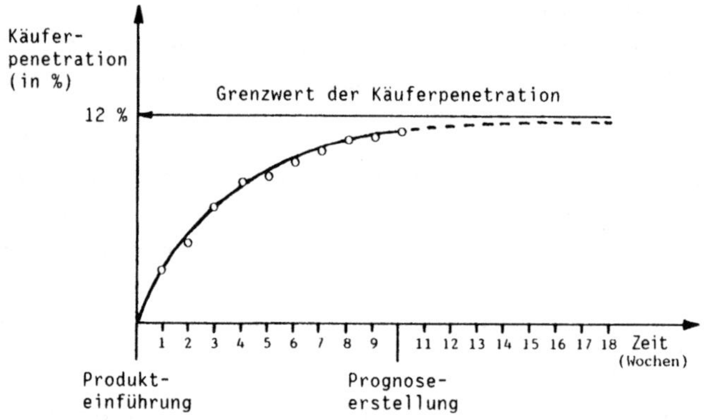

Der Bedarfsdeckung (im Sinne des Parfitt-Collins-Ansatzes) liegt - abweichend von der im vorhergehenden Kapitel erläuterten statischen Bedarfsdeckungsanalyse[90] - eine dynamische Betrachtungsweise zugrunde. Für die Käufer-Haushalte des Testproduktes wird, jeweils beginnend ab dem Zeitpunkt ihres Erstkaufes, von Periode zu Periode der mengenmäßige Anteil errechnet, der innerhalb ihrer gesamten Einkäufe in der betreffenden Warengruppe auf das Testprodukt entfällt. Die Bedarfsdeckung nimmt dabei, abgesehen von möglichen anfänglichen Schwankungen, erfahrungsgemäß im Zeitablauf stetig ab und nähert sich einem bestimmten Grenzwert. Sobald eine gewisse Stabilisierung des Kurvenverlaufs eingetreten ist, kann daher versucht werden, diesen Wert, der den zweiten Parameter des Prognosemodells bildet, durch Extrapolation abzuschätzen.

90 Vgl. Abschnitt C.V.2.2.

Abb. 21	Ermittlung des Grenzwertes der Bedarfsdeckung

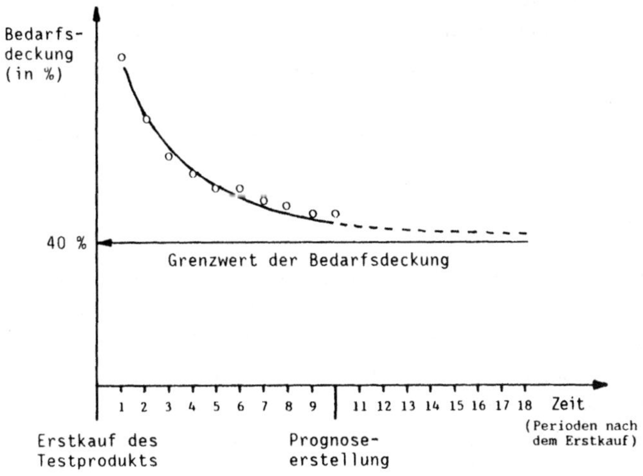

Der Intensitätsfaktor als dritter und letzter Bestandteil des Modells hat die Funktion, eventuelle Abweichungen in der warengruppenspezifischen Einkaufsintensität bei den Käufer-Haushalten des Testproduktes zu berücksichtigen. Zur Bestimmung dieser Größe werden die Käuferpenetration des Testproduktes und der Anteil der Einkaufsmenge der Käufer-Haushalte des Testproduktes an der Gesamteinkaufsmenge in der Warengruppe gegenübergestellt. In unserem Fall wird das Testprodukt von 12 Prozent aller Käufer-Haushalte in der Warengruppe gekauft. Diese Haushalte vereinen aber immerhin 15 Prozent der gesamten Einkaufsmenge in der Warengruppe auf sich. Der Intensitätsfaktor beträgt somit 1,25 (15 % : 12 %), d.h. die Käufer-Haushalte des Testproduktes weisen eine überproportionale Einkaufsintensität auf.

Faßt man die Ergebnisse aus dem obigen Beispiel zusammen, wäre für das betrachtete Testprodukt ein zukünftiger (mengenmäßiger) Marktanteil von

$$12\,\% \times 40\,\% \times 1{,}25 = 6{,}0\,\%$$

zu erwarten.

Trotz seiner relativ einfachen Modellstruktur hat der Parfitt-Collins-Ansatz im praktischen Einsatz erstaunlich präzise Prognoseergebnisse erbracht. Als problematisch kann sich bei seiner Anwendung jedoch auswirken, daß die Berechnungen stets auf der Annahme stabiler Marktverhältnisse beruhen. Kommt es hier zu gravierenden Änderungen, die bspw. durch Konkurrenten, aber auch durch das testende Unternehmen selbst hervorgerufen werden können, müssen die Prognosen revidiert und auf der Grundlage der neuen Ausgangssituation wiederholt werden. In der Literatur finden sich bei einigen Autoren weitere Kritikpunkte[91], die u.E. aber durch die vielen Vorteile des Verfahrens eindeutig kompensiert werden. Erwähnung verdienen in diesem Zusammenhang neben der hohen Prognosegenauigkeit insbesondere die problemlose Handhabung sowie die Tatsache, daß das Modell den Blick auf zwei der wesentlichsten Erfolgskriterien eines neuen Produktes lenkt: das Erst- und das Wiederkaufsverhalten der Konsumenten.

1.2. Projektion

Bei der Projektion handelt es sich im Gegensatz zur Prognose um eine rein statische Betrachtung. Im Prinzip beinhaltet sie eine Multiplikation der Minimarkttest-Ergebnisse mit einem bestimmten Faktor, der die angenommene Relation zwischen Testgebiet und Gesamtmarkt ausdrückt. Letztendlich bedeutet diese Vorgehensweise nichts anderes als die Übertragung von Erkenntnissen aus einer Stichprobe auf die zugrundeliegende Grundgesamtheit. Im Minimarkttest sollten dabei als Projektionsbasis stets die Ergebnisse aus dem Haushalts-Panel herangezogen werden, da bei diesen die Gefahr einer Verzerrung durch externe Störeinflüsse weitaus geringer ist als bei den Daten aus dem Handels-Panel. Projiziert werden in aller Regel nur Absolutgrößen, wie etwa das Absatzvolumen des Testproduktes oder das Marktvolumen in der zugehörigen Warengruppe.

Das nachstehende Schaubild vermittelt einen Überblick über die wichtigsten Projektionstechniken in der Marktforschungspraxis.[92] Welche Methode hiervon anzuwenden ist, kann erst im konkreten Einzelfall unter Berücksichtigung der individuellen Gegebenheiten des jeweiligen Marktexperimentes entschieden werden. Es empfiehlt sich aber durchaus, mehrere Verfahren parallel einzusetzen, um die Stabilität der Projektionsergebnisse zu überprüfen.

---

91 Vgl. etwa Knoblich, H.: Marktanteilsprognose mit Hilfe von Verbraucherpanels, in: Der Markt, o.Jg., Nr. 33, 1970, S. 46 f.; Narasimhan, C./ Sen, S.K.: New product models for test market data, a.a.O., S. 16; Beeskow, W./ Dichtl, E./ Finck, G./ Müller, S.: Die Bewertung von Marketing-Aktivitäten, a.a.O., S. 503.

92 Vgl. hierzu ausführlich Irniger, J.: Pretesting und Testmarkt - Instrumente der Marketing-Forschung für die Prognose des Absatzvolumens neuer Produkte des Massenkonsums, a.a.O., S. 52 ff. sowie Gold, J.A.: Testing test market predictions, a.a.O., S. 10 ff.

Abb. 22	Projektionstechniken im Rahmen elektronischer Minimarkttests
BEZEICHNUNG	BERECHNUNGSMODUS (zur Bestimmung des Absatzvolumens des Testproduktes im Gesamtmarkt)
"Pro-Kopf"-Methode	$\frac{\text{Absatzmenge des Testproduktes innerhalb des Haushalts-Panels}}{\text{Zahl der Panel-Haushalte im Testgebiet}}$ X Zahl der Haushalte im Gesamtmarkt
Marktanteils-Methode	$\frac{\text{Absatzmenge des Testproduktes innerhalb des Haushalts-Panels}}{\text{Absatzmenge der zugehörigen Warengruppe innerhalb des Haushalts-Panels}}$ X Absatzmenge der Warengruppe im Gesamtmarkt
Umsatzverhältnis-Methode	$\frac{\text{Absatzmenge eines Vergleichsproduktes im Gesamtmarkt}}{\text{Absatzmenge eines Vergleichsproduktes innerhalb des Haushalts-Panels}}$ X Absatzmenge des Testproduktes innerhalb des Haushalts-Panels
Kaufkraftindex-Methode	$\frac{\text{Verfügbares Einkommen im Gesamtmarkt}}{\text{Verfügbares Einkommen innerhalb des Haushalts-Panels}}$ X Absatzmenge des Testproduktes innerhalb des Haushalts-Panels
Wiederkäufer-Methode	$\frac{\text{Zahl der Panel-Haushalte, die das Testprodukt wiederkaufen}}{\text{Zahl der Panel-Haushalte im Testgebiet}}$ X Ø Absatzmenge des Testproduktes pro Wiederkäufer-Haushalt X Zahl der Haushalte im Gesamtmarkt

2. Ergebniskorrektur

Die Untersuchungsanlage eines elektronischen Minimarkttests und die besondere Rolle des Testproduktes im Rahmen des Marktexperiments bedingen zwangsläufig gewisse Abweichungen zwischen den Marktverhältnissen im Testgebiet und der (späteren) Situation auf dem Gesamtmarkt, die mit Hilfe der oben dargestellten Prognose- und Projektionstechniken zwar teilweise, aber eben nicht vollständig ausgeglichen werden können. Zur Erhöhung der Genauigkeit bei der Hochrechnung der Testergebnisse ist es daher unumgänglich, diesen Unterschieden zwischen Testgebiet und Gesamtmarkt durch den Einsatz zusätzlicher Korrekturfaktoren Rechnung zu tragen.[93]

Insbesondere in den folgenden Fällen kann sich eine Adjustierung der Testergebnisse als notwendig erweisen:

(1) Distribution

Im Testgebiet besitzt das Testprodukt - vollständige Marktabdeckung auf Handelsseite vorausgesetzt - eine Distribution von 100 Prozent. Dieser Idealzustand erweist sich aus verständlichen Gründen im Gesamtmarkt als nicht realisierbar, weshalb eine entsprechende Anpassung der Testergebnisse vorzunehmen ist. Die Vorgabe des tatsächlich angestrebten bzw. erzielbaren gewichteten Distributionsgrades erfolgt dabei extern durch den testenden Hersteller, und zwar zweckmäßigerweise in Form einer Zeitreihe. Bei der Hochrechnung gilt es nämlich zusätzlich noch zu berücksichtigen, daß sich der Distributionsaufbau im Gesamtmarkt nicht - wie dies im Minitestmarkt der Fall ist - von heute auf morgen bewerkstelligen läßt, sondern sich vielmehr schrittweise im Zeitablauf vollzieht.

(2) Aktivitätsniveau und Effizienz der Marketing-Instrumente

Bisweilen arbeiten Hersteller im Marktexperiment - insbesondere im Bereich der kommunikationspolitischen Maßnahmen - bewußt mit überproportionalem Mitteleinsatz, um den Testablauf zu beschleunigen. So können bspw. Werbedruck und/oder Verkaufsförderungsaktivitäten stärker ausgeprägt sein, als es später im Gesamtmarkt vorgesehen ist. Hinzu kommt, daß die Effizienz der Marketing-Instrumente, nicht zuletzt bedingt durch die intensive Betreuung der Testprodukte in den Testgeschäften, im Minitestmarkt höher als im Gesamtmarkt einzuschätzen ist.

(3) Einsatzmöglichkeiten von Werbeträgern

Medien, die zwar im Rahmen der nationalen Einführung des Testproduktes eingesetzt werden sollen, im Testgebiet aber nicht belegt werden können (wie etwa Hörfunk oder bestimmte Publikumszeitschriften) und deshalb dort durch andere Werbeträger substituiert werden, führen unweigerlich zu Diskrepanzen zwischen dem nationalen und dem Test-Mediastreuplan, die bei der Hochrechnung Berücksichtigung finden müssen. Eine Quantifizierung dieses Sachverhalts erweist sich jedoch wegen der unterschiedlichen Kontaktqualitäten erfahrungsgemäß als äußerst schwierig.

---

93 Vgl. hierzu Ahl, D.A.: New product forecasting using consumer panels, in: JoMR, Vol. 7, No. 2, May 1970, S. 166 f.; Carefoot, J.L.: Testing of minimarkets reveals product viability, in: MN, Vol. 20, No. 12, June 6, 1986, S. 26; Rehorn, J.: Die Epigonen des Testmarkts (II), in: Media Spectrum, o.Jg., Heft 6, 1985, S. 54 f.

(4) Wettbewerbsverhältnisse

Fehlen wichtige Konkurrenzmarken im Testgebiet völlig, oder zeigen sich - vor Beginn des eigentlichen Tests - bei den Marktanteilen relevanter Wettbewerber erhebliche Abweichungen zwischen Minitestmarkt und Gesamtmarkt, bedürfen die Testergebnisse ebenfalls einer nachträglichen Korrektur.

(5) Soziodemographische Struktur

Unterschiede in der soziodemographischen Struktur zwischen der Bevölkerung im Gesamtmarkt und der Einwohnerschaft des Testgebietes bzw. den Mitgliedern des Haushalts-Panels erweisen sich dagegen als relativ unproblematisch, da diese durch den Einsatz entsprechender Schichtungsmodelle bei der Hochrechnung verhältnismäßig leicht neutralisiert werden können.

(6) Konsumintensität in der Warengruppe des Testproduktes

Ergebniskorrekturen sind weiterhin angebracht, wenn die Haushalte im Testgebiet bzw. innerhalb des Verbraucher-Panels in der Warengruppe des Testproduktes eine im Vergleich zum Bundesdurchschnitt signifikant höhere oder geringere Konsumintensität (pro Käufer-Haushalt) aufweisen. Feststellen lassen sich solche Divergenzen bspw. mit Hilfe nationaler Haushalts-Panels.

(7) Kaufkraftabflüsse

Eine schwerwiegendere Beeinträchtigung der Testergebnisse ergibt sich dann, wenn die Test-Haushalte Produkte der untersuchten Warengruppe nicht ausschließlich in den Testgeschäften einkaufen, sondern darüber hinaus andere Einkaufsstätten frequentieren, die nicht dem Handels-Panel angehören und daher dem Marktforschungs-Institut auch keine Daten liefern. Ein solches Verhalten der Test-Haushalte bzw. die daraus resultierenden Kaufkraftabflüsse haben nämlich zur Folge, daß die kumulierte Bedarfsdeckung und damit letztlich der "Marktanteil" des Testproduktes im Haushalts-Panel tendenziell zu hoch ausgewiesen werden. Das genaue Ausmaß dieser Effekte kann wiederum lediglich abgeschätzt werden, da eine exakte Quantifizierung faktisch unmöglich ist.

(8) Saisoneinflüsse

In Warengruppen mit ausgeprägten saisonalen Umsatzschwankungen müssen zunächst die während der Testdauer aufgetretenen Saisonspitzen oder -tiefs bei der Hochrechnung der Ergebnisse berücksichtigt werden. Dies betrifft in besonderem Maße Marktexperimente, deren Laufzeit deutlich weniger als ein Jahr beträgt. Theoretisch denkbar wäre weiterhin, daß die Umsatzentwicklung im Testgebiet anderen Saisoneinflüssen als im Gesamtmarkt unterliegt. Im Gegensatz etwa zu den USA dürfte dieses Phänomen in der Bundesrepublik aufgrund ihrer relativ geringen geographischen Ausdehnung allerdings zu vernachlässigen sein.

Abschließend betrachtet sollte man sich stets dessen bewußt sein, daß die meisten der eben genannten Korrekturfaktoren mangels verfügbarer Informationen und/oder geeigneter Meßmöglichkeiten auf subjektiven Schätzungen beruhen (müssen). Als Ausweg aus diesem Dilemma bietet sich an, die Berechnungen jeweils mit mehreren Schätzvarianten durchzuführen (wie etwa einer pessimistischen, einer durchschnittlichen und einer optimistischen Distributionsentwicklung), um hieraus die Auswirkungen auf die Spannweite der Hochrechnungsergebnisse zu erkennen.

D. Der praktische Einsatz von elektronischen Minimarkttests in der Bundesrepublik Deutschland

Im Anschluß an die eher theoretischen Erörterungen der beiden vorhergehenden Kapitel B und C stehen in diesem Abschnitt die von der Marktforschungspraxis entwickelten Realisationen des Minimarkttest-Konzeptes im Mittelpunkt der Betrachtung. Dazu sollen zunächst in einem kurzen "historischen" Abriß die Anfänge der bundesdeutschen Minimarkttest-Forschung aufgezeigt werden. Mit dem "Minimarkt" von Attwood, dem "Pre-Test-Markt" des IVE und dem "ERIM-Panel" der GfK gehen wir dabei auf diejenigen Verfahren ein, die als die ersten Vorläufer der späteren elektronischen Minimarkttests anzusehen sind.

Den Schwerpunkt dieses Kapitels bildet jedoch die Darstellung der bislang einzigen elektronischen Minimarkttests in Deutschland, des "GfK-Behavior-Scans" und Nielsen's "Telerim", die den gegenwärtigen Stand der Minimarkttest-Forschung repräsentieren. Die beiden Instrumente werden dabei aus Anwendersicht einer kritischen Bewertung unterzogen, die die jeweiligen Stärken und Schwächen der konkurrierenden Systeme offenlegen soll.

I. Vorläufer

1. Attwood's "Minimarkt"

Der "Minimarkt" gelangte Ende der 60er Jahre durch das britische Attwood-Institut nach Deutschland. Nach der Übernahme der bundesdeutschen Attwood-Tochter durch Infratest wurde dieses Instrument dann von der G&I in den 70er Jahren als sogenanntes "Flop-Warnsystem" weitergeführt. Die vornehmliche Zielsetzung dieses Verfahrens bestand darin, die Verbraucherakzeptanz bzw. die Marktchancen von Neuprodukten unter möglichst wirklichkeitsnahen Bedingungen zu überprüfen.

Charakteristisch für den "Minimarkt" war, daß er nicht fest in einem bestimmten Gebiet installiert wurde, sondern fallweise in verschiedenen kleineren, abgegrenzten Regionen (wie etwa Siedlungen, Randgemeinden oder geschlossenen Ortsteilen) mit i.d.R. weniger als 5000 Einwohnern eingesetzt werden konnte. Der Testablauf selbst beinhaltete mehrere Stufen.[1]

Zunächst wurden vom Marktforschungsinstitut im Testgebiet nach Möglichkeit alle für den Abverkauf in Frage kommenden Einkaufsstätten mit den Testprodukten bestückt, wobei der Handel als Gegenleistung für seine Mitarbeit eine entsprechende Vergütung

---

1 Vgl. hierzu und im folgenden Rehorn, J.: Testen mit dem "Minimarkt", in: Marketing-Journal, 5. Jg., Heft 4, 1972, S. 333 ff.; derselbe: Labortestmarkt und Minitestmarkt - Alternativen zum Überprüfen von Marktchancen, a.a.O., S. 54 ff.

erhielt. Aufgrund der geringen Zahl der Geschäfte konnte die gesamte Bevorratungsaktion innerhalb kürzester Zeit abgewickelt werden.

Im Anschluß daran galt es, die Verbraucher im Testgebiet auf das Testprodukt aufmerksam zu machen. Dies geschah im "Minimarkt" primär mit Hilfe von Direct-Mailings, d.h. es wurden - zumeist in mehreren Wellen - Informationsbriefe, Prospekte, Probemuster und/oder Coupons zum verbilligten Einkauf des Testproduktes direkt an die Haushalte in der Testregion versandt. Darüber hinaus konnten natürlich auch in den kooperierenden Einkaufsstätten bspw. Verkaufsförderungsaktionen zur Steigerung des Bekanntheitsgrades bzw. der Erstkaufsrate des Testproduktes durchgeführt werden.

Die Erfassung der Abverkäufe des Testproduktes erfolgte in den Handelsgeschäften durch das traditionelle Audit-Verfahren. Dagegen wurden die zur Beurteilung der Marktchancen des Testproduktes weitaus wichtigeren Verbraucherdaten ausnahmslos mit Hilfe persönlicher Interviews bei einer repräsentativ ausgewählten Haushaltsstichprobe im Testgebiet erhoben. Die Befragungsthemen umfaßten größtenteils Angaben zum Kaufverhalten (Erst- und Wiederkauf des Testproduktes, Einkaufsmengen, etc.), Auskünfte über Kaufmotive (Gründe für Kauf bzw. Nichtkauf) und nicht zuletzt eine detaillierte Beurteilung des Testproduktes (Likes und Dislikes, etc.). Aus dieser Vielzahl von Daten wurde dann im letzten Schritt eine Erfolgsprognose für das Testprodukt abgeleitet.

In der Bundesrepublik Deutschland hat sich der "Minimarkt" als Instrument der Testmarktforschung mangels Kundeninteresses nicht durchsetzen können. Als Gründe hierfür dürften wohl hauptsächlich die doch gravierenden Schwachstellen des Verfahrens in Betracht kommen, wie etwa die völlig atypische Werbeansprache der Verbraucher sowie die von der Methodik her äußerst umstrittene Erhebung von Kaufverhaltensdaten durch Ad-hoc-Befragungen.[2]

2. IVE's "Pre-Test-Markt"

Dieses Minimarkttest-Konzept stammte ursprünglich aus England, wo es unter der Bezeichnung "Mini-Test-Market" auch zuerst eingesetzt wurde. Als dieses Instrument dann 1970 vom Hamburger "Institut für Verbrauchs- und Einkaufsforschung" (IVE) auf deutsche Verhältnisse übertragen werden sollte, zeigte sich jedoch rasch, daß hierzu gewisse Modifikationen erforderlich waren. Das englische System, das auf wöchentlichen Bestellungen von knapp 1.500 Test-Haushalten aus einem monatlich erscheinenden und

2 So erbrachten bspw. die Untersuchungen von Wind/Lerner und Schwarz teilweise erhebliche Diskrepanzen zwischen den Ergebnissen von Ad-hoc- und Panel-Befragungen. Vgl. Wind, Y./ Lerner, D.: On the measurement of purchase data: Surveys versus purchase diaries, in: JoMR, Vol. 16, No. 1, Feb. 1979, S. 39 ff. und Schwarz, S.: Zur Genauigkeit der Messung des Einkaufsverhaltens, a.a.O., S. 138 ff.

etwa 1.500 Artikel umfassenden Farbkatalog und der anschließenden Lieferung der Waren basierte, erwies sich hierzulande primär aufgrund der unterschiedlichen Mentalität deutscher Hausfrauen effektiv als nicht praktikabel.[3]

Das IVE schloß daher einen Kooperationsvertrag mit einem regionalen Einzelhandelsunternehmen ab, das mit zeitweise bis zu dreizehn mobilen SB-Supermärkten ein Gebiet zwischen Hamburg und Lübeck abdeckte. Jeder dieser "rollenden Läden" mit einer Verkaufsfläche von 12 - 15 qm bot ein umfassendes Food- und Nonfood-Sortiment von etwa 2.500 Artikeln. Versorgt wurden damit - mehrmals in der Woche nach einem festen Termin- und Tourenplan - insgesamt bis zu 3.000 Haushalte.

Um die Reaktionen der Verbraucher auf die im regulären Sortimentsumfeld plazierten Testprodukte messen zu können, wurde vom Marktforschungsinstitut innerhalb der Stammkundschaft dieser "rollenden Supermärkte" eine nach soziodemographischen Kriterien repräsentative Panelstichprobe mit über 1.000 Haushalten angeworben. Jeder dieser Panel-Haushalte erhielt eine individuelle Kenn-Nummer, die bei den Einkäufen jeweils in die Registrierkasse eingegeben und zusammen mit den Artikelnummern und Preisen der gekauften Waren (Testprodukte wie auch Konkurrenzmarken) auf dem Kassenstreifen ausgewiesen wurde.

Die Auswertung der Kassenstreifen durch IVE lieferte dann Informationen, die eine Beurteilung der Erfolgsaussichten des Testproduktes im Gesamtmarkt ermöglichen sollten. Hierzu zählten bspw. Erstkaufs- und Wiederkaufsraten des Testproduktes, durchschnittliche Einkaufsmengen der Test-Haushalte sowie Käuferstrukturanalysen.

Trotz gewisser Vorteile gegenüber dem Attwood-Verfahren (z.B. Panelmethode anstelle von Ad-hoc-Befragungen) wies der "Pre-Test-Markt" dennoch eine Reihe von Schwachpunkten auf (wie etwa die stark eingeschränkten Werbemöglichkeiten oder die kaum als repräsentativ zu bezeichnenden Einkaufsbedingungen), weshalb das Instrument bereits seit mehreren Jahren wieder vom Markt verschwunden ist.

3. "GfK-ERIM-Panel"

Die Testanlage dieses Verfahrens wurde bereits Anfang der 70er Jahre vom französischen Marktforschungsinstitut "Emploi Rationnel de l'Informatique en Marketing"

---

3 Zu einer detaillierten Erläuterung des englischen Systems vgl. Pymont, B.C.: The development and application of a new micro-market testing technique, in: Proceedings of the 23rd ESOMAR Congress, Barcelona 1970, S. 201 ff.; Charlton, P./ Ehrenberg, A.S.C./ Pymont, B.C.: Buyer behavior under mini-test conditions, in: Journal of the Market Research Society, Vol. 14, No. 3, July 1972, S. 171 ff. Ausführliche Beschreibungen der deutschen Variante finden sich bei Carl-Zeep, A.: Mini-Test-Market (Praktiziert in der BRD), in: I&A, 4. Jg., Heft 5, 1977, S. 112 f., Weissman, A./ Adlwarth, W./ Ruppert, U.: Neuere experimentelle Testverfahren zur Überprüfung der Marktchancen von Konsumgütern, a.a.O., S. 24 f. und Huppert, E.: Der Testmarkt und drei Alternativen, a.a.O., S. 608.

(ERIM) entwickelt und 1977 in Deutschland von der GfK übernommen. Das sogenannte "GfK-ERIM-Panel"[4] befindet sich - im Gegensatz zu den beiden oben beschriebenen "Vorläufern" - heute noch im praktischen Einsatz.[5]

Beim "GfK-ERIM-Panel" handelt es sich im Prinzip um eine Kombination aus Store-Test und Haushalts-Panel. Die GfK arbeitet dazu - auf der Basis langfristiger Kooperationsvereinbarungen - heute mit insgesamt vier größeren, regional gestreuten Einzelhandels-Betrieben[6] zusammen, die an ihren Standorten jeweils über eine starke Marktstellung verfügen und teilweise bereits mit Scannerkassensystemen ausgerüstet sind. Im Einzugsbereich der Testgeschäfte wurden darüber hinaus jeweils etwa 600 Haushalte angeworben, die in ihrer soziodemographischen Struktur weitgehend den Verhältnissen in der Bundesrepublik entsprechen und zudem - nach eigenen Angaben - den überwiegenden Teil ihres Haushalts-Bedarfs in einem der Testgeschäfte decken.

Damit das Einkaufsverhalten der insgesamt 2.400 Panel-Mitglieder erfaßt werden kann, müssen diese bei jedem Einkauf im Testgeschäft eine ihnen vom Marktforschungsinstitut zugewiesene Identifikationskarte mit einer Kenn-Nummer vorlegen. Die Haushalts-Nummer wird dann mit Hilfe der Kasse registriert und auf dem Kassenbon separat ausgedruckt. Bei der späteren Auswertung der Kassenrollen durch die GfK lassen sich dann über den EAN-Code bzw. über eine Kombination aus Verkaufspreis und Warengruppenspeicher[7] alle Testprodukte sowie deren Konkurrenzmarken identifizieren und den einzelnen Test-Haushalten zuordnen.

Die Basisdaten des "GfK-ERIM-Panels" auf Verbraucherebene (Erstkaufs- und Wiederkaufsraten des Testproduktes, Käuferstruktur, Einkaufsintensität, etc.) entsprechen im wesentlichen denen des "Pre-Test-Marktes" des IVE. Ergänzt werden sie durch einige handelsspezifische Auswertungen. Hierzu zählen insbesondere die Ermittlung von Abverkäufen, Verkaufsanteilen und Umschlagsgeschwindigkeiten.

Abgesehen von einigen u.E. eher geringfügigen Restriktionen[8] weist das "GfK-ERIM-Panel" zwei grundlegende Problembereiche auf: Zum einen geht durch die Beschränkung auf jeweils nur ein einziges Testgeschäft pro Ort zwangsläufig derjenige Teil der gesamten Haushalts-Einkäufe, der nicht im Stammgeschäft getätigt wurde, für Auswer-

---

4 Zur Methodik des "GfK-ERIM-Panels" vgl. Roiger, K.-H.: GfK-Mini-Testmarktpanel, in: I&A, 4. Jg., Heft 5, 1977, S. 111 f.; o.V.: Maßband für Werbeerfolg, in: LZ, 38. Jg., Nr. 13, 27.3.86, S. F 18; Wenzel, W.: HÖR ZU und elektronische Medien im Test, in: Blickpunkte, o.Jg., Heft 7, 1984, S. 22 f.

5 Die GfK verfügt mittlerweile über "ERIM-Panels" in der Bundesrepublik, in Österreich, in den Niederlanden und in der Schweiz.

6 Die Testgeschäfte (momentan ein SB-Warenhaus und drei Verbrauchermärkte) befinden sich in Nürnberg, München, Hannover und Berlin.

7 Vgl. hierzu auch Abbildung 25 in Kapitel D.II.3.2.1.

8 Vgl. hierzu Bolch, U.: GfK-ERIM-Panel: Erste Bestandsaufnahme, in: I&A, 7. Jg., Heft 3, 1980, S. 131.

tungszwecke verloren, wobei das genaue Ausmaß dieses Coverage-Problems zwar von Warengruppe zu Warengruppe variieren, aber dennoch insgesamt nicht unbeträchtlich sein dürfte. Zum anderen kann im "ERIM-Panel" die TV-Werbung nicht zu Testzwecken eingesetzt werden. Die Möglichkeiten der Bekanntmachung eines Testproduktes beschränken sich vielmehr auf Instore-Maßnahmen, Handzettel und einmontierte Testanzeigen in der wöchentlich gratis an die Test-Haushalte abgegebenen Zeitschrift "HÖR ZU".

Trotz dieser Mängel sind mittlerweile allein in der Bundesrepublik Deutschland bereits weit über 100 ERIM Tests abgeschlossen worden, von denen die meisten (etwa zwei Drittel) der Überprüfung neuer Produkte dienten.[9] Die bislang durchgeführten bzw. veröffentlichten Validierungen deuten dabei auf eine hohe Prognosegenauigkeit des Verfahrens hin[10], was durch die nach wie vor intensive Nutzung des Instruments seitens der Markenartikelindustrie ja auch indirekt bestätigt wird.

II. Gegenwärtige Systeme

In den beiden folgenden Abschnitten soll dem Leser zunächst ein grober Überblick über die Entwicklung und die Testanlage der Minimarkttest-Konzepte "BehaviorScan" (GfK) und "Telerim" (Nielsen) verschafft werden. Dieser vorerst noch getrennten Betrachtung schließt sich dann im zweiten Schritt eine detaillierte Analyse der Instrumente in Form einer vergleichenden Gegenüberstellung der relevanten Systemkomponenten an.

1. "GfK-BehaviorScan"

1.1. Entwicklung

Ausgangspunkt für die Konzipierung dieses Verfahrens war letztlich die Zielsetzung, die beiden gravierendsten Mängel des "ERIM-Panels" - die unzureichende Coverage und die fehlende TV-Komponente - zu überwinden. Da ein solcher Methodenfortschritt in vertretbarer Zeit nicht aus eigener Kraft realisierbar erschien, ging die GfK eine Kooperation mit einem der maßgeblichen Pioniere auf dem Gebiet der Minimarkttest-Forschung ein, der amerikanischen "Information Resources, Inc." (IRI). Dieses Institut, das Ende 1979 seine ersten beiden elektronischen Minitestmärkte unter der Bezeichnung

---

9 Weitere ERIM-Tests hatten bspw. die Erfolgsprognose für Relaunches oder die Überprüfung der Abverkaufswirkung bestimmter kommunikationspolitischer Maßnahmen (Werbung, Verkaufsförderung) zum Inhalt.

10 Hierbei handelt es sich um insgesamt 21 Fälle, wobei die Abweichung zwischen Prognosewert und späterem tatsächlichem Marktergebnis maximal 17 Prozent betrug. Im Durchschnitt waren es sogar nur 6,5 Prozent! Bei den übrigen ERIM-Tests konnten - offensichtlich aufgrund von Änderungen der Produktkonzeptionen oder aufgrund nicht erfolgter Markteinführungen - keine Validierungen vorgenommen werden.

"BehaviorScan" in den USA installierte[11], ist in den vergangenen elf Jahren seit seiner Gründung zu einem der größten Marktforschungs-Unternehmen der Welt aufgestiegen.

Im Rahmen der sogenannten "Arbeitsgemeinschaft GfK-BehaviorScan" lieferte IRI hauptsächlich das Know-how und die technischen Anlagen für den Einsatz seines "Targetable TV"-Systems[12] in Deutschland, während GfK und G&I auf der anderen Seite ihre Erfahrungen im Bereich der Handels- und Verbraucherpanel-Forschung einbrachten.[13]

Um das amerikanische "BehaviorScan"-Konzept jedoch hierzulande überhaupt verwirklichen zu können, galt es zunächst, ein geeignetes Testgebiet zu finden, das die folgenden vier Voraussetzungen zu erfüllen hatte:

- Anschluß einer ausreichenden Zahl von Haushalten an ein Breitbandkabelnetz der Deutschen Bundespost
- Eine vor allem im Hinblick auf Kaufkraftströme isolierte Lage
- Kooperationsbereitschaft möglichst aller relevanten Einkaufsstätten
- Keine extremen Abweichungen vom Bundesgebiet in den Strukturmerkmalen (Soziodemographie, Kaufkraft, etc.)

Speziell durch das erste Kriterium wurden die Auswahlmöglichkeiten faktisch auf die vier Kabelpilotprojekte in Berlin, Dortmund, Ludwigshafen/Vorderpfalz und München eingeschränkt, da die Versorgung mit Kabelanschlüssen anderswo auch in absehbarer Zeit noch viel zu gering sein würde. Nicht zuletzt aus Zeitgründen entschied man sich schließlich für die Region Ludwigshafen, wo nämlich bereits am 1.1.1984 und damit z.T. erheblich früher als in den übrigen Städten[14] der Startschuß zum ersten deutschen Kabelversuch mit einem Angebot von 19 Fernseh- und 23 Hörfunk-Programmen fiel.[15] Innerhalb des Verbreitungsgebietes dieses Kabelpilotprojektes war es dann der Ort Haßloch, der den geforderten Bedingungen insgesamt am nächsten kam.

---

11 Zur Entwicklung des amerikanischen "BehaviorScan"-Systems vgl. Smith, R.S.: BehaviorScan: Yesterday, today and tomorrow, in: Proceedings of the Advertising Research Foundation Key Issues Workshop, New York, December 16, 1983, S. 86 ff. und Schumer, F.: The new magicians of market research, a.a.O., S. 73 f.

12 Vgl. dazu die Ausführungen in Kapitel B.IV.2.1.

13 Vgl. hierzu z.B. Litzenroth, H.A./ Twardawa, W.: GfK-BehaviorScan: Wirkungsforschung im Testmarkt, in: Blickpunkte, o.Jg., Heft 9, April 1985, S. 28.

14 München folgte am 1.4.1984, Dortmund am 1.6.1985 und Berlin erst im September 1985.

15 Vgl. o.V.: Der lange Weg zum Erfolg, in: asw, 27. Jg., Heft 3, 1984, S. 78 ff.
Während der dreijährigen Laufzeit des Ludwigshafener Pilotprojektes stieg im Versuchsgebiet, das insgesamt etwa 170.000 Haushalte umfaßt, die Zahl der tatsächlich angeschlossenen Kabel-Teilnehmer von anfänglich 1.200 (1.1.1984) auf über 70.000 Haushalte (31.12.1986) an.

Nach umfangreichen Vorarbeiten konnte im Frühjahr 1985 die erste Systementwicklungsstufe des "GfK-BehaviorScan" in Betrieb genommen werden. Sie beinhaltete ein in den Monaten zuvor angeworbenes repräsentatives Verbraucher-Panel mit jeweils etwa 1.000 verkabelten und nicht verkabelten Haushalten[16], deren Einkäufe in den teilweise bereits mit Scannerkassen ausgerüsteten fünf Testgeschäften durch die Vorlage der schon im "ERIM-Panel" eingesetzten Identifikationskarten registriert wurden. Testwerbung im Fernsehen ließ sich ab diesem Zeitpunkt zwar bereits schalten, jedoch vorerst ausschließlich durch reguläre Buchung in insgesamt vier lokalen Privatsendern.[17] Die unverkabelten Test-Haushalte, die diese Programme ja nicht empfangen konnten, fungierten dabei als Kontrollgruppe.

Aufgrund einiger Probleme vorwiegend technischer Natur und den damit verbundenen zeitlichen Verzögerungen[18] ist die Implementierung der zweiten und endgültigen Systementwicklungsstufe erst im Frühjahr 1987 vollständig abgeschlossen worden. Die Stichprobengröße des Verbraucher-Panels wurde in der Zwischenzeit um weitere 1.000 verkabelte Haushalte aufgestockt und beläuft sich nun auf insgesamt 3.000 Haushalte. Die entscheidenden Vorteile dieser zweiten Entwicklungsstufe bestehen jedoch darin, daß mittlerweile zum einen die Adaption des "Targetable TV"-Systems auf deutsche Verhältnisse erfolgreich abgeschlossen werden konnte und zum anderen auch von den öffentlich-rechtlichen Sendeanstalten ARD und ZDF die Genehmigungen zur Überblendung von regulärer Fernsehwerbung durch Testspots erteilt wurden. Dadurch ist es nun möglich, individuell gebildeten Testgruppen unter Einbeziehung sämtlicher relevanter TV-Kanäle Testwerbung zuzuspielen, während die jeweilige Kontrollgruppe das normale Programm sieht.

1.2. Testanlage

Elektronische Minimarkttests wie das hier beschriebene "GfK-BehaviorScan" können u.E. ohne Übertreibung als die bislang perfekteste Verwirklichung des "Single-source-Ansatzes" in der Testmarktforschung bezeichnet werden, da sämtliche zur Beurteilung eines Testproduktes herangezogenen Daten aus einem einzigen, relativ eng begrenzten und zudem weitgehend isolierten Testgebiet stammen. Hinzu kommt, daß durch das

---

16 Als äußerst vorteilhaft erwies sich dabei der Umstand, daß es sich bei dem im Testgebiet gelegenen SB-Warenhaus Massa um ein ehemaliges Testgeschäft des "GfK-ERIM-Panels" handelte, wodurch etwa 600 Test-Haushalte von vorneherein zur Verfügung standen.

17 Hierbei handelte es sich um die Programme "EPF", "Lokalfenster im SAT 1", "Movie Channel 1" und "Musicbox", deren Reichweite auf das Verbreitungsgebiet des Kabelpilotprojektes begrenzt war.

18 Vgl. dazu Litzenroth, H.A.: Neue Marktforschungsinstrumente durch den Einsatz hochentwickelter Technologien, a.a.O., S. 55 f.

kombinierte Verbraucher- und Handels-Panel[19] nicht nur ein umfassendes Datenspektrum bezüglich der Test-Haushalte (wie etwa deren Kaufverhalten, Medianutzung, Soziodemographie, etc.) erfaßt wird, sondern zusätzlich auch eine Vielzahl von Kausal- bzw. "Reason-why"-Daten aus dem Bereich der Testgeschäfte - und das in einer annähernd natürlichen, aber dennoch kontrollierten Testsituation. Eingesetzt wird das "GfK-BehaviorScan" hauptsächlich zur Prognose der Marktchancen von neuen oder geänderten Produkten, aber auch (und in immer stärkerem Maße) zur feldexperimentellen Überprüfung der Verkaufswirksamkeit vorwiegend kommunikationspolitischer Marketing-Maßnahmen.

Die Rekrutierung des Haushalts-Panels schien in Haßloch zunächst nicht unproblematisch zu sein, da dort insgesamt nur etwa 19.000 Einwohner in rund 8.500 Haushalten leben, von denen ja immerhin 3.000 und damit mehr als jeder dritte anzuwerben waren. Aufgrund der relativ geringen Arbeitsbelastung der Panelteilnehmer, die sich - abgesehen von einer einmal im Jahr stattfindenden schriftlichen Haushaltsbefragung - auf das Vorzeigen der Identifikationskarte in den Testgeschäften beschränkt, und eines attraktiven Anreiz- und Motivationssystems (kostenlose "HÖR ZU", Erstattung der monatlichen Kabelgebühren, etc.) erwiesen sich die Schwierigkeiten beim Aufbau und auch bei der späteren Erhaltung einer repräsentativen Panelstichprobe tatsächlich bislang als nicht so gravierend wie ursprünglich befürchtet worden war.

Um die Zielsetzung der GfK - die möglichst vollständige Erfassung der Einkäufe der Test-Haushalte - erreichen zu können, mußte im Testgebiet Haßloch jedoch zunächst versucht werden, die damals von der Umsatzbedeutung her relevanten sieben Einkaufsstätten zu einer längerfristigen Zusammenarbeit im Rahmen eines Handels-Panels zu bewegen. In Haßloch ist dies bis auf zwei Ausnahmen gelungen. Während mit dem Lebensmitteldiscounter ALDI aber zumindest noch eine eingeschränkte Kooperationsvereinbarung[20] getroffen werden konnte, verweigerte der Drogeriemarkt Schlecker dagegen völlig die Teilnahme.

19 Vgl. hierzu und im folgenden GfK-Testmarktforschung GmbH (Hrsg.): GfK-BehaviorScan: Experimenteller Mikro-Testmarkt mit Targetable TV zur Optimierung des Marketing-Mix - Detailbeschreibung und Fallstudien, Nürnberg, April 1988, S. 2 ff.; Zentes, J.: EDV-gestütztes Marketing: Ein informations- und kommunikationsorientierter Ansatz, Berlin u.a. 1987, S. 149 ff.

20 ALDI stellt zwar keine Regalflächen zur Plazierung von Testprodukten zur Verfügung, gewährt der GfK aber immerhin Einblick in seine Abverkaufszahlen. Um eine Identifizierung der ALDI-Daten zu verhindern, dürfen diese von der GfK im Rahmen der Berichterstattung an testende Hersteller aber ausschließlich in aggregierter Form zusammen mit mindestens zwei anderen Marken ausgewiesen werden.

Hinzugekommen sind zwischenzeitlich zwei im Jahre 1988 neu eröffnete Einkaufsstätten, so daß das Handels-Panel derzeit die folgenden sieben Geschäfte umfaßt (Stand: Sommer '89):[21]

1 SB-Warenhaus (Massa) mit etwa 9.000 qm Fläche im LEH-Bereich

2 Supermärkte (Coop) mit 400 und 480 qm Fläche

2 Discounter (Penny und Lidl) mit 390 und 430 qm Fläche

1 Lebensmittelgeschäft (Nutzkauf) mit 290 qm Fläche

1 Drogeriemarkt (Idea) mit 420 qm Fläche

Das regelmäßige Vorzeigen der Identifikationskarten in diesen Testgeschäften - als eine weitere elementare Voraussetzung für eine ausreichend hohe Coverage - wird nicht zuletzt durch die laufende Kontrolle des Einkaufsverhaltens jedes einzelnen Test-Haushaltes mit Hilfe von Einkaufsfrequenzlisten sichergestellt. Weist ein Haushalt über einen bestimmten Zeitraum andauernd zu geringe Einkäufe auf[22], erhält er ein Erinnerungsschreiben. Ändert er daraufhin sein Verhalten immer noch nicht, wird er aus der Panelstichprobe eliminiert und durch einen strukturgleichen Haushalt aus der Panelreserve ersetzt.

Zur werblichen Unterstützung eines Testproduktes bzw. zum Abtesten von Werbekonzeptionen steht im Rahmen des "GfK-BehaviorScans" eine Reihe verschiedener Medien zur Verfügung:

- Fernsehen (ARD, ZDF, RTL plus und SAT 1)
- Publikumszeitschrift ("HÖR ZU")
- Tageszeitung ("Die Rheinpfalz")
- Supplement ("Illustrierte Wochenzeitung IWZ")
- Plakatanschlagstellen

Darüber hinaus kann ein Testprodukt aber auch in die Handelswerbung der Testgeschäfte (in der Tageszeitung, Kundenzeitschriften, Anzeigenblättern und auf Handzet-

---

21 Die GfK beziffert den Anteil, den die kooperierenden Testgeschäfte (incl. ALDI) am LEH-Umsatz in Haßloch haben, auf 90 bis 95 Prozent. Dieser (geschätzte) Wert ist allerdings für manche Warengruppen (wie etwa Waschmittel oder Körperpflege) wegen des Fehlens des äußerst zentral gelegenen Schlecker-Drogeriemarktes zu relativieren!

22 Das Haushalts-Panel im "GfK-BehaviorScan" entspricht in seiner Struktur den nationalen Haushalts-Panels der G&I, woraus sich eine ausgezeichnete Möglichkeit zur Validierung der in Haßloch gewonnenen Einkaufsdaten ergibt.

teln) integriert werden. Als zusätzliche Maßnahmen lassen sich im Testgebiet bzw. in den Testgeschäften zudem Verkaufsförderungsaktionen durchführen.

Für die permanente Kontrolle der Testbedingungen sorgen in Haßloch festangestellte Mitarbeiter der GfK, deren besonderes Augenmerk natürlich den Aktivitäten der maßgeblichen Konkurrenten des testenden Herstellers gilt. Erfaßt werden dabei im Testgebiet bspw. das gesamte Spektrum an Hersteller- und Handelswerbung, Sonderpreisaktionen, Instore-Promotions, etc., die einen Einfluß auf den Abverkauf des Testproduktes haben könnten. Ebenfalls in den Zuständigkeitsbereich der GfK-Mitarbeiter fällt die Regalpflege für die Testprodukte (Preisauszeichnung, Warennachschub, etc.).

Abb. 23 Testanlage des "GfK-BehaviorScan"

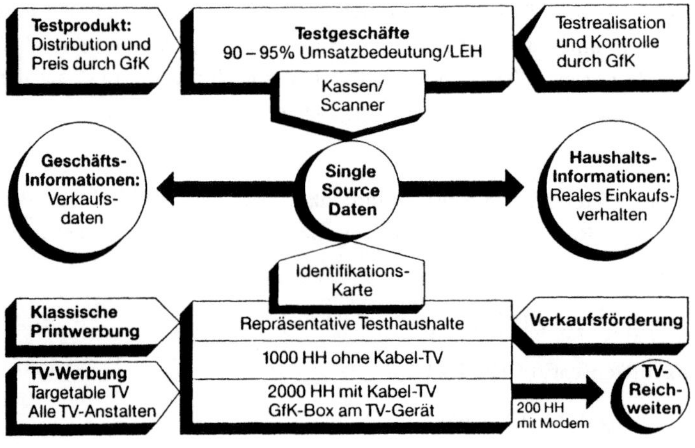

Quelle GfK

2. Nielsen's "Telerim"

2.1. Entwicklung

Wie bereits beim "GfK-BehaviorScan" stand auch bei der Entwicklung des "Telerim"-Konzeptes[23] das französische ERIM-Institut Pate. Um das umfassende methodische Know-how der Franzosen auf dem Gebiet der Minimarkttest-Forschung[24] für seine Zwecke nutzen zu können, ging Nielsen 1982 jedoch einen direkteren Weg als einige Jahre zuvor die GfK, die ja lediglich einen entsprechenden Kooperationsvertrag abgeschlossen hatte: ERIM wurde einfach aufgekauft!

Mit Hilfe der Umsetzertechnik[25] gelang es dann 1983 wiederum in Frankreich, auch das Medium Fernsehen - und zwar ohne Inanspruchnahme von Kabelnetzen - in das ERIM-System zu integrieren.[26] Genau diese Testanlage war es nun, die in den darauffolgenden Jahren bei der Planung und Realisierung des deutschen "Telerim"-Verfahrens als Vorbild diente.[27]

Entsprechend dem ERIM-Konzept suchte Nielsen in der Bundesrepublik zunächst geeignete Teststädte, die einer Reihe von Auswahlkriterien genügen mußten:

- Lage im Sendebereich einer Umsetzeranlage
- Größe zwischen 25.000 und 100.000 Einwohnern
- Keine atypische Bevölkerungs- und Handelsstruktur
- Kooperationsbereitschaft einer im Testgebiet von der Umsatzbedeutung her dominierenden Einkaufsstätte

Im Gegensatz zur GfK, die sich ja auf eine einzige (und zudem wesentlich kleinere) Testregion beschränkte, plante Nielsen den schrittweisen Aufbau von insgesamt vier

---

23 **"Telerim"** steht als Akronym für "Television Electronic Research for Insights into Marketing".

24 In Frankreich sind seit 1972 insgesamt weit über 200 ERIM-Tests (schwerpunktmäßig zur Erfolgsprognose für Neuprodukte) durchgeführt worden, von denen bislang 68 Validierungen veröffentlicht wurden. Die Abweichung zwischen dem ERIM-Prognosewert und dem tatsächlichen Marktergebnis (ein Jahr nach Beginn der nationalen Werbung) betrug dabei in 43 Fällen weniger als 10 Prozent, in 22 Fällen zwischen 10 und 20 Prozent und nur in 3 Fällen mehr als 20 Prozent. Als durchschnittliche Abweichung (über alle 68 Fälle) ergaben sich knapp 7 Prozent! Vgl. dazu Portes, M.J.: Vorhersagen über die Absatzentwicklung neuer Produkte in Frankreich, a.a.O., S. 13; Zepp, R.H.: Telerim - Härtetest für Marketing-Konzepte im realen Umfeld, a.a.O., S. 129.

25 Vgl. dazu Kapitel B.IV.2.1.

26 Zum französischen "ERIM-TV"-System vgl. Huppert, E.: Nielsen Scanning-Dienste, in: Marketing Trends, o.Jg., Heft 2, 1984, S. 19 und 21; Portes, M.J.: Vorhersagen über die Absatzentwicklung neuer Produkte in Frankreich, a.a.O., S. 12 f.

27 Vgl. hierzu und im folgenden A.C. Nielsen Co. (Hrsg.): Telerim: Einsatz des Werbeträgers Fernsehen, Frankfurt, September 1985, S. 3 ff.; dieselbe: Telerim-Testmarketing, Frankfurt, September 1987, S. 2 ff.

elektronischen Minitestmärkten in angemessener Nord-Süd-Streuung, um damit zum einen eventuell vorhandenen regionalen Unterschieden im Konsumverhalten Rechnung zu tragen und zum anderen eine Einteilung der Städte in Test- und Kontrollmärkte vornehmen zu können.

Als erste "Telerim"-Testgebiete wurden schließlich aus einem Kreis potentieller "Kandidaten"[28] die Städte Bad Kreuznach und Reutlingen ausgewählt. Im Anschluß an die Rekrutierung von repräsentativen Haushalts-Panels und einer nachfolgenden, etwa einjährigen Pilotphase (ohne TV-Werbung) konnte dann Mitte 1986 in beiden Regionen endgültig mit der Übertragung von Testspots "over the air" begonnen werden.

In der Zwischenzeit ist - wohl nicht zuletzt aus Konkurrenzgründen - die ursprüngliche Konzeption der "Telerim"-Testanlage, die pro Gebiet jeweils nur ein Testgeschäft und 750 dort einkaufende Panel-Haushalte vorsah, modifiziert worden. So wurden etwa, um die Coverage[29] des Verbraucher-Panels zu erhöhen, zusätzliche Testgeschäfte angeworben und auch die Panelstichprobe auf 1.000 Haushalte pro Ort erweitert. Weiterhin steht seit Anfang 1988 mit Buxtehude ein drittes Testgebiet zur Verfügung, in dem die Übermittlung von TV-Testwerbung nicht - wie in Bad Kreuznach und Reutlingen praktiziert - mit Hilfe von Umsetzeranlagen, sondern via Kabel erfolgt. Die Bemühungen um eine vierte Teststadt haben sich hingegen bislang noch nicht endgültig konkretisiert.

2.2. Testanlage

Nielsen, traditionell eher als Anbieter von Handels-Panel-Informationen bekannt, hat mit dem "Telerim"-Minimarkttest ein Instrument entwickelt, das sowohl Handels- als auch Käuferdaten in die Analysen einbezieht ("Single-source-Ansatz"), wobei die Verbraucherdaten aber eindeutig im Vordergrund des Interesses stehen.[30] Das Verfahren eignet sich primär zum Abtesten der Marktchancen von Neuprodukten oder Produktveränderungen sowie zur Wirkungsmessung von Kommunikationskonzepten und entspricht

---

28 Zur Diskussion standen u.a. noch die Städte Balingen, Hemer, Hildesheim, Limburg und Olpe. Vgl. Raithel, H.: Forschen um jeden Preis, in: Manager Magazin, 15. Jg., Heft 6, 1985, S. 179; Zepp, R.H.: Telerim - Härtetest für Marketing im realen Umfeld, a.a.O., S. 20.

29 Nicht zuletzt wegen der deutlich größeren Testgebiete verwendet Nielsen bei Angaben zur Marktabdeckung stets ein anderes Meßkonzept als die GfK: Bei "Telerim" dient als Bezugsgröße das gesamte Einkaufsvolumen der Test-Haushalte in bestimmten Warengruppen, von dem laut Nielsen - je nach Gebiet - bis zu 90 Prozent über die Testgeschäfte fließen (= Haushalts-Panel-Coverage).
Demgegenüber geht die GfK in ihren Veröffentlichungen ebenso konsequent immer vom gesamten LEH-Umsatz in Haßloch aus, der dann zu 90 bis 95 Prozent auf die Testgeschäfte entfällt (= Handels-Panel-Coverage).
Die Coverage-Werte sähen in beiden Fällen aber wesentlich schlechter aus, wenn die Institute jeweils das Meßkonzept des Konkurrenten zugrunde legen müßten!

30 Vgl. hierzu und im folgenden Zepp, R.H.: Testmärkte und Testmarkt-Alternativen, in: Media Spectrum, o.Jg., Heft 5, 1988, S. 14 ff.; Lindemann, G.W./ Zepp, R.H.: Telerim: Härtetest im Markt - ein NIELSEN Forschungsprojekt, in: Blickpunkte, o.Jg., Heft 10, 1985, S. 21 ff.

damit - zumindest von den Testzielen her - weitgehend dem "GfK-BehaviorScan". Die Erfassung der Einkäufe der Test-Haushalte erfolgt in den Testgeschäften wiederum durch die Vorlage von Identifikationskarten mit Haushalts-Nummern, die dann vom Scanner gelesen bzw. manuell in die Kasse eingegeben werden.[31]

Einen Überblick über Größe und Panelstruktur der momentan im Einsatz befindlichen "Telerim"-Minitestmärkte bietet das nachstehende Schaubild:

Abb. 24 **Strukturmerkmale der "Telerim"-Märkte Bad Kreuznach, Reutlingen und Buxtehude**

	BAD KREUZNACH	REUTLINGEN	BUXTEHUDE
Einwohnerzahl	40.000	95.000	33.000
Größe des Haushalts-Panels	1.000 Haushalte	1.000 (+ 500) Haushalte	1.000 (+ 1.000) Haushalte
Teilnehmer am Handels-Panel	1 SB-Warenhaus mit 5.900 qm (Plaza) 1 Verbrauchermarkt mit 1.000 qm (Mini Mal) 2 Supermärkte mit 900 und 400 qm (HL) 2 Discounter mit 400 und 300 qm (Penny) 1 Drogeriemarkt mit 300 qm (Idea) + Impulskaufstätten o Kioske o Bäckereien o Tankstelle	1 SB-Warenhaus mit 11.800 qm (Plaza)	1 SB-Warenhaus mit 8.000 qm (SUBA) 2 Verbrauchermärkte mit 1.400 und 1.300 qm (Heller & Pfennig; Mini Mal) 2 Discounter mit jeweils 300 qm (Penny) + Impulskaufstätten o Kioske o Bäckereien o Tankstelle
Übertragung der TV-Testwerbung	via Umsetzer	via Umsetzer	via Kabel

Quelle A.C. Nielsen Co.

Der Anteil am gesamten Einkaufsvolumen der Test-Haushalte, der auf die Testgeschäfte entfällt, variiert aufgrund der unterschiedlichen Besetzung der Handels-Panels in be-

31 Bislang ist in den drei Orten nur ein Teil der Testgeschäfte mit Scannerkassensystemen ausgestattet.

trächtlichem Maße und liegt nach Angaben von Nielsen in Reutlingen bei etwa 60 Prozent und in den beiden anderen Regionen jeweils bei etwa 90 Prozent.[32]

Zu erwähnen ist noch, daß im Testmarkt Reutlingen neben der "normalen" Panelstichprobe von 1.000 Haushalten zusätzlich 500 Haushalte angeworben wurden, die außerhalb der Reichweite des Umsetzers wohnen und daher keine Testspots empfangen können. Dadurch besteht dort die Möglichkeit, Test- und Kontrollgruppe (mit und ohne TV-Testwerbung) innerhalb des gleichen Gebietes zu bilden. Ein beliebiges individuelles Splitten der Test-Haushalte - wie etwa beim "Targetable TV" der GfK - läßt sich jedoch aufgrund der Eigenschaften bzw. Restriktionen der Umsetzertechnik nicht realisieren. Ähnliches gilt für das Testgebiet Buxtehude, wo die Erweiterung der Panelstichprobe um eine Kontrollgruppe mit 1.000 nichtverkabelten Haushalten Ende 1988 abgeschlossen werden konnte.

Zur Schaltung von Testwerbung bieten sich in den "Telerim"-Märkten folgende Medien an:

- Fernsehen (allerdings nur das ZDF)
- Publikumszeitschrift ("HÖR ZU")
- Tageszeitung (jeweils lokale Titel)
- Anzeigenblätter
- Handzettel

Die Beobachtung und Registrierung laufender Wettbewerbsaktionen[33] innerhalb der Warengruppe des Testproduktes erfolgt - wie schon bei der GfK - in den Testgebieten bzw. in den Testgeschäften durch Institutsmitarbeiter, die hierfür z.T. bereits mobile Datenerfassungsgeräte einsetzen.

---

32 Diese (geschätzten) Werte erscheinen u.E. trotz der Tatsache, daß bei der Rekrutierung der Haushalts-Panels ausschließlich Stammkunden der Testgeschäfte berücksichtigt wurden, nur für die wenigsten Warengruppen realistisch zu sein!

33 Im einzelnen handelt es sich dabei u.a. um Tageszeitungs-, Handzettel- und Schaufensterwerbung, Probenverteilungen, Sonderplazierungen und Sonderpreise.

3. Vergleich beider Systeme

3.1. Testgebiete

3.1.1. Repräsentanz

Bei der Auswahl der Testgebiete wurde von beiden Instituten streng darauf geachtet, daß es sich um keine Regionen mit völlig atypischen Strukturmerkmalen handelt. Positiv hat sich hier bei Nielsen sicherlich nicht zuletzt die Entscheidung zugunsten größerer Teststädte ausgewirkt, was allerdings auf der anderen Seite wiederum zu Lasten der Handelsabdeckung ging und in gewissem Maße auch die Kontrollmöglichkeiten einschränkte. Die GfK legt ihrerseits Wert auf die Feststellung, daß ihr Testgebiet Haßloch trotz seiner vergleichsweise geringen Größe bezüglich Soziodemographie und Kaufkraft annähernd dem Bundesdurchschnitt entspricht.[34]

Die Einbindung Haßlochs in das Kabelpilotprojekt Ludwigshafen/Vorderpfalz wirft dagegen die berechtigte Frage auf, ob die dort gebotene Programmvielfalt im Bereich der elektronischen Medien und das daraus resultierende Medianutzungsverhalten der Bevölkerung noch mit der Situation im Gesamtmarkt vergleichbar sind. Da dieses Problem aber hauptsächlich das Haushalts-Panel berührt, sei an dieser Stelle zunächst lediglich auf das entsprechende nachfolgende Kapitel verwiesen, wo diese Frage dann erneut aufgegriffen wird.

Insgesamt betrachtet ist für Minimarkttests - und speziell natürlich für die beiden hier untersuchten Verfahren - die Forderung nach einem in allen wesentlichen Kriterien[35] repräsentativen Testgebiet nicht aufrecht zu erhalten. Da zudem die Aussagekraft der Testergebnisse in weitaus stärkerem Maße von der Struktur des Haushalts-Panels abhängt, genügt es u.E. vollauf, sich - wie es GfK und Nielsen getan haben - auf Regionen zu beschränken, in denen keine extremen Abweichungen von den Gesamtmarktverhältnissen zu verzeichnen sind.

3.1.2. Isolation

Testgebiete für Minimarkttests sollten idealerweise zum einen in bezug auf Kaufkraftströme, zum anderen aber auch hinsichtlich des Streubereichs der Medien klar abgegrenzt sein.

---

34 So beträgt in Haßloch - in Klammern sind jeweils die entsprechenden Werte für die gesamte Bundesrepublik angegeben - die durchschnittliche Haushaltsgröße 2,65 (2,31) Personen, das durchschnittliche Alter der Hausfrauen 47 (49) Jahre und der Kaufkraftindex 99,1 (100) Prozentpunkte.

35 Hierbei handelt es sich primär um die Bevölkerungsstruktur, die allgemeine Wirtschafts- und Beschäftigungsstruktur, die Handelsstruktur und die Mediastruktur.

Die geographische Lage der Teststädte Bad Kreuznach und Reutlingen in ausreichender Entfernung zur nächsten Großstadt (jeweils über 30 km) sowie ihre Größe (40.000 bzw. 95.000 Einwohner) deuten bereits darauf hin, daß in diesen Orten bei Gütern des täglichen Bedarfs kaum in nennenswertem Umfang mit Kaufkraftabflüssen zu rechnen ist. Die beiden kleineren Kabelgebiete Buxtehude und Haßloch befinden sich demgegenüber zwar im unmittelbaren Einzugsbereich von Großstädten (Hamburg bzw. Ludwigshafen/ Mannheim), für die dortige Bevölkerung und insbesondere natürlich die Test-Haushalte besteht aber dennoch ebenfalls kein Anlaß, zum Kauf von Lebensmitteln, Körperpflegeprodukten, Putz- und Reinigungsmitteln, o.ä. das Testgebiet zu verlassen. Das Vorhandensein sämtlicher wichtiger Betriebstypen des Lebensmitteleinzelhandels - SB-Warenhaus, Verbrauchermarkt, Supermarkt, Discounter und Drogeriemarkt - stellt vielmehr weitgehend sicher, daß ein hoher Prozentsatz des Haushalts-Bedarfs in den relevanten Warengruppen tatsächlich innerhalb der eigentlichen Testregion gedeckt wird.

Die Bedeutung von dauernden Kaufkraftzuflüssen soll im folgenden am Beispiel des GfK-Testortes Haßloch aufgezeigt werden, da sich diese gerade dort relativ einfach nachweisen lassen:

Als erster potentieller Verursacher solcher Störgrößen kommt zunächst die Freizeitanlage "Holiday Park" in Betracht, die etwa fünf Kilometer vor den Toren Haßlochs liegt und pro Jahr weit über eine Million vornehmlich auswärtiger Besucher zu verzeichnen hat. Ob diese Touristen aber dem Lebensmitteleinzelhandel und damit auch den Testgeschäften in Haßloch tatsächlich größere Umsatzzuwächse bescheren, muß u.E. stark bezweifelt werden. Es ist vielmehr davon auszugehen, daß der überwiegende Teil der Gäste ausschließlich den Park aufsucht und weder vorher noch nachher in Haßloch einkauft. Denkbar erschiene allenfalls eine geringfügige Beeinflussung einiger weniger Warengruppen, wie etwa Erfrischungsgetränke oder Süßwaren.

Um einen Umsatzmagneten im wahrsten Sinne des Wortes handelt es sich dagegen bei dem SB-Warenhaus und Testgeschäft Massa, dessen Einzugsbereich in der Tat weit über Haßloch hinausreicht.[36] Dies bedeutet, daß der Massa-Umsatz sich nur teilweise auf die Bevölkerung von Haßloch zurückführen läßt, sondern darüber hinaus auch aus umliegenden Regionen stammt. Die Abverkaufszahlen des Handels-Panels im "GfK-BehaviorScan" sind damit überhöht, was bei der Interpretation der Daten unbedingt berücksichtigt werden muß!

---

36 Im Rahmen des Prüfungsverfahrens zum Fusionsvorhaben von Massa und Asko wurde vom Bundeskartellamt im Februar 1988 festgestellt, daß dieser Massa-Markt im Gebiet Haßloch eine marktbeherrschende Stellung einnimmt. Vgl. o.V.: Kartellamt verlängert Prüfungsfrist, in: Nürnberger Nachrichten, 11.2.1988.

Da das für die Beurteilung der Testprodukte weitaus wichtigere Haushalts-Panel von solchen Kaufkraftzuflüssen jedoch völlig unberührt bleibt, erscheinen u.E. die eben genannten Beeinträchtigungen durchaus noch akzeptabel.

Die Streuung von Print-Testwerbung läßt sich durch den Einsatz regionaler bzw. lokaler Medien (Tageszeitung, Wochenblätter, Handzettel, etc.) und durch die Einmontierung spezieller Anzeigen in die "HÖR ZU" sowohl bei GfK als auch bei Nielsen relativ problemlos auf die Testgebiete bzw. auf die Haushalts-Panels begrenzen.

Bei der Fernseh-Testwerbung gelingt der GfK durch das "Targetable TV" sogar die exklusive Versorgung ihrer verkabelten Test-Haushalte mit Testspots, wodurch Streuverluste vollkommen ausgeschaltet werden. Nielsen überblendet dagegen in Bad Kreuznach und Reutlingen jeweils das gesamte Gebiet, d.h. alle Haushalte im Sendebereich des Umsetzers können die Testwerbung im ZDF empfangen. Eine Beschränkung der TV-Werbung auf die Teilnehmer des Haushalts-Panels oder gar eine individuelle Ansteuerung von Test-Haushalten ist mit dieser Technik nicht möglich. Das gleiche gilt für das Nielsen-Testgebiet Buxtehude, wo die Einspeisung der Testspots an der Kabelkopfstation erfolgt. Von der Fernseh-Testwerbung ausgeschlossen bleiben dort somit lediglich alle unverkabelten Haushalte.

Insbesondere bei Tests von neuen Werbekonzeptionen muß noch das Problem von "Spill-in"-Effekten beachtet werden, d.h. es darf während der Dauer des Marktexperimentes zu keinen Überschneidungen zwischen der Testwerbung und eventuell parallel laufender nationaler Fernseh-, Hörfunk- und/oder Printwerbung des testenden Herstellers kommen. Ein zeitliches Nebeneinander von "alter" und "neuer" Werbung im Testgebiet würde die Testergebnisse nämlich völlig wertlos machen und ist daher unter allen Umständen zu vermeiden. Als äußerst nachteilig erweist sich hier in beiden Testsystemen die fehlende Einbeziehung des Hörfunks sowie die u.E. völlig unzureichende Abdeckung des gerade in Deutschland extrem wichtigen Werbeträgers Publikumszeitschrift.[37] Die potentielle Gefahr von "Spill-in"-Effekten ist in den "Telerim"-Märkten sogar noch etwas größer als in Haßloch, da die GfK dort mit ARD, ZDF, SAT 1 und RTL plus immerhin die vier wichtigsten Anbieter von TV-Werbung überblenden darf, während Nielsen lediglich mit dem ZDF eine entsprechende Übereinkunft treffen konnte.

37 Es sind allerdings sowohl bei Nielsen als auch bei der GfK Bestrebungen im Gange, das Spektrum der für Testwerbung einsetzbaren Titel zu erweitern.

3.2. Testsamples

3.2.1. Handels-Panel

Beim Aufbau der Handels-Panels in den "BehaviorScan"- und "Telerim"-Minitestmärkten verfolgten GfK und Nielsen relativ unterschiedliche Coverage-Zielsetzungen. Während die GfK von Anfang an die vollständige Marktabdeckung ihres Testgebietes auf Handelsseite anstrebte und nicht zuletzt deshalb auch eine kleinere Testregion wählte, versuchte Nielsen zunächst jeweils nur die dominierende Einkaufsstätte einzubinden und erst später das Handels-Panel schrittweise um zusätzliche Testgeschäfte zu erweitern. Eine vollständige Marktabdeckung à la GfK war in den "Telerim"-Märkten jedoch niemals vorgesehen und dürfte aufgrund der Größe der Städte auch schwerlich zu verwirklichen sein.

So umfaßt das Handels-Panel in Bad Kreuznach bspw. momentan sieben von insgesamt über zwanzig bedeutenden Einkaufsstätten, in Reutlingen besteht das Handels-Panel bislang sogar nur aus einem einzigen Testgeschäft, dem allerdings äußerst umsatzstarken SB-Warenhaus Plaza. Die GfK konnte demgegenüber mit Ausnahme von Schlecker und ALDI in Haßloch tatsächlich sämtliche relevanten Lebensmitteleinzelhandelsgeschäfte zu einer Kooperation bewegen.[38] Die potentielle Gefahr, daß Einkäufe der Test-Haushalte für Auswertungszwecke verloren gehen, da sie außerhalb des Handels-Panels getätigt werden, ist damit bei Nielsen - auch angesichts der seit Jahren sinkenden Einkaufsstättentreue[39] - wesentlich größer als bei der GfK.

Ein weiteres Problem aus dem Bereich des Handels-Panels liegt darin, daß es beiden Instituten bislang noch nicht gelungen ist, in den Testgeschäften für eine komplette "Verscannerung" zu sorgen. So setzen bspw. in Haßloch gerade zwei der sieben Panelteilnehmer - mit Massa und Penny allerdings auch die wichtigsten - Scannersysteme ein, während die übrigen Geschäfte noch mit traditionellen Kassen arbeiten.[40] In diesen Einkaufsstätten müssen deshalb bei der Preisauszeichnung der Testprodukte und der zusätzlich zu beobachtenden Konkurrenzmarken Spezialetiketten verwendet werden, um zu gewährleisten, daß diese Produkte beim Kassieren vom Handelspersonal erkannt und gesondert erfaßt werden. So sind bspw. im "GfK-BehaviorScan" die Kassen der Testge-

---

38 Eine hundertprozentige Marktabdeckung erscheint u.E. aufgrund einiger bedeutender Handelsunternehmen (wie z.B. ALDI, Norma oder Schlecker), die kategorisch die Herausgabe bzw. Veröffentlichung von Abverkaufszahlen ablehnen, ohnehin fast nirgendwo mehr möglich!

39 Vgl. z.B. Bürger, J.H./ Berlemann, F.R.: Merchandising: Die Hohe Schule des Handelns im Handel, a.a.O., S. 91.

40 Bei Nielsen betragen die entsprechenden Vergleichswerte für den Grad der "Verscannerung" des Handels-Panels in Bad Kreuznach vier von sieben und in Buxtehude vier von fünf teilnehmenden Einkaufsstätten (jeweils ohne Getränkeabholmärkte und Impulskaufstätten!). In Reutlingen ist das einzige "Telerim"-Testgeschäft ebenfalls bereits mit Scannerkassen ausgerüstet.

schäfte zu diesem Zweck neben den üblichen Warengruppenspeichern zusätzlich mit Testspeicherwerken ausgestattet[41]:

Abb. 25 Erfassung der Abverkäufe von Testprodukten mit Hilfe traditioneller Kassensysteme am Beispiel des "GfK-BehaviorScan"

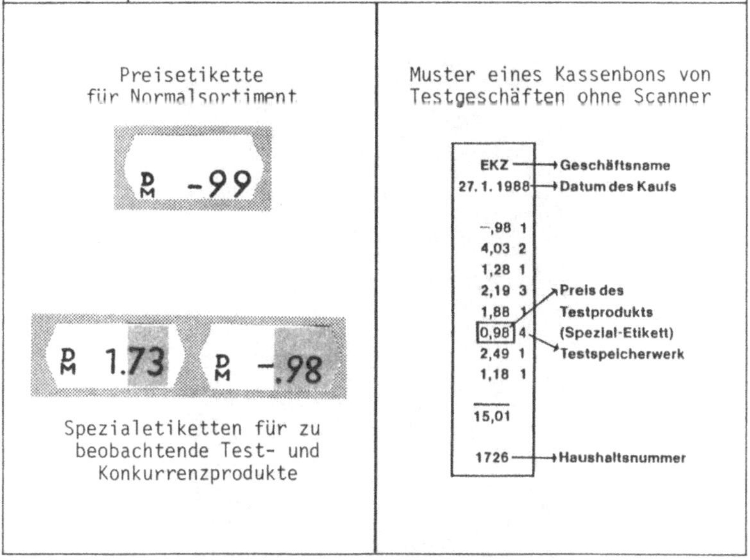

Aus der Kombination von Testspeicher-Nummer und einem unverwechselbaren Endverbraucherpreis lassen sich bei der späteren Auswertung der Duplikate der Kassenbons dann sämtliche Testprodukte und die jeweils zugehörigen Konkurrenzmarken eindeutig identifizieren. Hierzu ist in den meisten Fällen allerdings die Bildung "künstlicher" Preisdifferenzen erforderlich, wie das nachfolgende Beispiel des in drei Geschmacksvarianten abgetesteten neuen Müsli-Riegels "Canyon" der Firma Mars zeigt.[42] Da der an

41 Nielsen arbeitet hier mit einer deutlich verbesserten Methodik: Jedes Testprodukt (sowie die zu beobachtenden Konkurrenzprodukte) erhalten orangefarbene Spezialetiketten mit individuellen zwei- bis sechsstelligen Artikelnummern, die beim Kassiervorgang in die (elektronischen) Kassensysteme eingetippt und gleichzeitig abgespeichert werden. Der Abruf der zugehörigen Endverbraucherpreise erfolgt dabei automatisch mit Hilfe des "Price-look-up"-Verfahrens. Durch diese Vorgehensweise erübrigen sich im Vergleich zur GfK insbesondere die Bildung künstlicher Preisdifferenzen sowie die aufwendige manuelle Auswertung der Duplikate der Kassenbons.

42 Die Marketing-Konzeption des "Canyon"-Riegels wurde 1987/88 im Rahmen des "GfK-BehaviorScans" überprüft. Nach gewissen Modifikationen (vgl. dazu z.B. Abb. 31 in Kapitel D.II.3.5.) erfolgte dann im März 1988 mit einem Kommunikationsetat von weit über 10 Mio. DM die nationale Markteinführung des Produktes. Vgl. o.V.: Mars knabbert mit "Canyon", in: Horizont, o.Jg., Nr. 12, 1988, S. 6.

sich für jede Sorte vorgesehene Preis von 1,79 DM bereits durch andere Testprodukte "belegt" war, mußte auf ein etwas niedrigeres Preisniveau ausgewichen werden:

Abb. 26 Bildung von "künstlichen" Preisdifferenzen bei Testprodukten

Die Zuordnung der Abverkäufe der Testprodukte zu den einzelnen Test-Haushalten erfolgt dann bei Nielsen wie auch der GfK mit Hilfe der ebenfalls beim Kassiervorgang registrierten Haushalts-Nummer. Da die Verwendung traditioneller Kassensysteme - u.a. wegen der begrenzten Zahl identifizierbarer Produkte - gegenüber den Möglichkeiten der Scannertechnologie nur ein deutlich reduziertes Analyseprogramm zuläßt, sollten beide Institute ihre Anstrengungen darauf richten, die geplante vollständige "Verscannerung" der Testgeschäfte auch tatsächlich in näherer Zukunft zu realisieren!

3.2.2. Haushalts-Panel

Die Anwerbung und Auswahl der Test-Haushalte erfolgte sowohl bei Nielsen als auch bei der GfK mit Hilfe des Quota-Verfahrens. In Frage kamen hierfür jedoch ausschließlich diejenigen Haushalte innerhalb eines Testgebietes, die Güter des täglichen Bedarfs zum überwiegenden Teil in den Testgeschäften kauften. Die GfK konnte dazu auf das im

Rahmen einer Totalerhebung in Haßloch gewonnene Datenmaterial zurückgreifen[43], während bei Nielsen entsprechende Kurzinterviews mit interessierten Haushalten in oder vor den Testgeschäften geführt wurden. Zur eigentlichen Quotierung verwendeten beide Institute dann übereinstimmend die soziodemographischen Merkmale "Alter der Hausfrau", "Haushaltsgröße" und "Haushaltsnettoeinkommen", deren Verteilungen innerhalb der Haushalts-Panels jeweils weitestgehend an die Verhältnisse in der Bundesrepublik angepaßt wurden.

Die Aufteilung der Gesamtstichprobe ist von GfK und Nielsen dagegen völlig unterschiedlich vorgenommen worden. So verfügt die GfK in Haßloch faktisch zwar über zwei repräsentative Teilsamples (eine Testgruppe mit etwa 2.000 und eine Kontrollgruppe mit etwa 1.000 Haushalten[44]), aber eben nur in einer einzigen Testregion. Nielsen betreibt demgegenüber in seinen bislang drei Testgebieten jeweils ein 1.000er Panel. Diese geographische Streuung seiner Test-Haushalte kommt Nielsen natürlich speziell in Warengruppen mit regionalen Verbrauchsabweichungen voll zugute. Die GfK bietet in solchen Fällen lediglich die Möglichkeit, zusätzlich die Haushalte des "ERIM-Panels" in die Testmaßnahmen einzubeziehen (allerdings unter Inkaufnahme der bekannten Restriktionen des ERIM-Konzeptes). Dieser spezifische Vorteil von Nielsen wird jedoch durch die Basisstichprobengröße von nur 1.000 Haushalten pro Gebiet[45] relativiert, die u.E. insbesondere bei Testprodukten mit kleinen Zielgruppen bzw. geringen Käuferreichweiten segmentspezifische Analysen mangels ausreichenden Zellenbesetzungen[46] nahezu unmöglich machen.

Von den zur Registrierung des Einkaufsverhaltens eingesetzten maschinenlesbaren Haushalts-Identifikationskarten geben beide Institute an ihre Panelteilnehmer zunächst jeweils nur eine Karte pro Test-Haushalt aus. Als problematisch erweisen sich bei dieser Vorgehensweise jedoch vor allem Produkte mit Individualcharakter, die überwiegend separat von den einzelnen Haushaltsmitgliedern eingekauft werden (z.B. Körperpflege,

---

43 Vgl. hierzu auch Kapitel B.II.3.

44 Die ursprüngliche Konzeption des "GfK-BehaviorScan" sah als Testgruppe ausschließlich verkabelte und als Kontrollgruppe ausschließlich nichtverkabelte Haushalte vor. Aufgrund der zunehmenden Anschlußdichte im Testgebiet verfügt jedoch mittlerweile auch innerhalb der Kontrollgruppe eine gewisse Zahl ehemals nichtverkabelter Haushalte über einen Kabelanschluß. Die Fernsehgeräte dieser Haushalte werden aber von der GfK nicht mit Konvertern ausgerüstet, so daß sie nach wie vor keine TV-Testwerbung empfangen können!

45 Darüber hinaus stehen Kontrollgruppen in den Testgebieten Buxtehude (1.000 Haushalte ohne Kabelanschluß) sowie Reutlingen (500 Haushalte außerhalb des Sendebereichs des Umsetzers) zur Verfügung.

46 Vgl. hierzu auch das Beispiel in Kapitel B.II.1. (Abb. 2).
Durch Hinzunahme der übrigen Testgebiete läßt sich die Stichprobe momentan zwar durchaus auf bis zu 4.500 Haushalte erweitern, jedoch erschweren u.E. die in den drei Regionen herrschenden unterschiedlichen "Umweltbedingungen" in erheblichem Maße einen Vergleich der gewonnenen Ergebnisse.

Kosmetik oder auch Süßwaren). Im Bedarfsfall sollten daher - neben den Hausfrauen - zusätzlich auch andere Personen im Test-Haushalt mit Karten ausgestattet werden.

Abb. 27 Identifikationskarten der Test-Haushalte (verkleinert)

Zur Motivation ihrer Panel-Haushalte setzen GfK und Nielsen ebenfalls überwiegend die gleichen Hilfsmittel ein. Neben einem wöchentlichen Freiexemplar der Fernsehzeitschrift "HÖR ZU" (mit Testanzeigen!) verdienen hier insbesondere regelmäßig durchgeführte Verlosungen Erwähnung, in denen es u.a. Reisen, Sachpreise und Einkaufsgutscheine zu gewinnen gibt. Die GfK erstattet den Kabel-Haushalten darüber hinaus noch die laufenden Kabelgebühren, was einen nicht zu unterschätzenden finanziellen Anreiz zur Teilnahme und zum längeren Verbleib im Haushalts-Panel des "GfK-BehaviorScan" darstellt. Scheiden dennoch Haushalte aufgrund natürlicher oder gesteuerter Panelsterblichkeit aus der Stichprobe aus, werden sie durch soziodemographisch gleichstrukturierte "Pendants" aus einer jeweils von beiden Instituten unterhaltenen Panelreserve ersetzt.[47]

Abschließend seien am Beispiel des Testgebietes Haßloch noch einige grundsätzliche Problemfelder der Minimarkttest-Forschung aus dem Bereich des Haushalts-Panels erörtert:

Eine Reihe von Konzepten zur Übertragung von Testwerbung im Fernsehen - wie etwa die "Targetable TV"-Technik - basiert auf der Verkabelung der Test-Haushalte. Durch die Lage von Haßloch im Sendebereich eines Kabelpilotprojektes war diese Bedingung zwar relativ leicht zu erfüllen, es ist in diesem Zusammenhang aber zu prüfen, ob diese

47 Nielsen ist hier im Vergleich zur GfK in der günstigen Lage, aufgrund der größeren Testgebiete auf ein wesentlich größeres Potential an Haushalten zurückgreifen zu können. Zur Problematik eines solchen Austauschs von Panelteilnehmern vgl. Kapitel C.IV.3.1.2.

Kabel-Haushalte im Vergleich zur Grundgesamtheit überhaupt als "typisch" bezeichnet werden können oder ob sie nicht vielmehr völlig abweichende Strukturmerkmale aufweisen.[48] Da die Diskussionen zu diesem Thema häufig sehr stark interessengefärbt und teilweise wenig sachlich erscheinen[49], werden hier nur Ergebnisse von u.E. neutralen Studien aus der Begleitforschung zu den deutschen Kabelpilotprojekten[50] herangezogen.

Die ersten Teilnehmer am Kabel-Fernsehen zeigten in der Tat die charakteristischen Eigenschaften von sogenannten "Innovatoren" (wie etwa überdurchschnittliches Bildungsniveau, höherer beruflicher Status, höheres Haushaltseinkommen, etc.).[51] Mit steigender Zahl der Kabelteilnehmer nivellierten sich diese Unterschiede jedoch immer mehr, so daß heute von signifikanten Abweichungen zwischen Kabel- und Nichtkabel-Haushalten kaum noch die Rede sein kann. Eine Ausnahme bildet lediglich eine im Durchschnitt etwas intensivere Fernsehnutzung, deren Ausmaß aber sehr stark von der Dauer des Kabelanschlusses im Haushalt abhängt.[52]

Bezüglich des Einkaufsverhaltens der Kabel-Haushalte stehen der GfK sogar zwei voneinander unabhängige Kontrollinstrumente zur Verfügung: Zum einen das Teilsample mit nichtverkabelten Test-Haushalten in Haßloch selbst, und zum anderen das nationale Verbraucher-Panel der G&I. Eventuelle Verhaltensunterschiede, die bislang allerdings noch nicht zu verzeichnen waren, ließen sich dadurch unmittelbar feststellen.

Abgesehen von der Kabelproblematik ist darüber hinaus grundsätzlich noch zu diskutieren, ob ein in einem Provinzstädtchen rekrutiertes Haushalts-Panel denn überhaupt die doch relativ heterogene Bevölkerungsstruktur der Bundesrepublik Deutschland wider-

---

48 Nielsen ist mit diesem Problem lediglich im Testgebiet Buxtehude konfrontiert.

49 So versuchte bspw. in den USA die A.C. Nielsen Co. durch Untersuchungen nachzuweisen, daß in Minitestmärkten die Beschränkung auf Kabel-Haushalte - wie sie u.a. vom Hauptkonkurrenten IRI praktiziert wird - zu verzerrten Testergebnissen führt. Vgl. z.B. Gold, L.N.: Nielsen shows bias in cable-only testing systems, in: The Nielsen Researcher, o.Jg., No. 3, 1985, S. 31 ff.

50 Vgl. hierzu im Überblick Frank, B./ Klingler, W.: Die veränderte Fernsehlandschaft - 2 Jahre ARD/ZDF-Begleitforschung zu den Kabelpilotprojekten, Band 7 der Schriftenreihe MEDIA PERSPEKTIVEN, Hrsg.: Berg, K./ Kiefer, M.-L., Frankfurt a.M. 1987, S. 159 ff., sowie dieselben: Der zweite "Fernsehmarkt" - Ergebnisse der SWF/ZDF-Kabelpilotforschungen Ludwigshafen/ Vorderpfalz 1984 bis 1986, in: Media Perspektiven, o.Jg., Heft 12, 1986, S. 753 f.

51 Vgl. hierzu die Studie von Bollinger, G./ Kahlert, M.: Kabelpilotprojekt Ludwigshafen: Merkmale erster Teilnehmer, in: Media Perspektiven, o.Jg., Heft 6, 1985, S. 466 ff.
Zu den verschiedenen Adopterklassen sowie allgemein zum Diffusionsprozeß von Neuerungen vgl. Bodenstein, G.: Der Annahme- und Verbreitungsprozeß neuer Produkte - Ein Beitrag zum absatzpolitischen Verhalten des Konsumgüterproduzenten in der Markteinführungsphase, Frankfurt a.M./Zürich 1972, S. 80 ff.

52 Vgl. hierzu die Untersuchung von Landwehrmann, F./ Jäckel, M.: Kabelfernsehen im Urteil der Zuschauer - Ergebnisse aus der wissenschaftlichen Begleitforschung zum Kabelpilotprojekt Ludwigshafen/Vorderpfalz, in: Media Perspektiven, o.Jg., Heft 11, 1986, S. 708.
Nach Angaben der GfK-Fernsehforschung hat sich das Fernsehverhalten von Kabel-Haushalten zwischenzeitlich weiter "normalisiert". Im Vergleich zum Bundesdurchschnitt betrug der Mehrkonsum im IV. Quartal 1988 nur noch 14 Minuten bzw. 8,5 Prozent.

spiegeln kann; und zwar eben nicht nur bezogen auf Kaufkraft und Soziodemographie, die sich ja durchaus mit hinreichender Genauigkeit auch in einem kleineren Testgebiet abbilden lassen. Schwierigkeiten bereiten hier vielmehr die gerade in ländlichen Regionen oftmals vorzufindenden eher traditionellen bzw. konservativen Denk- und Verhaltensmuster. Von Relevanz wären diese Spezifika allerdings erst dann, wenn sie ein vom Bundesdurchschnitt abweichendes Einkaufs- und Markenwahlverhalten zur Folge hätten. Eine pauschale Aussage hierüber ist u.E. jedoch nicht möglich, da das Vorhandensein solcher Unterschiede nicht zuletzt von der betrachteten Warengruppe abhängt. Es sollte deshalb jeder Hersteller, der die Durchführung eines Minimarkttests plant, vor Beginn der eigentlichen Testmaßnahmen anhand der Marktanteile wichtiger Konkurrenzmarken und/oder eigener Produkte in der Warengruppe des Testproduktes einen Vergleich zwischen Gesamtmarkt und Minitestmarkt ziehen und sich bei gravierenden Differenzen die Gründe hierfür von dem jeweiligen Marktforschungs-Institut genauestens erläutern lassen.

3.3. Testmöglichkeiten

Mit der Ermittlung der Marktchancen neuer oder geänderter Produkte sowie der Überprüfung der Wirkung von Marketing-Maßnahmen bieten sich das "GfK-BehaviorScan" und Nielsen's "Telerim" grundsätzlich für die gleichen Aufgabenstellungen an. Was die beiden Verfahren jedoch grundlegend voneinander unterscheidet, ist die Möglichkeit zum Abtesten alternativer Marketing-Konzeptionen.

Dieser Unterschied resultiert primär daraus, daß Varianten bestimmter Marketing-Mix-Komponenten sinnvollerweise weder direkt nebeneinander noch unmittelbar nacheinander in ein und demselben Testgebiet abgetestet werden sollten.[53] Wird dieser Grundsatz nämlich nicht eingehalten, kommt es fast zwangsläufig zu einer gegenseitigen Beeinflussung der zu prüfenden Alternativen, was in der Folge die Interpretation der Testergebnisse zumindest erheblich erschwert, wenn nicht gar ganz unmöglich macht.

Klammert man die Schwierigkeiten, die ein Vergleich zwischen mehreren Testgebieten mit sich bringt, zunächst einmal aus der weiteren Betrachtung aus[54], besitzt das Nielsen-Konzept gegenüber dem GfK-Ansatz in diesem Punkt klare Vorteile. Durch die regionale Streuung der "Telerim"-Städte können momentan theoretisch jeweils bis zu drei verschiedene Konzeptionen parallel und überschneidungsfrei gegeneinander getestet werden, ohne daß wechselseitige Beeinträchtigungen der Testmaßnahmen zu befürchten wären. Die GfK hat dem nur die bereits angesprochene Möglichkeit einer zusätzlichen

53 Betroffen sind hiervon hauptsächlich Produkt- und Packungsvarianten sowie alternative preispolitische Strategien.

54 Vgl. dazu die Ausführungen im nächsten Abschnitt dieses Kapitels.

Einbeziehung der "ERIM"-Märkte entgegenzusetzen, was allerdings kaum als gleichwertig anzusehen ist.

Im Bereich der kommunikationspolitischen Maßnahmen - und zwar insbesondere der Fernsehwerbung - lassen sich hingegen mit Hilfe geeigneter Techniken durchaus überschneidungsfreie Testdesigns auch innerhalb eines einzigen Testgebietes realisieren. Hier war es nun wiederum die GfK, die mit ihrem "Targetable TV"-System in Deutschland Maßstäbe gesetzt hat.[55] Die in Haßloch bereits praktizierbare individuelle Ansteuerung von Panel-Haushalten mit Testspots unter gleichzeitiger Messung des TV-Nutzungsverhaltens[56] kann Nielsen bislang in keiner seiner drei Testregionen bieten. Hinzu kommt, daß die GfK - wie schon mehrfach erwähnt - die vier bedeutendsten deutschen Fernsehanstalten vertraglich eingebunden hat, während Nielsen lediglich mit dem ZDF zusammenarbeitet. Speziell in bezug auf die TV-Werbewirkungsforschung - einer angesichts steigender TV-Werbeetats[57] zunehmend wichtigeren Aufgabe von elektronischen Minimarkttests - ist das "GfK-BehaviorScan" seinem Konkurrenten "Telerim" somit eindeutig überlegen.

3.4. Kontrolle von Störfaktoren

Zur laufenden Beobachtung der experimentellen Rahmenbedingungen in den Minitestmärkten - als eine der Möglichkeiten zur Kontrolle von Störvariablen - setzen sowohl GfK als auch Nielsen zunächst eigene Außendienstmitarbeiter ein, die im Testgebiet bzw. direkt am PoS u.a. relevante Kausaldaten (wie etwa Konkurrenzaktionen, Handelswerbung, etc.) erheben. Bei der GfK wirkt sich hierbei sicherlich positiv aus, daß ihr Testgebiet wesentlich kleiner ist als die von Nielsen zu beobachtenden Regionen. Beide Institute überwachen darüber hinaus kontinuierlich die Struktur und insbesondere natürlich das Einkaufsverhalten ihrer Test-Haushalte. Der GfK kommt dabei zugute, daß sie mit dem nationalen Verbraucher-Panel der G&I über ein ausgezeichnetes Instrument für regelmäßige Plausibilitätskontrollen verfügt.

Deutlichere Unterschiede zwischen "BehaviorScan" und "Telerim" ergeben sich dagegen beim sogenannten Splitting, d.h. der Bildung von strukturgleichen Test- und Kontroll-

---

55 Die aufwendige Technik, die diese Methode erfordert, hat nicht zuletzt dazu beigetragen, daß die Investitionen für die Installation des "GfK-BehaviorScans" trotz der Beschränkung auf nur eine Testregion mit 6 Mio. DM doppelt so hoch waren wie die für Nielsen's "Telerim" (3 Mio. DM). Vgl. Hillebrand, W.: Der Spion aus der Mattscheibe, in: Manager Magazin, 18. Jg., Heft 4, 1988, S. 180 und 183.

56 Die Registrierung der TV-Nutzung in den Test-Haushalten erfolgt im "GfK-BehaviorScan" aus Kostengründen momentan allerdings erst bei einer Substichprobe von knapp 200 Haushalten.

57 So rechnet bspw. die Prognos AG, Basel, in der Bundesrepublik mit einer Verfünffachung des TV-Werbevolumens bis zum Jahre 2000. Vgl. Schrape, K.: Rundfunkmarkt 2000, in: MA, 49. Jg., Heft 12, 1987, S. 564 und o.V.: Inflation der Werbemark?, in: asw, 30. Jg., Heft 12, 1987, S. 50.

gruppen innerhalb der Haushalts-Panels, als der zweiten wichtigen Methode zur Neutralisierung von Störeinflüssen. Die GfK kann dazu in Haßloch auf zwei alternative Konzepte zurückgreifen, wobei allerdings einschränkend anzumerken ist, daß sich diese Splitmöglichkeiten fast ausschließlich für Werbewirkungsmessungen[58] eignen: Eine mögliche Aufteilung ist zunächst bereits dadurch quasi vorgegeben, daß eine Substichprobe von etwa 1.000 Haushalten mangels Kabelanschluß bzw. Konverter keine TV-Testwerbung empfangen kann. Beachtet werden muß dabei jedoch, daß die Strukturgleichheit von Test- und Kontrollgruppe in diesem Fall nur in bezug auf die Soziodemographie gewährleistet ist! Aus methodischen Erwägungen sollte deshalb unbedingt die zweite Variante vorgezogen werden. Es handelt sich hierbei um ein auf der "Matched-Groups"-Technik basierendes Verfahren[59], das eine Übereinstimmung der Gruppen auch hinsichtlich des bisherigen Kaufverhaltens in der untersuchten Warengruppe sicherstellt. Da sich Test- und Kontrollgruppe zudem in einem einzigen, relativ eng begrenzten Gebiet befinden und somit - zumindest größtenteils - auch den gleichen Umwelteinflüssen unterliegen, bietet diese Versuchsanordnung nahezu ideale feldexperimentelle Bedingungen.

Nielsen ist demgegenüber - mit Ausnahme von Reutlingen und Buxtehude - gezwungen, eine räumliche Trennung von Test- und Kontrollgruppe vorzunehmen.[60] Da die Haushalts-Panels in den vorhandenen Testregionen aber nicht in sämtlichen relevanten Warengruppen per se ein annähernd identisches Kaufverhalten aufweisen, bedarf es zur Bildung von zwei strukturgleichen Untergruppen wiederum der Anwendung von Matching-Verfahren. Dies hat jedoch zur Folge, daß für ein konkretes Marktexperiment die ursprüngliche Panelstichprobe von 2 x 1.000 Haushalten i.d.R. nicht mehr vollständig zur Verfügung steht. Als weiterer, aber weitaus schwerwiegenderer Nachteil kommt hinzu, daß die Test- und Kontrollgruppe aufgrund der Zugehörigkeit zu verschiedenen Testgebieten nicht den gleichen Umwelteinflüssen ausgesetzt sind, die ja ebenfalls wichtige Bestimmungsfaktoren des Kaufverhaltens darstellen.[61]

Die Unterschiede zwischen den Versuchsanordnungen, die von Nielsen und der GfK bei der Durchführung von Marktexperimenten eingesetzt werden, verdeutlicht noch einmal die nachfolgende Abbildung:

---

58 Der Schwerpunkt liegt hierbei ganz eindeutig auf Tests von Fernsehwerbung mit Hilfe der "Targetable TV"-Technik.

59 Vgl. dazu die Ausführungen in Kapitel C.IV.3.2.2. sowie Abbildung 12.

60 Denkbar erschiene allenfalls, innerhalb eines Testgebietes Anzeigensplits (etwa mit Hilfe der "HÖR ZU") oder Probenverteilungen an Test-Haushalte so durchzuführen, daß ein Teil der Panelteilnehmer zu Kontrollzwecken von diesen Testmaßnahmen ausgeschlossen bleibt.

61 Als Beispiele hierfür wären etwa abweichende Einzelhandelsstrukturen oder Werbe- und Verkaufsförderungsaktivitäten in den Minitestmärkten zu nennen.

Abb. 28	Bildung von Test- und Kontrollgruppe bei "Telerim" und "GfK-BehaviorScan"

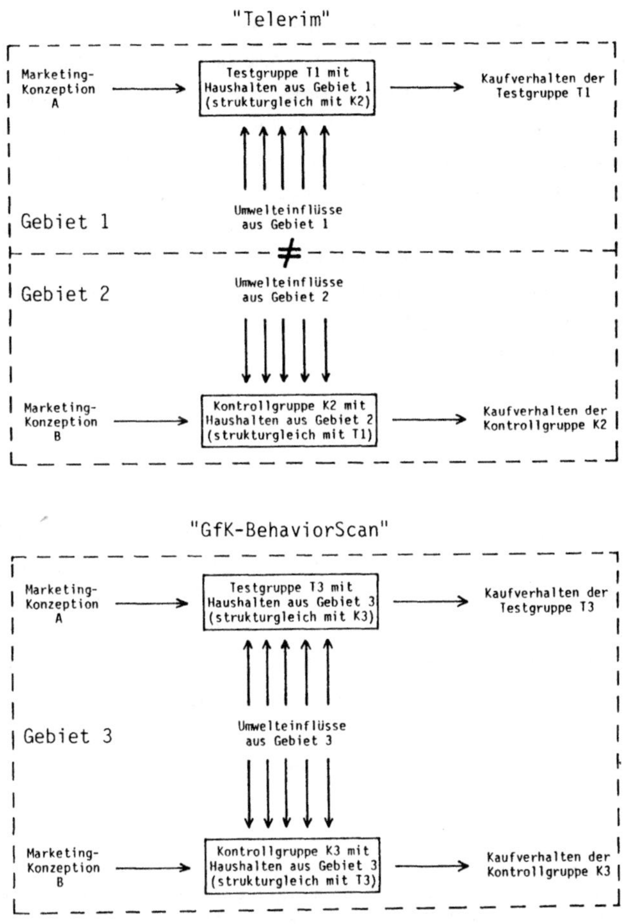

Es ist offensichtlich, daß sich gerade Ursache-Wirkungs-Analysen ceteris paribus mit einem weitaus höheren Genauigkeitsgrad durchführen lassen, wenn Test- und Kontrollgruppe aus dem gleichen Testgebiet stammen. Sicherlich nicht zuletzt deshalb bietet Nielsen seit einiger Zeit in Reutlingen neben dem Kernpanel (mit 1.000 Haushalten) ein zusätzliches Kontrollpanel mit 500 Haushalten an, die außerhalb des Übertragungsbereichs des Umsetzers wohnen und deren Einkaufsverhalten demzufolge als "Maßstab" bei der Überprüfung der Wirkung von TV-Testwerbung herangezogen werden kann. In Buxtehude ist die Rekrutierung eines ähnlichen Kontrollpanels - allerdings mit 1.000 unverkabelten Haushalten - Ende 1988 abgeschlossen worden.

Als gravierende Schwäche einer TV-Werbewirkungsmessung mit Hilfe von Minimarkttests erweist sich hierzulande u.E. aber die Tatsache, daß weder Nielsen noch die GfK den für eine exakte Wirkungsmessung erforderlichen Werbemittelkontakt, d.h. das effektive Sehverhalten der Panelteilnehmer vollständig erfassen. Es kann somit in keinem Marktexperiment festgestellt werden, welche Haushalte denn nun tatsächlich mit welcher Häufigkeit Testspots gesehen haben. Die Bereitstellung solcher TV-Nutzungsdaten scheitert aber nicht etwa an technischen oder juristischen Restriktionen, ausschlaggebend hierfür sind vielmehr allein Kostengründe.[62] Unseres Erachtens würde der Informationsgewinn die entstehenden Kosten jedoch mehr als aufwiegen, weshalb die Investitionen für entsprechende Meßeinrichtungen von beiden Instituten unbedingt noch getätigt werden sollten!

3.5. Bisherige Testergebnisse

Die verhältnismäßig geringe Zahl von bislang etwa einhundert in der Bundesrepublik Deutschland durchgeführten und abgeschlossenen elektronischen Minimarkttests[63] mag den Eindruck erwecken, daß die praktische Relevanz dieses Instruments innerhalb der Testmarktforschung hierzulande vergleichsweise gering ist. Es muß dabei jedoch zunächst berücksichtigt werden, daß sich sowohl "GfK-BehaviorScan" als auch Nielsen's "Telerim" erst seit kurzer Zeit im realen Einsatz befinden. Eine positive Einschätzung der zukünftigen Erfolgschancen von elektronischen Minimarkttests erscheint u.E. aber vor allem deshalb gerechtfertigt, weil sich seitens der potentiellen Anwender eine zunehmende Akzeptanz dieser Verfahren abzeichnet.

---

62 So sind bspw. im "GfK-BehaviorScan" für das zum Abruf der Nutzungsdaten benötigte Modem pro Test-Haushalt und Monat Gebühren in Höhe von 23,50 DM an die Bundespost zu entrichten, was auf die Gesamtstichprobe hochgerechnet einer zusätzlichen Kostenbelastung von weit über einer halben Million DM pro Jahr entspricht. Die GfK erfaßt - wie bereits erwähnt - aus diesem Grunde nur bei einer Substichprobe von knapp 200 Haushalten das Fernsehverhalten, um zumindest grobe Aussagen über die tageszeitspezifischen Reichweiten der einzelnen Programme innerhalb des Haushalts-Panels treffen zu können.
Zur Funktionsweise dieses Meßverfahrens vgl. z.B. Kirschner, G.: Das neue System der GfK-Zuschauerforschung zur Ermittlung des Fernsehverhaltens der westdeutschen Bevölkerung, in: JdAV, 30. Jg., Heft 2, 1984, S. 142 ff.; Landgrebe, K.: Bildschirmbeobachtung - Das System des GfK-Fernsehpanels, in: Viertel-Jahreshefte für Mediaplanung, o.Jg., Heft 4, 1984, S. 15 ff.
Nielsen erhebt dagegen in seinen "Telerim"-Märkten bislang noch überhaupt keine entsprechenden Daten!

63 Davon entfallen etwa sechzig Prozent auf die GfK und vierzig Prozent auf Nielsen. Bei den im ersten Halbjahr 1988 laufenden Tests ist die Relation ähnlich gewesen.

Dies äußert sich vor allem darin, daß in verschiedenen Warengruppen (z.B. Waschmittel oder Süßwaren) schon jetzt die Nachfrage nach elektronischen Minimarkttests das vorhandene Angebot übersteigt, d.h. Nielsen wie auch die GfK sind auf absehbare Zeit ausgebucht.[64]

Das Spektrum der Anwendungsmöglichkeiten beider Instrumente wird nicht zuletzt auch durch die Vielfalt der bislang in die Testmaßnahmen einbezogenen Warengruppen belegt. Es erstaunt dabei vor allem, daß es sich zum Teil um Produktbereiche handelt, die u.E. bspw. wegen langer Wiederkaufzyklen und/oder geringer Käuferreichweiten gar nicht unbedingt für einen elektronischen Minimarkttest geeignet erscheinen (wie etwa Haushaltstücher, Lufterfrischer oder Tiernahrung[65]).

Abb. 29 Warengruppen, in denen von Nielsen und/oder der GfK bereits elektronische Minimarkttests durchgeführt wurden

Alkoholische Getränke	Fruchtsaftgetränke	Schokokekse
Backfolien	Hals- und Rachenbonbons	Schokoriegel
Backmischungen	Handgeschirrspülmittel	Tafelschokolade
Bittergetränke	Haushaltsreiniger	Tiefkühlbaguette
Butter	Haushaltstücher	Tiefkühlgemüse
Cerealien	Kaugummi	Tiefkühlpizza
Damenhygiene	Knabberartikel	Tiernahrung (Hund)
Desserts	Limonaden	Tiernahrung (Katze)
Eiscreme	Lufterfrischer	Trockenfertiggerichte
Feinwaschmittel	Margarine	Vollwaschmittel
Fertigbeilagen	Naßsuppen	Wäscheweichspüler
Fruchtbonbons	Pralinen	Zahncreme
Fruchtsäfte/-nektare	Röstkaffee	Zigaretten

Quelle A.C. Nielsen Co., GfK sowie eigene Erhebungen

Ordnet man die bisherigen Tests nach ihrer Hauptzielsetzung, so wird deutlich, daß Erfolgsprognosen für Neuprodukte bislang ganz eindeutig den Schwerpunkt bilden. Zu

64 Dies rührt vor allem daher, daß beide Institute jede Warengruppe jeweils nur exklusiv an einen einzigen Auftraggeber verkaufen, und zwar i.d.R. auf Halbjahres- oder sogar Jahresbasis.

65 So besaßen etwa nach Angaben der G&I-Forschungsgemeinschaft für Marketing, Nürnberg, im Jahre 1987 10,9 % der bundesdeutschen Haushalte mindestens einen Hund und 11,0 % mindestens eine Katze. Auf einen elektronischen Minimarkttest übertragen bedeutet dies, daß in den Warengruppen Hunde- bzw. Katzennahrung von vornherein nur ungefähr jeder neunte Test-Haushalt für Analysezwecke zur Verfügung steht! Die hieraus resultierenden Fallzahlen (Erstkäufer- und Wiederkäufer-Haushalte des Testproduktes) können natürlich erhebliche Interpretationsprobleme mit sich bringen.

beachten ist dabei jedoch, daß die angegebenen Verteilungen aufgrund der derzeit geringen Zahl an Fällen noch verhältnismäßig instabil sind und sich daher durchaus auch in relativ kurzer Zeit stärker verschieben können. Gerade mit Blick auf die Entwicklung der Minimarkttest-Forschung in den USA ist nämlich in Zukunft auch hierzulande speziell mit einer steigenden Bedeutung der Werbewirkungsforschung zu rechnen. Im "GfK-BehaviorScan" beinhalteten ohnehin bereits knapp zwei Drittel der durchgeführten Marktexperimente den Einsatz von Testwerbung im Fernsehen (vorwiegend unter Anwendung der "Targetable TV"-Technik), während bei Nielsen sogar schon in etwa jedem vierten Fall die eigentliche Hauptzielsetzung des Tests in der Messung der Abverkaufswirkung kommunikationspolitischer Maßnahmen bestand.

Abb. 30 Testziele von Marktexperimenten in Nielsen's "Telerim" und "GfK-BehaviorScan"

	"Telerim" (Basis: 30 Fälle*)	"GfK-BehaviorScan" (Basis: 63 Fälle**)
Überprüfung von Neuproduktkonzeptionen	47 %	54 %
Werbewirkungsforschung (insbes. Kampagnen- und Werbedrucktests)	23 %	16 %
Sonstige Zielsetzungen (Überprüfung von Relaunches, Line extensions, etc.)	30 %	30 %
	100 %	100 %

Stand: Mai 1988

* nur abgeschlossene Tests
** incl. laufende Tests

Quelle A.C. Nielsen Co., GfK sowie eigene Berechnungen

Bei den mittlerweile abgeschlossenen Tests stellt sich natürlich - nicht zuletzt aufgrund der nicht unerheblichen Kosten eines elektronischen Minimarkttests[66] - zwangsläufig auch die Frage nach der Übereinstimmung der (hochgerechneten) Testergebnisse mit

66 Für die Durchführung eines zwölfmonatigen elektronischen Minimarkttests stellen Nielsen und GfK derzeit übereinstimmend zwischen 150.000 und 200.000 DM - je nach Warengruppe und geplantem Umfang der Testmaßnahmen - in Rechnung. Zu beachten ist hierbei allerdings, daß es neben den reinen Marktforschungsaufwendungen natürlich noch weitere Kosten, wie etwa für die Herstellung der Testprodukte oder die Produktion von Testwerbemitteln, zu berücksichtigen gilt!

den vom Testprodukt im späteren Gesamtmarkt tatsächlich erzielten Umsatz- bzw. Marktanteilszahlen. Es hat sich jedoch im Verlaufe der vom Verfasser geführten Gespräche gezeigt, daß zu diesem Punkt - und zwar fast ausnahmslos unter Vorgabe von Geheimhaltungsgründen - weder von seiten der Institute noch der kontaktierten Herstellerunternehmen Auskunftsbereitschaft vorhanden war, so daß über die Vorhersagegenauigkeit der beiden konkurrierenden Minimarkttest-Verfahren derzeit (noch) keine Aussagen getroffen werden können.

In vielen Fällen hätte sich diese Frage aber ohnehin nicht beantworten lassen, da die Situation im Gesamtmarkt u.E. oftmals nicht mehr mit den ursprünglichen Verhaltnissen im Minitestmarkt vergleichbar ist. Verantwortlich hierfür sind allerdings häufig die testenden Hersteller selbst: Entweder werden die Produktkonzeptionen selbst nach Abschluß der Testphase noch einmal überarbeitet oder es wird nur ein Teil der überprüften Varianten überhaupt national eingeführt.

Beispielhaft sei hier die Änderung der Packungsgestaltung des Schokoriegels "Canyon" vorgestellt, der vor seiner endgültigen Gesamtmarkteinführung darüber hinaus sogar noch in der Produktrezeptur modifiziert wurde:

Abb. 31 Minitestmarkt- und spätere Gesamtmarktversion der Packung des Schokoriegels "Canyon"

alte Version | neue Version

Als Ergänzung zu den eher quantitativ orientierten Paneldaten bieten sowohl GfK als auch Nielsen in ihren Minitestmärkten die Durchführung von zusätzlichen Befragungen an. Damit soll wohl vor allem dem bisweilen vorgebrachten Vorwurf begegnet werden, daß im Rahmen von elektronischen Minimarkttests aufgrund fehlender qualitativer Daten nur unzureichende diagnostische Ursachenanalysen möglich seien.[67] Angaben beider Institute zufolge werden in diesem Zusammenhang lediglich Einfragungen ins Haushalts-Panel zu solchen Themenbereichen grundsätzlich abgelehnt, die eine Konditionierung der Test-Haushalte und damit verbundene Änderungen des Kaufverhaltens befürchten lassen (wie etwa markenspezifische Fragestellungen). Sollen solche Inhalte, die natürlich für einen Hersteller außerordentlich wichtige Erkenntnisse bringen können, dennoch erhoben werden, können in den Testgebieten zumindest noch Ad hoc-Befragungen von Verbrauchern - bspw. per Telefon oder direkt in den Testgeschäften (jedoch unter Ausklammerung der Panel-Haushalte!) - durchgeführt werden.[68] Nielsen profitiert hier sicherlich zum einen von der für solche Zwecke günstigeren Relation zwischen Einwohnerzahl und Panelgröße in seinen Teststädten sowie zum anderen von der Tatsache, daß über die Panelmitglieder hinaus sämtliche Haushalte im Übertragungsbereich des Umsetzers bzw. der Kabelkopfstation die Fernseh-Testwerbung empfangen und damit natürlich auch darüber befragt werden können.

---

67 Vgl. z.B. Neibecker, B.: Neue Medien und computergestützte Werbewirkungsanalyse, in: P&A, 12. Jg., Heft 10, 1985, S. 477 ff.

68 Das Prinzip des "Single-source-Ansatzes" wird bei dieser Vorgehensweise allerdings zwangsläufig durchbrochen!

E. Minimarkttest versus Testmarktsimulation: Eine vergleichende Analyse

Abschließend sollen nun die beiden wichtigsten Vertreter der Testmarktersatzverfahren - Minimarkttest und Testmarktsimulation - einer vergleichenden Bewertung unterzogen werden. Viele Hersteller sehen diese Instrumente nämlich eher als substitutiv denn als komplementär an und stehen demzufolge vor einer "Entweder oder"-Entscheidung. Im ersten Schritt gilt es jedoch zunächst, die Grundlagen der Testmarktsimulation abzuleiten, um dem Leser einen tieferen Einblick in die Funktion und Arbeitsweise dieses Instruments zu verschaffen. Dabei wird, insbesondere bei der Darstellung einiger ausgewählter Repräsentanten dieser Gattung von Verfahren, der Schwerpunkt weniger auf eine theoretisch abstrakte, als vielmehr auf eine nutzerorientierte Analyse gelegt. Im Anschluß daran erfolgt dann im zweiten Schritt die eigentliche Gegenüberstellung von Minimarkttest und Testmarktsimulation bezüglich verschiedener Beurteilungsdimensionen, um in der Folge die Stärken und Schwächen dieser beiden Testmarktforschungsinstrumente detailliert herausarbeiten zu können.

I. Grundlagen der Testmarktsimulation

1. Charakterisierung

1.1. Wesensbestimmende Merkmale

Kennzeichnend für einen Testmarktsimulator (oder Labortestmarkt) ist zunächst, daß die Datenerhebung nicht - wie beim regionalen Markttest oder beim Minimarkttest üblich - im realen Markt erfolgt, sondern in einer künstlichen Studiosituation. Simuliert wird dabei der Prozeß der Wahrnehmung sowie des Kauf- und Wiederkaufverhaltens für ein neues Produkt unter Ausschluß der Öffentlichkeit, d.h. insbesondere der Konkurrenz, und unter weitgehend kontrollierten Versuchsbedingungen. Dazu wird eine i.d.R. zielgruppenspezifisch ausgewählte Stichprobe von Verbrauchern im Rahmen eines mehrstufigen Laborexperimentes mit Elementen der Marketing-Konzeption des Testproduktes konfrontiert, wobei die zur Abschätzung der Marktchancen benötigten Informationen durch Befragung und Beobachtung gewonnen werden.

Im Mittelpunkt eines jeden Testmarktsimulators steht vorrangig die Ableitung von Prognosen des künftigen Marktanteils bzw. des zu erwartenden Absatzvolumens des Testproduktes mit Hilfe mathematisch-statistischer Modelle, die zum einen auf simulierten Kauf- und Wiederkaufsakten, Präferenzen und/oder Einstellungen und zum anderen auf extern zu schätzenden Parametern basieren.

Konzipiert wurde die Testmarktsimulation vornehmlich als Instrument des Screenings im Vorfeld der eigentlichen Markttestphase. Labortestmärkte nehmen somit primär eine Filterfunktion zur Identifizierung bzw. Eliminierung wenig erfolgversprechender

Produktideen wahr, die sich in einem regionalen Markttest in dieser Form mit großer Wahrscheinlichkeit nur als teuere Flops erwiesen hätten.

Die Testmarktsimulation umfaßt mittlerweile ein relativ breites Spektrum von Verfahren mit teilweise stark voneinander abweichenden Anforderungen und Testanlagen.[1] So gibt es bspw. Labortestmärkte mit vergleichendem und solche mit monadischem Untersuchungsdesign, das Testprodukt kann den Probanden in einführungsreifer Form oder nur als Rohkonzept in Gestalt einer Abbildung mit ausführlicher Beschreibung vorgelegt werden, und schließlich können sich die Nachfrageprognosen auf "echte" Kaufakte oder lediglich auf geäußerte Kaufabsichten stützen.

1.2. Einordnung der Testmarktsimulation in die Modelle der Nachfrageprognose

Die Verfahren der Nachfrageprognose lassen sich zunächst ganz allgemein in qualitative und quantitative Modelle einteilen. Bei den qualitativen Modellen[2] begründet sich eine Prognose größtenteils auf subjektive, d.h. nicht unmittelbar nachprüfbare Faktoren. Dem mathematisch-statistischen Instrumentarium kommt damit praktisch keine Bedeutung zu. Obwohl Testmarktsimulatoren durchaus - wenn auch in geringem Maße - auf subjektive Schätzungen angewiesen sind (z.B. bezüglich des voraussichtlichen Bekanntheitsgrades und der gewichteten Distribution des Testproduktes im späteren Gesamtmarkt), steht ihre Zuordnung zu den quantitativen Methoden, bei denen die Ableitung von Prognosewerten auf der Basis formaler, mathematischer Modellstrukturen erfolgt, absolut außer Zweifel.

Auszuklammern aus dem Bereich der quantitativen Modelle sind für die weitere Betrachtung die Extrapolationsverfahren[3], die im Prinzip ja lediglich die Prognosevariable, gestützt auf deren Entwicklung in der Vergangenheit, in die Zukunft fortschreiben. Testmarktsimulatoren beziehen demgegenüber explizit Faktoren in die Analysen ein, die die Prognosevariable unmittelbar beeinflussen, woraus sich ihre Zugehörigkeit zu den Strukturmodellen ableitet. Innerhalb dieser Klasse von Verfahren können

---

1 Vgl. hierzu die vergleichenden Darstellungen bei Shocker, A.D./ Hall, W.G.: Pretest market models: A critical evaluation, in: Journal of Product Innovation Management, Vol. 3, No. 3, 1986, S. 88 ff.; Schwoerer, J.: A critical comparison of simulated test market models, in: Proceedings of the 37th ESOMAR congress, Rome 1984, S. 251 ff.; Robinson, P.J.: Comparison of pre-test-market new-product forecasting models, in: Wind, Y./ Mahajan, V./ Cardozo, R.N. (eds.): New-product forecasting - Models and applications, Lexington (Mass.) 1981, S. 187 ff.

2 Einen guten Überblick über qualitative Prognoseverfahren bieten Hüttner, M.: Prognoseverfahren und ihre Anwendung, Berlin/New York 1986, S. 217 ff. sowie Hansmann, K.-W.: Kurzlehrbuch Prognoseverfahren, Wiesbaden 1983, S. 18 ff.

3 Vgl. hierzu bspw. Hammann, P./ Erichson, B.: Marktforschung, a.a.O., S. 168 ff.

dann je nach Aggregationsgrad mikroanalytische und makroanalytische Ansätze unterschieden werden.[4]

Obgleich die Testmarktsimulatoren stets vom individuellen Verhalten der Testpersonen ausgehen und deshalb den mikroanalytischen Modellen zuzurechnen sind, gilt das vornehmliche Interesse letztlich aber dennoch fast ausschließlich der Prognose höher aggregierter Maßgrößen (wie etwa dem Marktanteil des Testproduktes). Entscheidend ist dabei jedoch, daß die eigentliche Datenerhebung auf der Ebene des Individuums stattfindet, und zunächst jede einzelne der möglicherweise sehr heterogen strukturierten Testpersonen den Bezugspunkt für die weiteren Analysen bildet.

Als letztes und relativ eindeutiges Abgrenzungskriterium dient schließlich die Art der einbezogenen Daten, wobei man im allgemeinen zwischen Labordaten und realen Marktdaten unterscheidet. Insgesamt betrachtet lassen sich Testmarktsimulatoren somit als quantitative, mikroanalytische Strukturmodelle charakterisieren, deren Prognosen überwiegend auf im Labor gewonnenen Daten basieren:

Abb. 32 Strukturierung von Modellen der Nachfrageprognose

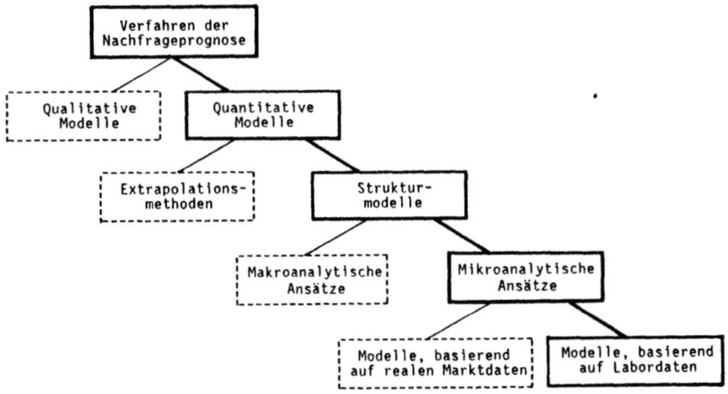

4 Alternative Ansätze zur Klassifizierung von Strukturmodellen finden sich bei Assmus, G.: New product forecasting, in: Journal of Forecasting, Vol. 3, No. 2, 1984, S. 122 ff.; Lunn, T./ Blamires, C./ Seaman, D.: Market modelling, in: Worcester, R.M./ Downham, J. (eds.): Consumer market research handbook, 3rd ed., Amsterdam u.a. 1986, S. 575 ff.; Wind, Y.: A framework for classifying new-product forecasting models, in: Wind, Y./ Mahajan, V./ Cardozo, R.N. (eds.): New-product forecasting - Models and applications, a.a.O., S. 3 ff.

Besondere Erwähnung verdient in diesem Zusammenhang noch, daß es sich bei den später dargestellten Testmarktsimulatoren Designor (bzw. Assessor), Sensor und Tesi[5] um sogenannte konvergierende Testsysteme handelt, die zur Abschätzung der Marktchancen bzw. speziell des Marktanteiles eines Testproduktes mehrere unterschiedliche Methoden parallel heranziehen. Dabei fließen, wie weiter unten noch gezeigt wird, sowohl globalanalytische (S-R) als auch detailanalytische (S-O-R) Modellkomponenten ein.

1.3. Ziele der Testmarktsimulation

Das Hauptanliegen eines jeden Testmarktsimulators besteht generell zunächst darin, dem Marketing-Management eine möglichst umfassende Informationsbasis bezüglich der zukünftigen Marktchancen neuer Produkte zu verschaffen. Im speziellen lassen sich dazu mit den Verfahren folgende Zielsetzungen realisieren:[6]

(1) Prognose des Marktanteils bzw. Absatzvolumens eines Testproduktes

Dieser Prognosewert determiniert das weitere Schicksal des Testproduktes in entscheidendem Maße und besitzt daher eine extrem hohe Bedeutung. Die Testmarktsimulation stützt sich bei seiner Berechnung im wesentlichen auf vier verschiedene methodische Ansätze[7], die z.T. kombiniert bzw. parallel eingesetzt werden, um mehrere unabhängige Schätzungen zu erhalten.

(2) Ermittlung der "Herkunft" des Marktanteils des Testproduktes

Mit Hilfe von Testmarktsimulatoren kann ein Hersteller darüber hinaus feststellen, ob die Marktanteilsgewinne seines neuen Produktes tatsächlich - wie angestrebt - zu Lasten von Konkurrenzmarken gehen oder ob es sich nicht vielmehr größtenteils um reine Kannibalisierungseffekte innerhalb der eigenen Produktrange handelt. Speziell bei Erweiterungen bestehender Produktlinien spielt die Beantwortung dieser Frage eine außerordentlich wichtige Rolle.

---

5 Das Testmarktsimulationsverfahren Assessor, das bereits 1973 von den MIT-Professoren Silk und Urban entwickelt wurde, läuft seit 1986 in Europa aus lizenzrechtlichen Gründen unter der Bezeichnung Designor. Vermarktet wird es in der Bundesrepublik von der Deutschen Gesellschaft für Markt- und Engpaßforschung (M+E) in Frankfurt. Die Labortestmärkte Sensor von Research International (hierzulande vertreten durch die Tochterinstitute IVE, Hamburg, und Marplan, Offenbach) und Tesi von der G&I-Forschungsgemeinschaft für Marketing, Nürnberg, befinden sich seit Anfang der 80er Jahre im praktischen Einsatz. Beide basieren auf dem amerikanischen Assessor-Ansatz, beinhalten aber jeweils eine Reihe von Modifikationen in der Modellstruktur bzw. Erweiterungen um zusätzliche Modellbausteine.

6 Vgl. hierzu bspw. Levine, J.: Pre-test-market research of new packaged-goods products - A user orientation, in: Wind, Y./ Mahajan, V./ Cardozo, R.N. (eds.): New-product forecasting - Models and applications, a.a.O., S. 286; Silk, A.J./ Urban, G.L.: Pre-test-market evaluation of new packaged goods: A model and measurement methodology, in: JoMR, Vol. 15, No. 2, May 1978, S. 173.

7 Vgl. hierzu die Ausführungen in Kapitel E.I.2.3.

(3) Bereitstellung von diagnostischen Informationen über das Testprodukt

Aus den Ergebnissen der Konsumentenbefragungen, die sich i.d.R. ja nicht nur auf das Testprodukt, sondern auch auf die relevanten Konkurrenzmarken beziehen, lassen sich detaillierte Stärken-/Schwächen-Profile des Testproduktes ableiten. Hieraus können sich nicht zuletzt Ansatzpunkte für Verbesserungen der Produktkonzeption ergeben. Von besonderer Bedeutung sind diese Analysen in denjenigen Fällen, in denen der prognostizierte Marktanteil des Testproduktes hinter den Erwartungen zurückgeblieben ist.

(4) Überprüfung von alternativen Marketing-Konzeptionen des Testproduktes

Durch die Aufteilung der Gesamtstichprobe der zu befragenden Testpersonen in gleichstrukturierte Subsamples (Splits) bietet sich zudem die Möglichkeit, Varianten einzelner Komponenten des Marketing-Mix (wie etwa verschiedene Markennamen, Packungen, Preisniveaus oder Werbemittel) gegeneinander zu testen. Aus einer solchen Untersuchungsanlage können dann ebenfalls Erkenntnisse für eine Optimierung des Marketing-Mix gewonnen werden.

Anzumerken bleibt noch, daß Testmarktsimulatoren von den Herstellern durchaus nicht nur zum Abtesten eigener Produkte eingesetzt werden. Es lassen sich vielmehr problemlos (und vor allem unbemerkt) auch Neuprodukte von Wettbewerbern überprüfen[8], sobald diese Marken sich in einem Testmarkt befinden bzw. regional oder national eingeführt sind. Auf diese Weise läßt sich relativ schnell feststellen, welches Erfolgspotential ein neues Konkurrenzerzeugnis besitzt und in welchem Maße eigene Marken davon berührt werden. Bei drohender Gefahr erhält man somit u.U. noch rechtzeitig Gelegenheit, gezielte Gegenmaßnahmen einzuleiten und eventuell sogar selbst ein ähnliches Produkt auf den Markt zu bringen.

1.4. Durchführungsvoraussetzungen

In der Marktforschungspraxis und insbesondere auch zwischen den Anbietern der verschiedenen Simulationsverfahren herrscht weitgehende Übereinstimmung darin, daß sich Labortestmärkte am besten für solche Testprodukte eignen, die aus dem Bereich der markierten kurzlebigen Konsumgüter mit hoher Kauffrequenz stammen und keinen

---

8 So berichten bspw. Crossman und Hayes, daß etwa zehn Prozent der von "Research International" durchgeführten Sensor-Labortestmärkte ausschließlich der Analyse von Konkurrenzprodukten dienten. Vgl. Crossman, S./ Hayes, P.: Simulated test markets - Correct predictions for new products now depend as much on the marketing company as on the market researcher, in: Proceedings of the ESOMAR seminar on new product development, Athen 1983, S. 233 f.

extrem hohen Neuheitsgrad aufweisen.[9] Anwendungen aus anderen Bereichen (wie etwa der langlebigen Gebrauchsgüter, Investitionsgüter oder sogar Dienstleistungen) sind zwar - vor allem aus den USA - bekannt[10], zählen jedoch momentan noch zu den Ausnahmen.

Daneben sollte im Idealfall gewährleistet sein, daß sich das Testprodukt relativ eindeutig in eine bestehende Warengruppe einordnen läßt[11], mit der die Testpersonen vertraut sind und in der sie nach Möglichkeit bereits Produkterfahrung besitzen. Ist dies nicht gegeben, besteht stets die Gefahr, daß die Befragungsergebnisse aufgrund mangelnder Auskunftsfähigkeit der Probanden mit einer gewissen Unsicherheit behaftet sind.

Als weitere wichtige Bedingung für die sinnvolle Durchführung einer Testmarktsimulation gilt es darüber hinaus zu beachten, daß u.E. zumindest die elementaren Teile des Marketing-Mix bereits einführungsreif vorliegen sollten. Insbesondere betrifft dies das Testprodukt selbst (incl. seiner Packung), bestimmte Werbemittel (TV-Spots und/oder Anzeigen) sowie die Preisgestaltung.[12]

2. Grundstruktur der Testmarktsimulation

Das in den folgenden Abschnitten dargestellte Ablaufschema einer Testmarktsimulation liegt im Prinzip sämtlichen bislang entwickelten Verfahren zugrunde. Unterscheiden lassen sich dabei insgesamt drei klar abgrenzbare Testphasen: Die Anwerbung der Testpersonen, die eigentliche Durchführung der Simulation sowie nicht zuletzt die Hochrechnung der Ergebnisse auf die Gesamtmarktebene.

---

9 Vgl. etwa Godfrey, S./ Wilkinson, J.: Predicting the sales potential of new products - A review of current methods and their applicability to different new product types, in: Proceedings of the 36th ESOMAR congress, Barcelona 1983, S. 51 ff.; Blanchard, J./ Hardin, C.: ASSESSOR: 10 years of application. Lessons, evolution and innovations in pre-test marketing, in: Proceedings of the ESOMAR seminar on new product development, Athen 1983, S. 242; Böckenholt, I./ Gaul, W.: New-product introduction based on pre-test market data, in: Proceedings of the EMAC/ ESOMAR symposium on micro and macro modelling, Tutzing, 26.-28. Oktober 1987, S. 79.

10 Vgl. Urban, G.L./ Hauser, J.R./ Dholakia, N.: Essentials of new product management, a.a.O., S. 229 ff.; McCabe English, M.: Test marketing expanding its influence, in: AA, Vol. 56, No. 16, Feb. 28, 1985, S. 17.

11 Gerade bei Produktinnovationen bereitet die Bestimmung des konkreten Konkurrenzumfeldes bzw. des relevanten Marktes erfahrungsgemäß immer wieder große Schwierigkeiten. Als Ausweg bieten sich hier bspw. Simulationsverfahren an, die auf einer streng monadischen Testanlage basieren, wie etwa das in den USA relativ häufig eingesetzte Bases II-Modell von "Burke International". Vgl. hierzu Lin, L.Y.S./ Pioche, A./ Standen, P.: New product sales forecasting - Recent BASES model experiences in Europe and in the United States, in: Proceedings of the 35th ESOMAR congress, Wien 1982, S. 441 ff.

12 Vgl. Erichson, B.: TESI: Ein Test- und Prognoseverfahren für neue Produkte, in: Marketing ZFP, 3. Jg., Heft 3, 1981, S. 206; Hübner, G.W.: SENSOR - Ein Testsystem zur Prognose des Markterfolges neuer Produkte, in: I&A, 9. Jg., Heft 11/12, 1982, S. 472 f.

Im Vorfeld der Datenerhebung sollten jedoch zunächst die mit der Testmarktsimulation angestrebten Ziele (z.B. Überprüfung nur einer oder aber mehrerer Produktvarianten, etc.) verbindlich festgelegt werden. Weiterhin gilt es, in Absprache mit dem auftraggebenden Hersteller die Zielgruppe und - falls in der Testanlage vorgesehen - das Konkurrenzumfeld des Testproduktes zu fixieren. Schließlich muß die Entscheidung zugunsten eines oder mehrerer geeigneter Testgebiete[13] getroffen sowie ein Fragebogen für die Interviews mit den Testpersonen entwickelt werden.

Gerade Fehler, die in der Konzeptionsphase gemacht werden, erweisen sich häufig als äußerst fatal, da sie sich unweigerlich auf die gesamte Untersuchung auswirken und dadurch die Aussagekraft der gewonnenen Testergebnisse in erheblichem Maße beeinträchtigen können.

2.1. Anwerbung der Testpersonen

Die Rekrutierung der Verbraucherstichprobe wird in der Testmarktsimulation fast ausnahmslos mit Hilfe des Quotaverfahrens vorgenommen. Als Strukturmerkmale dienen dabei i.d.R. zum einen soziodemographische Kriterien und zum anderen bestimmte Variablen des Kauf- und Verwendungsverhaltens in der betreffenden Warengruppe. Eventuell bestehenden regionalen Unterschieden in der Verteilung dieser Merkmale kann man durch eine entsprechende Streuung der Testgebiete Rechnung tragen.

Die Probanden werden zumeist in der unmittelbaren Umgebung der Teststudios, bei denen es sich im allgemeinen um angemietete Räume in Hotels, Gaststätten oder Einkaufszentren handelt, "gebaggert". In einem Kurzinterview wird zunächst überprüft, ob die kontaktierten Personen sich überhaupt zur Mitarbeit bereit erklären, und, wenn ja, ob sie der anvisierten Zielgruppe angehören und darüber hinaus die vorgegebene Quotierung erfüllen. Erst daran anschließend erfolgt die Einladung ins Teststudio.

Die Stichprobengröße umfaßt - je nach Verfahren - gewöhnlich zwischen 200 und 400 Personen. "Gesplittete" Untersuchungsdesigns und/oder die Wahl mehrerer Testgebiete können jedoch durchaus auch eine größere Probandenzahl erforderlich machen.

2.2. Durchführung der Simulation

2.2.1. Studiobefragung

Im Teststudio werden sodann im Rahmen von standardisierten Einzelinterviews zuerst die Bekanntheit von Marken sowie detailliert das Kauf- und Verwendungsverhalten in

13 Die meisten Institute bieten hierzu eine Reihe von "Standard-Testgebieten" an, in denen u.a. die erforderlichen Einrichtungen (Teststudios) bereits fest installiert sind.

der Warengruppe des Testproduktes[14] abgefragt. Bezweckt wird damit zum einen die Abbildung des existierenden Marktes (ohne das Testprodukt) sowie zum anderen die Ermittlung des individuellen "relevant set" bzw. "evoked set"[15] für sämtliche Testpersonen.

In der Folge werden dann bei jedem einzelnen Probanden innerhalb seines "relevant set" im Paarvergleich Präferenzmessungen mit Hilfe der sogenannten "Konstant-Summen-Methode"[16] durchgeführt. Einige Testmarktsimulatoren beinhalten darüber hinaus die Bewertung der relevanten Marken anhand vorgegebener Produkteigenschaften, die von den Testpersonen zuvor noch in bezug auf ihre Wichtigkeit einzustufen sind. Am Ende des Eingangsinterviews stehen i.d.R. ergänzende Fragen zu soziodemographischen Merkmalen der Probanden.

Im nächsten Schritt wird nun der erste Kontakt zwischen den Testpersonen und dem Testprodukt hergestellt. Dies geschieht, indem man den Probanden Werbung für das Testprodukt und, bei manchen Verfahren, auch für die relevanten Konkurrenzmarken zeigt. Eingesetzt werden können hierzu entweder TV-Spots oder aber Anzeigenmappen, falls für den späteren Gesamtmarkt die Schaltung von Printwerbung geplant ist. Als Abschluß des "Werbeblocks" lassen sich bei einigen Simulatoren noch diagnostische Fragen zur Überprüfung der Wirksamkeit der Werbung einbauen.

Ist im Ablaufschema des Labortestmarktes eine Kaufsimulation vorgesehen[17], wird zu diesem Zweck im Studio ein Regal eingerichtet, in dem neben dem Testprodukt sämtli-

---

14 Zu den genauen Befragungsinhalten vgl. bspw. Erichson, B.: TESI - Prediction and diagnosis for new products, in: Engelhardt, W./ Hammann, P. (Hrsg.): Arbeitspapiere zum Marketing des Seminars für angewandte Wirtschaftslehre der Ruhr-Universität Bochum, Heft Nr. 20, Bochum 1987, S. 13.

15 Die Begriffe "relevant set" und "evoked set" werden hier - trotz gewisser Unterschiede - synonym verwendet. Sie umfassen nach allgemeinem Verständnis diejenigen Marken, die vom Verbraucher beim Kaufentscheid in einer bestimmten Warengruppe in Betracht gezogen werden.
Zur Abgrenzung der beiden Konzepte vgl. bspw. die Diskussion bei Jacoby, J.: A model of multibrand loyalty, in: JoAR, Vol. 11, No. 3, June 1971, S. 25 ff. und Narayana, C.L./ Markin, R.J.: Consumer behavior and product performance: An alternative conceptualization, in: JoM, Vol. 39, No. 4, October 1975, S. 1 ff.

16 Bei diesem, bisweilen auch als "chip game" bezeichneten Verfahren vergleicht die Testperson jeweils zwei relevante Marken miteinander, indem sie elf "Wertpunkte" (Chips) auf die beiden Marken aufteilt. Durch die Zahl der jeweils zugeteilten Chips kommt zum Ausdruck, wie stark die Testperson eine Marke gegenüber der anderen präferiert.
Vgl. hierzu die Beispiele bei Höger, A.: Werbewirkung im Marken-Positionierungsmodell, in: Holm, K.-F. (Hrsg.): Werbewirkungsforschung - ex ante und ex post, Band 2, Hamburg 1986, S. 31 ff. und Elton, G.: The ASSESSOR laboratory test market model, in: Admap, Vol. 20, No. 1, January 1984, S. 52.
Zu den Grundlagen dieser Methode vgl. Torgerson, W.S.: Theory and methods of scaling, New York u.a. 1958, S. 105 ff.; Axelrod, J.N.: Attitude measures that predict purchase, in: JoAR, Vol. 8, No. 1, March 1968, S. 3 ff.

17 Insbesondere Testmarktsimulatoren mit monadischer Testanlage erfassen lediglich Kaufabsichten der Probanden und führen deshalb keine Kaufsimulation durch. Vgl. z.B. Lin, L.Y.S./ Pioche, A./ Standen, P.: Estimating sales volume potential for new innovative products with case histories, in: Proceedings of the 39th ESOMAR congress, Monte Carlo 1986, S. 159 ff.

che bedeutenden Konkurrenzmarken plaziert sind. Die Konkurrenzprodukte werden dabei mit Preisen ausgezeichnet, deren Relationen in etwa den realen Marktverhältnissen im Testgebiet entsprechen. Den Preis des Testproduktes legt hingegen der Hersteller selbst fest. Als Kaufanreiz wird den Probanden i.d.R. bereits beim Empfang im Studio Bargeld oder ein Gutschein ausgehändigt[18], mit dem sie dann Einkäufe im "Testladen" vornehmen können. Die Käufer des Testproduktes bekommen anschließend zusätzlich noch ein Produkt aus der gleichen oder einer anderen Warengruppe als Geschenk, während den Käufern von Konkurrenzmarken bzw. denjenigen Probanden, die überhaupt nichts kaufen wollten, stets das Testprodukt kostenlos überlassen wird. Durch diese Vorgehensweise ist sichergestellt, daß alle Testpersonen die Möglichkeit haben, das Testprodukt zu Hause auszuprobieren.

2.2.2. Home-Use-Test

Nach der Verabschiedung der Testpersonen, während der bei manchen Verfahren bereits auf die zu einem späteren Zeitpunkt stattfindende Nachbefragung hingewiesen wird, beginnt für das Testprodukt die eigentliche Erprobungsphase, in der die Testpersonen praktische Erfahrungen mit dem Testprodukt sammeln sollen. Im Prinzip handelt es sich dabei um einen klassischen Home-Use-Test, dessen Dauer sich i.d.R. nach der durchschnittlichen Länge des Kaufzyklus in der untersuchten Warengruppe bemißt. Demzufolge kann die hierfür zu veranschlagende Zeitspanne im günstigsten Fall nur wenige Tage, im Extrem aber durchaus auch mehrere Wochen betragen.

2.2.3. Nachbefragung

Gegen Ende der Home-Use-Phase werden dann die Testpersonen erneut kontaktiert. Im Rahmen einer zweiten Befragung, die - je nach Verfahren - telefonisch, per Hausbesuch oder wiederum im Studio durchgeführt wird, werden zunächst die gleichen Themenkomplexe wie bereits im Eingangsinterview (Kauf- und Verwendungsverhalten, Präferenzen, Einstellungen, etc.)[19] erhoben, nun allerdings unter Berücksichtigung des Testproduktes.

---

18 In empirischen Untersuchungen wurde festgestellt, daß Testpersonen beim Einsatz von Bargeld ein wesentlich realistischeres Kaufverhalten im Studio zeigten als bei der Verwendung von Gutscheinen. Vgl. hierzu bspw. Stayman, D.M./ Hagerty, M.R.: Methodological issues in simulated shopping experiments, in: Hirschman, E.C./ Holbrook, M.B. (eds.): Advances in consumer research, Vol. 12, 1985, S. 173 ff.
Die Höhe des ausgezahlten Geldbetrages bzw. der Wert des Gutscheins orientiert sich im allgemeinen am teuersten Produkt in der Kaufsimulation.

19 Die Präferenz- und Einstellungswerte der Nachbefragung bilden in Verbindung mit den entsprechenden Daten aus dem Eingangsinterview u.a. die Grundlage für die Schätzung von Wiederkaufsraten für das Testprodukt. Vgl. hierzu auch die Ausführungen im nächsten Abschnitt.

Darauf folgt im nächsten Schritt entweder eine zweite Kaufsimulation mit allen relevanten Marken der untersuchten Warengruppe, oder es wird den Testpersonen lediglich das Testprodukt nochmals zum Kauf angeboten. Um das bislang gewonnene Datenspektrum abzurunden, besteht abschließend noch die Möglichkeit, bei den Probanden zusätzliche diagnostische Informationen in bezug auf das Testprodukt abzufragen (wie etwa Likes, Dislikes, etc.). Die eigentliche Datenerhebung der Testmarktsimulation ist damit beendet.

2.3. Hochrechnung der Ergebnisse auf den Gesamtmarkt

Die Hauptaufgabe der nun folgenden Auswertungs- und Analysephase eines Labortestmarktes liegt darin, aus dem im Verlaufe der Verbraucherbefragungen gewonnenen Datenmaterial und einer Reihe externer Schätzgrößen möglichst präzise Vorhersagen über die zukünftigen Marktchancen des Testproduktes abzuleiten. In den nächsten Abschnitten werden dazu exemplarisch vier Ansätze vorgestellt, die nicht zuletzt hier in der Bundesrepublik zu den am meisten genutzten Modellen der Marktanteilsprognose im Bereich der Testmarktsimulation gehören und innerhalb der verschiedenen Verfahren z.T. sogar parallel zum Einsatz kommen.[20]

Die Gemeinsamkeiten dieser Modelle bestehen darin, daß sie für das Testprodukt alle den sogenannten Gleichgewichtsmarktanteil[21] ermitteln, und zwar ausnahmslos auf Basis der bereits weiter oben beschriebenen Methode von Parfitt und Collins.[22] Gravierende Unterschiede ergeben sich dagegen bei der Vorgehensweise zur Schätzung des wichtigsten Parameters des Parfitt-Collins-Ansatzes, der Bedarfsdeckungs- bzw. Wiederkaufsrate.

Vorauszuschicken ist an dieser Stelle noch, daß es **das** Kauf-/Wiederkaufmodell oder **das** Präferenzmodell nicht gibt. Die Anbieter von Testmarktsimulatoren haben vielmehr zum Großteil die Modellbausteine ihrer Verfahren im Vergleich zur "Konkurrenz" modifiziert, wobei allerdings die Unterschiede oftmals nur geringfügiger Natur sind. Bei der folgenden Erläuterung der vier Prognoseansätze wird daher jeweils immer auf konkrete Labortestmärkte Bezug genommen.

---

20 Vgl. hierzu auch Kapitel E.I.3.

21 Der Gleichgewichtsmarktanteil wird i.d.R. dann erreicht, wenn sich der Penetrations- bzw. Diffusionsprozeß eines Produktes stabilisiert hat und damit die Wiederkäufer zum Hauptumsatzträger geworden sind. Bei kurzlebigen Konsumgütern mit hoher Kauffrequenz ist dies erfahrungsgemäß etwa ein bis zwei Jahre nach der Markteinführung der Fall.

22 Vgl. hierzu die Ausführungen in Kapitel C.VI.1.1.

2.3.1. Kauf-/Wiederkaufmodell

Die Darstellung des Kauf-/Wiederkaufmodells erfolgt am Beispiel von Tesi, dem Testmarktsimulator der G&I. Charakteristisch für diesen Prognoseansatz ist, daß er zum überwiegenden Teil auf Daten basiert, die im Rahmen der Kaufsimulationen gewonnen werden.[23]

Den Ausgangspunkt für die Schätzung der Käuferpenetration (oder Erstkaufrate) des Testproduktes - als der ersten Komponente des Parfitt-Collins-Modells - bildet die sogenannte bedingte Erstkaufrate C, die sich bei Tesi aus dem Konstrukt des "weitesten Käuferkreises"[24] ableitet. Berücksichtigung findet damit die Tatsache, daß Personen, die das Testprodukt nicht spontan als erstes, sondern erst an zweiter oder späterer Stelle gewählt haben, durchaus auch zu Erstkäufern werden können:

$$(1) \quad C = K(1) + \sum_{r=2}^{r^*} K(r) \cdot d^{r-1}$$

mit $K(1)$ = Anteil der Spontankäufer des Testproduktes

$K(r)$ = Anteil der Testpersonen, die das Testprodukt in der Kaufsimulation an r-ter Stelle wählen

r^* = maximale Größe des "relevant set"

d = Diskontierungsfaktor ($0 \leq d \leq 1$)

Die bedingte Erstkaufrate C muß allerdings aufgrund der idealtypischen Versuchsbedingungen im Studio (100% Distribution und 100% Bekanntheitsgrad für das Testprodukt) relativiert werden. Dazu dient der sogenannte Erreichbarkeitsfaktor E, der von der im Gesamtmarkt zu erwartenden gewichteten Distribution D und dem gestützten Bekanntheitsgrad B des Testproduktes[25] determiniert wird:

$$(2) \quad E = a \cdot D + (1-a) \cdot D \cdot B$$

mit D = erwartete gewichtete Distribution des Testproduktes

B = erwarteter gestützter Bekanntheitsgrad des Testproduktes

a = Gewichtungsfaktor ($0 \leq a \leq 1$)

---

23 Vgl. hierzu und im folgenden Erichson, B.: TESI - Prediction and diagnosis for new products, a.a.O., S. 24 ff.

24 Der "weiteste Käuferkreis" umfaßt neben den Spontankäufern auch diejenigen Probanden, die das Testprodukt erst dann gekauft hätten, wenn das Produkt ihrer Wahl nicht im Testladen verfügbar gewesen wäre.

25 Diese beiden Größen müssen aufgrund ihrer starken Abhängigkeit von den geplanten Vertriebs- und Kommunikationsaktivitäten vom testenden Hersteller extern geschätzt werden.

Durch eine entsprechende Wahl des Gewichtungsfaktors a kommt zum Ausdruck, daß ein gewisser Teil der Erstkäufe eines neuen Produktes alleine durch Distribution, d.h. nur durch das Angebot des Produktes im Handel, ausgelöst wird.

Die eigentliche Penetration (R) ergibt sich nun aus der multiplikativen Verknüpfung der bedingten Erstkaufrate C mit dem Erreichbarkeitsfaktor E:[26]

$$(3) \quad R = C \cdot E$$

Etwas aufwendiger gestaltet sich die Bestimmung des zweiten Parameters der Marktanteilsprognose, der Bedarfsdeckungs- bzw. Wiederkaufsrate W. Das Kaufverhalten der Probanden wird hierzu durch einen Markoff-Prozeß erster Ordnung mit insgesamt zwei Zuständen[27] (Kauf des Testproduktes t oder Kauf eines Konkurrenzproduktes k) abgebildet, dessen Gleichgewichtszustand sich als der zu schätzende Grenzwert der Bedarfsdeckung interpretieren läßt:[28]

$$(4) \quad W = \frac{P_{k,t}}{1 - P_{t,t} + P_{k,t}}$$

mit $P_{k,t}$ = Wahrscheinlichkeit für die Wahl des Testproduktes t, wenn beim vorhergehenden Kauf eine andere Marke gewählt wurde

$P_{t,t}$ = Wahrscheinlichkeit für die Wahl des Testproduktes t, wenn beim vorhergehenden Kauf bereits t gewählt wurde

Die beiden gesuchten Übergangswahrscheinlichkeiten aus obiger Gleichung können nun aus den Ergebnissen der zweiten Kaufsimulation abgeleitet werden:

$$(5) \quad P_{t,t} = K_2(1)$$

mit $K_2(1)$ = Anteil der Spontankäufer des Testproduktes in der zweiten Kaufsimulation

---

26 Bei den Testmarktsimulatoren Sensor und Designor (Assessor) vereinfacht sich die Formel für die Käuferpenetration zu R = K(1) D B, da in diesen Modellen sowohl der Diskontierungsfaktor d als auch der Gewichtungsfaktor a gleich null gesetzt werden. Vgl. Hübner, G.W.: SENSOR - Ein Testsystem zur Prognose des Markterfolges neuer Produkte, a.a.O., S. 474, und Urban, G.L./ Katz, G.M./ Hatch, T.E./ Silk, A.J.: The ASSESSOR pre-test market evaluation system, in: Interfaces, Vol. 13, No. 6, December 1983, S. 43.

27 Zu den Grundlagen und Anwendungsvoraussetzungen Markoffscher Markenwahlprozesse vgl. bspw. Massy, W.F./ Montgomery, D.B./ Morrison, D.G.: Stochastic models of buying behavior, a.a.O., S. 80 ff.; Meffert, H./ Steffenhagen, H.: Marketing-Prognosemodelle: Quantitative Grundlagen des Marketing, a.a.O., S. 100 ff.; Trilck, K.: Zur Optimierung Markoffscher Markenwahlprozesse mit Hilfe der Preispolitik, Wiesbaden 1977, S. 20 ff.

28 Vgl. etwa Urban, G.L.: Perceptor: A model for product positioning, in: Management Science, Vol. 21, No. 8, April 1975, S. 859 f.

$$(6)\quad P_{k,t} = \frac{K_2(*)}{m}$$

mit $K_2(*)$ = weitester Käuferkreis des Testproduktes in der zweiten Kaufsimulation

m = mittlere Größe des "relevant set" in der Stichprobe

Als letzte Komponente des Parfitt-Collins-Ansatzes ist schließlich noch der Intensitätsfaktor Q als Ausdruck für die relative Kaufintensität der Käuferschaft des Testproduktes im Vergleich zur Gesamtstichprobe zu ermitteln. Die hierfür erforderlichen Informationen können allerdings i.d.R. nur durch direkte Befragung der Probanden gewonnen werden. Aufgrund der hierbei auftretenden Meßprobleme verzichten manche Institute bisweilen auf eine explizite Berücksichtigung dieses Faktors bzw. setzen ihn einfach gleich eins.

Dem Kauf-/Wiederkaufmodell kommt im Vergleich zu den nachfolgend dargestellten psychometrischen Modellen eine eher untergeordnete Bedeutung zu, weshalb dieser Ansatz zumeist nur in Kombination mit einem Präferenz- und/oder Einstellungsmodell eingesetzt wird.

2.3.2. Präferenzmodell

Das Präferenzmodell stellt den wohl wichtigsten Ansatz zur Marktanteilsprognose im Bereich der Testmarktsimulation dar und ist demzufolge auch fester Bestandteil fast aller relevanten Labortestmärkte.[29] Im Mittelpunkt des Modells steht die Schätzung der Bedarfsdeckungsrate des Testproduktes aus den im Rahmen des Eingangsinterviews und der Nachbefragung gewonnenen Präferenzdaten der Probanden. Dazu werden im ersten Schritt die mit Hilfe der "Konstant-Summen-Methode" erhobenen Präferenzurteile der Testpersonen in individuelle Kaufwahrscheinlichkeiten transformiert, aus denen dann im zweiten Schritt schließlich die gesuchte Bedarfsdeckungsrate (bzw. Wiederkaufsrate) für das Testprodukt abgeleitet wird.

Dies geschieht auf der Grundlage des sogenannten Logit-Choice-Modells von McFadden.[30] Dieser Ansatz bezieht sich auf Entscheidungssituationen mit einer endlichen Zahl von Alternativen und geht dabei davon aus, daß das Entscheidungsverhalten der Individuen auf Nutzenmaximierung ausgerichtet ist. Unterstellt wird weiterhin eine

---

29 Die Darstellung erfolgt hier am Beispiel der Testmarktsimulatoren Designor (Assessor), Sensor und Tesi.

30 Vgl. McFadden, D.: Conditional logit analysis of qualitative choice behavior, in: Zarembka, P. (ed.): Frontiers in econometrics, New York u.a. 1974, S. 105-142.

stochastische Nutzenfunktion, womit letztlich dann auch das Entscheidungsverhalten stochastisch sein muß.[31]

Bieten sich einem Individuum nun mehrere Entscheidungsalternativen, so errechnet sich die Wahrscheinlichkeit, daß eine bestimmte Alternative x gewählt wird, nach dem multinomialen Logit-Modell wie folgt:

$$(7)\quad P_{ix} = \frac{e^{V_{ix}}}{\sum_{y=1}^{n} e^{V_{iy}}} = \frac{1}{1 + \sum_{\substack{y=1 \\ y \neq x}}^{n} e^{V_{iy} - V_{ix}}}$$

mit P_{ix} = Wahrscheinlichkeit, daß Person i die Alternative x wählt

V_{iy} = Nutzen von Alternative y für Person i ($y = 1, \ldots, x, \ldots, n$)

e = Eulersche Zahl

n = Zahl der Alternativen

Man erkennt sofort, daß die Wahrscheinlichkeit einer Entscheidung zugunsten der Alternative x umso höher ist, je größer der Nutzen von x in Relation zu den Nutzen der übrigen Alternativen ist.

Hiervon ausgehend werden in den Präferenzmodellen der betrachteten Testmarktsimulatoren die individuellen (Wieder-)Kaufwahrscheinlichkeiten für das Testprodukt folgendermaßen ermittelt:[32]

$$(8)\quad P_{i,t} = \frac{(A_{i,t})^{\beta}}{(A_{i,t})^{\beta} + \sum_{k=1}^{n_i} (A_{i,k})^{\beta}}$$

mit $P_{i,t}$ = Wahrscheinlichkeit, daß Person i das Testprodukt nach der Erprobung (Home-use-Test) wählt

$A_{i,t}$ = Präferenzwert von Person i für das Testprodukt

$A_{i,k}$ = Präferenzwert von Person i für eine "relevante" Marke k

n_i = Anzahl der Alternativen im "relevant set" von Person i

ß = Parameter zur Kalibrierung des Modells

Zur Kalibrierung dieser Funktion wird der Parameter ß geschätzt, indem man i.d.R. eine Beziehung zwischen den skalierten Präferenzwerten der etablierten Marken aus dem

31 Vgl. Erichson, B.: Ermittlung von Kaufwahrscheinlichkeiten durch Logit-Analysen, in: Schwarze, J. (Hrsg.): Angewandte Prognoseverfahren, Herne/Berlin 1980, S. 167.

32 Vgl. etwa Wind, Y.: Product policy: Concepts, methods and strategy, a.a.O., S. 424.

Eingangsinterview und den Informationen über die zuletzt gekaufte Marke herstellt.[33] Durch Einsetzen der skalierten Präferenzwerte aus dem Nachinterview in Gleichung (8) ist es dann möglich, für jeden einzelnen Probanden die (Wieder-)Kaufwahrscheinlichkeit für das Testprodukt zu bestimmen. Aggregiert man die individuellen Kaufwahrscheinlichkeiten über alle Testpersonen und bildet das arithmetische Mittel[34], so ergibt sich daraus die gesuchte Wiederkaufsrate (bzw. Bedarfsdeckungsrate) für das Testprodukt:

$$(9) \quad W = \frac{\sum_{i=1}^{N} P_{i,t}}{N}$$

mit $P_{i,t}$ = Wahrscheinlichkeit, daß Person i das Testprodukt nach der Erprobung (Home-use-Test) wählt

N = Anzahl der Personen in der Stichprobe

Die Ermittlung der Käuferpenetration im Präferenzmodell weicht nun zwischen den verschiedenen Labortestmärkten stark voneinander ab. Während Tesi den im Rahmen des Kauf-/Wiederkaufmodells errechneten Wert direkt übernimmt[35], verwenden Designor (Assessor) und Sensor als Schätzgröße den Prozentsatz der Probanden, die das neue Produkt in ihren "relevant set" aufnehmen. Abgeleitet wird dieser Parameter in beiden Verfahren mit Hilfe von linearen Regressionsanalysen.

Als unabhängige Variable dient dazu bei Designor (Assessor) die ungestützte Markenbekanntheit[36], bei Sensor dagegen die in der ersten Kaufsimulation erzielte Kaufrate[37]. Da für die etablierten Marken diese Daten einschließlich der zugehörigen "relevant set"-Anteile bereits aus dem Eingangsinterview bzw. der Kaufsimulation vorliegen, können daraus die benötigten Regressionskoeffizienten bestimmt werden. Durch Einsetzen des vom Hersteller angestrebten ungestützten Bekanntheitsgrades (Designor/Assessor) bzw. der (Erst-)Kaufrate des Testproduktes (Sensor) in die entsprechende Regressionsfunktion ergibt sich dann jeweils der gesuchte Wert.[38]

---

33 Vgl. hierzu Silk, A.J./ Urban, G.L.: Pre-test-market evaluation of new packaged goods: A model and measurement methodology, a.a.O., S. 183 f.

34 Im Testmarktsimulator Tesi werden statt dessen die individuellen Kaufwahrscheinlichkeiten mit den individuellen Kaufintensitäten der Probanden gewichtet. Für den Fall, daß alle Testpersonen die gleiche Konsumintensität aufweisen, entspricht dieser Ansatz jedoch genau der Gleichung (9).

35 Vgl. hierzu die Gleichungen (1) bis (3).

36 Vgl. Silk, A.J./ Urban, G.L.: Pre-test-market evaluation of new packaged goods: A model and measurement methodology, a.a.O., S. 184 f.

37 Vgl. Hübner, G.W.: SENSOR - Ein Testsystem zur Prognose des Markterfolges neuer Produkte, a.a.O., S. 474 und 476.

38 Zur Kritik an dieser Vorgehensweise vgl. Erichson, B.: Testmarktsimulation: Ein Vergleich zwischen TESI und ASSESSOR, unveröffentlichtes Manuskript, Bochum, Oktober 1986, S. 12 f.

Zur Prognose des Marktanteils des Testproduktes fehlt nun lediglich noch der dritte Parameter des Parfitt-Collins-Ansatzes, der Intensitätsfaktor Q. Diese Größe wird - wie bereits bei der Darstellung des Kauf-/Wiederkaufmodells erläutert - im allgemeinen aus den im Rahmen des Eingangsinterviews erhobenen Daten abgeleitet.

2.3.3. Einstellungsmodell

Im Abschnitt 2.2.1. dieses Kapitels wurde bereits kurz angesprochen, daß die Testpersonen in den beiden Interviews die Marken ihres "relevant set" und das Testprodukt anhand verschiedener Produkteigenschaften bewerten müssen. Während diese Daten in den meisten Labortestmärkten aber lediglich diagnostischen Zwecken dienen (Stärken-/ Schwächenprofile, etc.), werden daraus im Testmarktsimulator Tesi mit Hilfe eines Einstellungsmodells zusätzlich noch (Wieder-)Kaufwahrscheinlichkeiten für eine Marktanteilsprognose abgeleitet.[39]

Die Grundlage hierfür bildet das kompensatorische Multiattributmodell von Fishbein[40], das die Ermittlung eines globalen Einstellungswertes A einer Person i gegenüber einer Marke k ermöglicht:

$$(10) \quad A_{ik} = \sum_{j=1}^{n} B_{ikj} \cdot a_{ij}$$

mit B_{ikj} = von Person i wahrgenommene Ausprägung der Marke k auf dem Attribut j

a_{ij} = Wichtigkeit des Attributs j für die Person i

n = Anzahl der vorgegebenen Attribute

Da diese Einstellungswerte bei jedem Probanden sowohl im ersten als auch im zweiten Interview für sämtliche Marken innerhalb seines "relevant set" erhoben werden, kann man - durch eine einfache Normierung der Summe der Einstellungswerte einer Testperson auf eins - skalierte Präferenzwerte für die einzelnen Marken vor und nach der Produkterprobung errechnen.[41]

---

39 Vgl. hierzu Erichson, B.: TESI - Prediction and diagnosis for new products, a.a.O., S. 34 ff.

40 Zu den Grundlagen dieses Modells vgl. Fishbein, M.: An investigation of the relationships between beliefs about an object and the attitude towards the object, in: Human Relation, Vol. 16, 1963, S. 233-239, und Fishbein, M./ Ajzen, J.: Belief, attitude, intention and behavior: An introduction to theory and research, Reading (Mass.)/ Menlo Park (Cal.) 1975.
In der Literatur ist dieser Ansatz allerdings nicht unumstritten. Vgl. etwa die kritischen Anmerkungen bei Kroeber-Riel, W.: Konsumentenverhalten, 3. Aufl., München 1984, S. 195.

41 Zum Zusammenhang zwischen Einstellungen, Präferenzen und Kaufverhalten vgl. bspw. die Untersuchung von Bass, F.M./ Pessemier, E.A./ Lehmann, D.R.: An experimental study of relationships between attitude, brand preferences, and choice, in: Behavioral Science, Vol. 17, November 1972, S. 532 ff.

Aus den Präferenzwerten nach der Produkterprobung werden dann - analog zum Präferenzmodell - individuelle Kaufwahrscheinlichkeiten für das neue Produkt ermittelt, wobei das verwendete Logit-Choice-Modell hier mit den Einstellungswerten vor der Produkterprobung kalibriert wird. Die Bedarfsdeckungsrate des Einstellungsmodells ergibt sich bei Tesi schließlich wiederum durch Summation der individuellen Kaufwahrscheinlichkeiten, nachdem diese zuvor mit den individuellen Kaufintensitäten der Probanden gewichtet wurden.

Die Prognose des Marktanteils des Testproduktes erfolgt - wie bereits erwähnt - auch in diesem Modell nach der Methode von Parfitt und Collins, wobei die Vorgehensweise zur Bestimmung des noch fehlenden Parameters, der Penetrationsrate, exakt derjenigen des Kauf-/Wiederkaufmodells entspricht.

2.3.4. Brand/Price Trade-off-Modell

Ausgangspunkt für die Entwicklung dieses Ansatzes, der zu den elementaren Bestandteilen des Testmarktsimulators Sensor gehört, war das sogenannte Trade-off-Modell.[42] Es beruht auf der Überlegung, daß Konsumenten mit den wahrgenommenen Eigenschaften einer Marke einen bestimmten Nutzen verbinden. Muß eine Person nun zwischen vorhandenen Alternativen, die sich durch spezifische Ausprägungen vorgegebener Eigenschaften auszeichnen, eine Auswahl treffen, sind dabei stets Präferenzen und Verzichte (trade-offs) zu beobachten.

Das Brand/Price Trade-off-Modell als Spezialfall dieses eher allgemeinen Ansatzes untersucht nun ausschließlich die "Bewertung" verschiedener Ausprägungen der Attribute "Marke" und "Preis" durch die Testpersonen, und zwar ausgedrückt durch verbal geäußerte Kaufabsichten. Dazu werden die Probanden gegen Ende der Nachbefragung nochmals mit den Produkten ihres "relevant set" einschließlich des Testproduktes konfrontiert. Für diese Marken sind vorher - i.d.R. bereits in der Konzeptionsphase der Testmarktsimulation - jeweils sechs bis acht Preisstufen festgelegt worden (unter Berücksichtigung der tatsächlichen Preisrelationen zwischen den Produkten). Beginnend mit der niedrigsten Preisstufe wird nun mit den Testpersonen in der Folge nach definierten Regeln[43] eine Reihe von Preiskonstellationen durchgespielt, wobei die Probanden jeweils angeben müssen, welche Marke sie kaufen würden.

---

42 Vgl. hierzu Westwood, R.A./ Lunn, J.A./ Beazley, D.: The trade-off modell and its extensions, in: Journal of the Market Research Society, Vol. 16, No. 3, 1974, S. 227 ff.

43 Nach jeder geäußerten Kaufabsicht wird jeweils nur der Preis der gewählten Marke um eine Stufe erhöht und daran anschließend die Testperson erneut um eine "Kaufentscheidung" gebeten. Diesen Vorgang wiederholt man so lange, bis alle Marken-/ Preiskombinationen durchlaufen sind oder aber der Proband bei einer bestimmten Preiskonstellation nichts mehr kaufen würde. Vgl. hierzu das Beispiel bei Blamires, C.: "Trade-off" pricing research: A discussion of historical and innovatory applications, in: Journal of the Market Research Society, Vol. 29, No. 2, 1987, S. 137 ff.

Für die eigentliche Marktanteilsprognose ist jedoch nur ein Teil der simulierten "Kaufentscheidungen" von Belang. Als Schätzgröße für die Bedarfsdeckungs- bzw. Wiederkaufsrate dient nämlich der Prozentsatz der Probanden, die bei einer bestimmten, als realistisch erachteten Preiskonstellation erklären, das Testprodukt kaufen zu wollen. Um den Einfluß von Preisveränderungen auf die Bedarfsdeckungsrate genauer zu analysieren, bietet das Verfahren darüber hinaus die Möglichkeit, die Preise der Konkurrenzmarken konstant (und zwar auf realem Marktniveau) zu halten und nur den Preis des Testproduktes zu variieren.[44] Nicht unproblematisch erscheint allerdings die hier ohne jegliche Korrekturfaktoren praktizierte direkte Übernahme der geäußerten (und vermutlich deutlich überhöhten[45]) Kaufabsichten der Testpersonen als Kaufwahrscheinlichkeiten.

Als Schätzwert für die Penetrationsrate des Testproduktes wird im Brand/ Price Tradeoff-Modell - analog zur Vorgehensweise im Sensor'schen Präferenzmodell - der Anteil der Probanden herangezogen, die das Testprodukt in ihr "relevant set" aufnehmen. Der Intensitätsfaktor als letzte Komponente des Parfitt-Collins-Ansatzes findet dagegen nur in Ausnahmefällen Berücksichtigung, d.h. er wird i.d.R. gleich eins gesetzt.

3. Gegenüberstellung ausgewählter Testmarktsimulatoren

Die heute fast unüberschaubare Vielfalt an Simulationsmodellen in der Marktforschung gebietet es, hier eine gewisse Auswahl zu treffen. Um eine Vergleichbarkeit der zu betrachtenden Testmarktsimulatoren untereinander, zusätzlich aber auch - quasi auf übergeordneter Ebene - zwischen Testmarktsimulation und Minimarkttest zu gewährleisten, beschränken wir uns hier ausschließlich auf solche Verfahren, die den folgenden Bedingungen genügen:

(1) Das Testprodukt muß für die Durchführung der Simulation in einführungsreifer Form vorliegen.

(2) Die Werbemittel sollten bereits fertig ausgestaltet sein.

(3) Die primäre Zielsetzung liegt in der Prognose der Marktchancen des Testproduktes.

---

44 Vgl. Godfrey, S.: The Sensor simulated test market system, in: Admap, Vol. 19, No. 10, October 1983, S. 539.

45 Diese Annahme wird durch eine Vielzahl von Studien gestützt. Vgl. etwa Morrison, D.G.: Purchase intentions and purchase behavior, in: JoM, Vol. 43, No. 2, Spring 1979, S. 65 ff.; Kalwani, M.U./ Silk, A.J.: On the reliability and predictive validity of purchase intention measures, in: Marketing Science, Vol. 1, No. 3, Summer 1982, S. 244 f.; Sampson, P./ Factor, S.: Pre-test market models: Take 'em or leave 'em, in: The Market Research Society Conference, 1985, S. 291 ff.

Zieht man diese Kriterien nacheinander als Filter heran, engt sich das Spektrum der verbleibenden Simulatoren rasch ein. Die letztliche Entscheidung zugunsten der Modelle Designor, Sensor und Tesi gründet sich darüber hinaus aber auch auf die Tatsache, daß diese Verfahren in der Bundesrepublik zu den am häufigsten genutzten Labortestmärkten gehören.[46]

Die nachfolgende Abbildung 33 vermittelt nun einen Einblick in die Gemeinsamkeiten und Unterschiede der Untersuchungsdesigns der drei ausgewählten Testmarktsimulatoren:

Die Übersicht zeigt recht deutlich, daß Tesi speziell bei der Datenerhebung eine Reihe von Vorteilen auf sich vereint. Zu nennen sind hier insbesondere

- o die fundiertere und auch realistischere Abgrenzung des "relevant set" (Designor und Sensor beziehen nämlich auch solche Marken ein, die der Proband auf keinen Fall wiederkaufen würde),
- o die Verwendung von Bargeld anstelle von Gutscheinen bei den Kaufsimulationen,
- o die zumindest annähernd vergleichbaren Versuchsbedingungen beim Eingangsinterview und der Nachbefragung (beide Male durch persönliche Interviews im Studio),
- o die Durchführung einer "echten" zweiten Kaufsimulation unter Einschluß aller Marken, sowie
- o die vor allem in der Nachbefragung wesentlich größere Stichprobe.

Mit dem Einstellungs- bzw. dem Brand/Price Trade-off-Modell besitzen Tesi und Sensor gegenüber Designor jeweils einen zusätzlichen Modellbaustein und können dadurch einen dritten Schätzwert für den zukünftigen Marktanteil des Testproduktes errechnen, was sich auf die Sicherheit der Prognose insgesamt positiv auswirken dürfte. Nachdem die Spezifika der einzelnen Verfahren bezüglich des Analyseteils bereits im vorhergehenden Kapitel dargestellt wurden, bleibt hier nur noch festzuhalten, daß sich Tesi im Vergleich zu den beiden anderen Simulatoren allgemein durch eine etwas differenziertere Modellstruktur auszeichnet. So lassen sich bspw. individuelle Unterschiede zwischen den Testpersonen in stärkerem Maße berücksichtigen, als es bei Designor und Sensor möglich ist. Erkauft wird dies allerdings durch zusätzliche, extern zu schätzende Parameter bzw. Korrekturfaktoren, deren Bestimmung natürlich zwangsläufig wiederum gewisse Unsicherheiten mit sich bringt.

---

46 Die Gesamtzahl der durchgeführten Testmarktsimulationen beläuft sich bei Designor (Assessor) weltweit auf ungefähr 1.000, bei Sensor auf etwa 250 und bei Tesi (nur für Europa) auf über 180. Auf die Bundesrepublik entfallen davon bei Designor circa 70, bei Sensor knapp 50 und bei Tesi über 90 Tests.

Abb. 33 Untersuchungsanlage der Labortestmärkte Designor, Sensor und Tesi

	DESIGNOR	SENSOR	TESI
Zahl der Studios pro Test	mehrere Studios in verschiedenen Orten	mehrere Studios in verschiedenen Orten	jeweils nur ein Studio
Zahl der Probanden	> 250	ca. 200	ca. 300
Eingangsbefragung			
- Markenbekanntheit	ungestützt	ungestützt	gestützt
- Kauf- und Verwendungsverhalten	X	X	X
- "Relevant set"-Abgrenzung	alle Marken, bei denen Kauf- und Verwendungserfahrung vorliegt	alle Marken, bei denen Kauf- und Verwendungserfahrung vorliegt	nur diejenigen Marken, die für einen Wiederkauf in Frage kommen
- Präferenzmessung	X	X	X
- Einstellungsmessung	nur für die Hauptmarke	–	für alle Marken
- Soziodemographische Merkmale	X	X	X
Vorführung von Werbung	X	X	X
Kaufsimulation			
- Plazierung des Testproduktes	in der Regalmitte; gleiche Kontaktstrecke wie der Marktführer	in der Regalmitte; gleiche Kontaktstrecke wie der Marktführer	in Absprache mit dem testenden Hersteller
- Bezahlung des "Einkaufs"	mit Gutschein	mit Gutschein	mit Bargeld
- Erfragung der Gründe für Nichtkauf des Testproduktes bei ...	50 % der Nichtkäufer	allen Nichtkäufern	–
Home-Use-Test			
- Teilnehmerkreis	alle Spontankäufer und 50 % der Nichtkäufer des Testproduktes	alle Spontankäufer des Testproduktes	alle Testpersonen
Nachbefragung			
- garantierte Teilnehmerzahl	> 150	> 50	> 240
- Ort der Befragung	zu Hause	zu Hause	im Studio
- Befragungsart	telefonisch	mündlich	mündlich
- Markenverwendung	X	X	X
- Präferenzmessung	X	X	X
- Einstellungsmessung	nur für das Testprodukt	für alle Marken (incl. Testprodukt)	für alle Marken (incl. Testprodukt)
- Wiederkaufmöglichkeit	Kaufangebot (nur Testprodukt)	Kaufangebot (nur Testprodukt)	Kaufsimulation (mit allen Marken)
- Likes / Dislikes	X	X	X
- Preisabfrage	–	X	–
Modellbausteine zur Marktanteilsprognose			
- Kauf-/Wiederkaufmodell	X	X	X
- Präferenzmodell	X	X	X
- Einstellungsmodell	–	–	X
- Brand / Price Trade-off-Modell	–	X	–

Sensor's Pluspunkt liegt vor allem in der detaillierten Analyse des Faktors "Preis" im Rahmen des Brand/Price Trade-off-Modells, woraus wertvolle Erkenntnisse im Hinblick auf die Preisgestaltung für das Testprodukt gewonnen werden können. Designor verfügt dagegen über keine herausragenden Vorzüge gegenüber seinen beiden "Konkurrenten". Erwähnenswert erscheint allenfalls die im Laufe von immerhin 15 Jahren erworbene umfangreiche Testerfahrung, auf die bei aktuellen Tests mittels einer speziellen Datenbank[47] Rückgriff genommen werden kann.

II. Bewertung von Minimarkttest und Testmarktsimulation anhand relevanter Beurteilungsdimensionen

Ein Vergleich zwischen Minimarkttest und Testmarktsimulation erfordert im ersten Schritt die Festlegung einer bestimmten "Meßlatte", die es ermöglicht, Stärken und Schwächen der beiden Vertreter der Testmarktersatzverfahren detailliert herauszuarbeiten. Um dieser Zielsetzung gerecht zu werden, ist ein Katalog mit einem breiten Spektrum an verschiedenen Beurteilungsdimensionen aufgestellt worden. Mit der Objektivität, der Reliabilität und der Validität umfaßt er zunächst diejenigen drei Konstrukte, die in der empirischen Sozialforschung als die "Hauptgütekriterien" zur Bewertung von Meßinstrumenten gelten. Neben diesen eher allgemeinen Kriterien beinhaltet er jedoch zusätzlich eine Reihe von Faktoren, die eine spezifischere Ausrichtung auf die Verfahren der Testmarktforschung aufweisen. Im einzelnen handelt es sich dabei um die generellen Einsatzmöglichkeiten der Instrumente, die Flexibilität in der Untersuchungsanlage, den Umfang und Erklärungsbeitrag der Testergebnisse, die Geheimhaltung, den erforderlichen Zeitbedarf sowie die zu veranschlagenden Kosten.

Die einzelnen Kriterien werden zu Beginn der folgenden Kapitel zunächst kurz erläutert, und daran anschließend jeweils die eigentlichen Bewertungen von Minimarkttest und Testmarktsimulation vorgenommen. Die Frage, welches der beiden Testverfahren denn nun insgesamt als das "bessere" oder "geeignetere" zu bezeichnen ist, läßt sich hier aber trotz allem nicht beantworten. Dazu wäre nämlich zuerst eine Gewichtung der verschiedenen Kriterien erforderlich. Diese kann jedoch aus verständlichen Gründen nicht in allgemeinverbindlicher Form, sondern sinnvollerweise nur unter Berücksichtigung der Bedingungen bzw. Restriktionen eines konkreten Einzelfalls erfolgen.

---

47 In dieser Datenbank befinden sich die Eingabedaten und Testergebnisse sämtlicher bislang durchgeführter Designor- bzw. Assessor-Tests. Vgl. hierzu Blanchard, J./ Harding, C.: ASSESSOR: 10 years of application. Lessons, evolution and innovations in pre-test marketing, a.a.O., S. 258 ff.

1. Gütekriterien für Untersuchungsmethoden der empirischen Sozialforschung

1.1. Objektivität

Die Objektivität eines Testverfahrens bezeichnet das Ausmaß, in dem die erzielten Ergebnisse unabhängig von dem oder den Untersucher(n) sind. Objektivität liegt demnach immer dann vor, wenn von keinem der an der Untersuchung Beteiligten ein verzerrender Einfluß auf die Testergebnisse ausgeht.

Da es prinzipiell in jeder Phase einer Untersuchung zu solchen Beeinträchtigungen kommen kann, unterscheidet man gewöhnlich mehrere Arten von Objektivität:[48]

- Treten bereits während der Datenerhebung Verzerrungen - etwa durch Interviewereffekte - auf, so schränkt dies die **Durchführungsobjektivität** ein.
- Führen dagegen in der Auswertungsphase identische (Roh-)Daten aufgrund gewisser Spielräume, bspw. bei der Kategorisierung von Merkmalsausprägungen, zu divergierenden Ergebnissen, ist die **Auswertungsobjektivität** gefährdet.
- Können schließlich von Untersuchungsleitern aus den gleichen Ausgangsdaten unterschiedliche Schlußfolgerungen gezogen werden, geht dies zu Lasten der **Interpretationsobjektivität.**

Die Objektivität eines Testverfahrens bemißt sich zusammenfassend betrachtet also nach dem Grad der interpersonellen Übereinstimmung bei der Registrierung, Auswertung und Interpretation der Untersuchungsergebnisse.

Testmarktsimulatoren arbeiten aufgrund ihres relativ komplizierten Befragungsdesigns zum Großteil mit Interviewern. Damit stellt sich im Hinblick auf die Durchführungsobjektivität natürlich zwangsläufig die Frage, inwieweit die Probanden durch den persönlichen Kontakt mit den Interviewern im Studio in ihrem Antwort- und auch "Kauf"-Verhalten beeinflußt werden. Zwei Problemkreise verdienen in diesem Zusammenhang besondere Erwähnung: der Interviewerbias, d.h. durch die Person des Interviewers hervorgerufene systematische Fehler, sowie das Phänomen des (bspw. aus Prestigegründen) "sozial erwünschten" Verhaltens seitens der Testpersonen. Durch entsprechende Auswahl und Schulung der Interviewer, eine weitestgehende Standardisierung der Eingangs- und Nachbefragung sowie eine Beschränkung des Kontaktes zwischen Proband und Interviewer auf ein Minimum versucht man, das Ausmaß dieser Störgrößen so gering wie möglich zu halten. Völlig ausschalten lassen sie sich zweifellos jedoch nie!

---

48 Vgl. hierzu bspw. Lienert, G.A.: Testaufbau und Testanalyse, 3. Aufl., Weinheim u.a. 1969, S. 12 ff.; Klapprott, J.: Einführung in die psychologische Methodik, Stuttgart u.a. 1975, S. 72 ff.

Im Minimarkttest erfolgt demgegenüber - abgesehen von eventuellen qualitativen Zusatzbefragungen - die Datenerfassung fast ausschließlich maschinell und damit ohne menschliche Interaktionen, was einen hohen Grad an Durchführungsobjektivität gewährleistet. Bei der Registrierung des Einkaufsverhaltens der Test-Haushalte in den Testgeschäften - als der wichtigsten Datenquelle - können allenfalls Kassierfehler auftreten, deren Bedeutung u.E. aber zu vernachlässigen ist.

Die im Rahmen der Erhebungsphase gewonnenen Daten werden bei den Labortestmärkten Designor, Sensor und Tesi mit Hilfe der verschiedenen Hochrechnungsmodelle in Marktanteilsprognosen für das Testprodukt transformiert. Diese Modelle sind innerhalb jedes Simulators vollständig standardisiert, d.h. bei jedem Test gleich, und damit prinzipiell frei von subjektiven Einflüssen. Eine gewisse Ausnahme bilden lediglich die vom Hersteller stammenden Schätzwerte für Distribution und Bekanntheitsgrad des Testproduktes, die quasi als externe Korrekturfaktoren in die Modelle einfließen. Tesi setzt daneben bei der Penetrationsschätzung noch zwei zusätzliche Diskontierungs- bzw. Gewichtungsfaktoren[49] ein, die zwar als "Erfahrungswerte"[50] bezeichnet werden, trotzdem aber eher subjektiver Natur zu sein scheinen. Ein Beispiel für eine noch deutlichere Einschränkung der Auswertungsobjektivität liefert aber Designor, wo bei Diskrepanzen zwischen den Prognoseergebnissen des Kauf-/Wiederkauf- und Präferenzmodells bestimmte Modellparameter im nachhinein korrigiert werden.[51]

Minimarkttests sind von der Problematik subjektiver Korrekturfaktoren zwar ebenfalls betroffen[52], insgesamt jedoch in etwas geringerem Maße, da im Testgebiet i.d.R. nur die Distribution des Testproduktes, nicht aber dessen Bekanntheitsgrad überhöht ist. Korrekturfaktoren für den Bekanntheitsgrad erscheinen höchstens dann angebracht, wenn das Testprodukt im Minitestmarkt mit überproportionalem kommunikationspolitischen Mitteleinsatz forciert wird (z.B. durch Probenverteilung an alle Test-Haushalte).

Bezüglich der Interpretationsobjektivität ergeben sich weder beim Minimarkttest noch bei der Testmarktsimulation nennenswerte Probleme, d.h. beide Instrumente sind hier als nahezu gleichwertig einzustufen. Eine wichtige Rolle spielt in diesem Zusammenhang sicherlich die Zahl der in der Vergangenheit bereits durchgeführten Tests, die ja quasi den Bewertungsmaßstab für die laufenden Projekte bilden. Je größer nämlich die Erfahrung eines Institutes mit einem bestimmten Testverfahren ist, desto leichter fällt im allgemeinen eine "objektive" Interpretation von Testergebnissen.

---

49 Vgl. hierzu die Gleichungen (1) und (2) in Kapitel E.I.2.3.1.

50 Vgl. Erichson, B.: Testmarktsimulation: Ein Vergleich zwischen TESI und ASSESSOR, a.a.O., S. 9 f.

51 Vgl. Silk, A.J./ Urban, G.L.: Pre-test-market evaluation of new packaged goods: A model and measurement methodology, a.a.O., S. 182.

52 Vgl. hierzu auch die Ausführungen in Kapitel C.VI.2.

Als Fazit dieses Abschnitts läßt sich festhalten, daß der Minimarkttest in puncto Objektivität dem Labortestmarkt hauptsächlich aufgrund der Vorteile in der Datenerhebungsphase überlegen ist.

2. Reliabilität

Unter der Reliabilität oder Zuverlässigkeit eines Testverfahrens versteht man den Grad der formalen Genauigkeit, mit der ein bestimmtes Merkmal gemessen wird, und zwar ohne Rücksicht darauf, ob es sich tatsächlich um das Merkmal handelt, das zu messen beabsichtigt war. Eine Messung ist demnach als reliabel oder zuverlässig zu bezeichnen, wenn die Meßwerte bei einer erneuten Durchführung des Tests unter sonst gleichen Rahmenbedingungen reproduzierbar sind.[53]

Geeignet für eine Überprüfung der Reliabilität sowohl von Minimarkttest als auch Testmarktsimulation ist u.E. die "Split-Ballot"-Methode[54], bei der zwei identisch strukturierte Teilstichproben von Test-Haushalten bzw. -personen parallel jeweils exakt den gleichen Testmaßnahmen ausgesetzt werden. Signifikante Unterschiede zwischen den Ergebnissen aus den beiden Subsamples würden dann auf eine mangelnde Zuverlässigkeit des Instrumentes hindeuten.

Für unsere Zwecke unbrauchbar erscheint dagegen die ansonsten häufig angewandte "Test-Retest"-Methode, die auf einer Wiederholung der gesamten Testprozedur mit den gleichen Probanden beruht. Ergebnisabweichungen müssen hier nämlich nicht notwendigerweise auf unzureichende Reliabilität zurückzuführen sein, da zwischen der ersten und zweiten Testdurchführung zahlreiche Störgrößen wirksam werden können (wie etwa Lerneffekte und Sensibilisierung der Testpersonen, Veränderungen der äußeren Rahmenbedingungen, etc.).

Da Untersuchungen zur Reliabilität von Minimarkttest und Testmarktsimulation unserer Kenntnis nach bislang noch nicht vorliegen, kann eine Bewertung der beiden Instrumente hier nur anhand von Plausibilitätsüberlegungen abgeleitet werden. Eine entscheidende Determinante der Zuverlässigkeit eines Testverfahrens stellt in diesem Zusammenhang die Größe der Stichprobe bzw. die Relation zwischen Stichprobe und zugrundeliegender Gesamtheit dar.[55] Dies ergibt sich aus der Tatsache, daß ceteris paribus Untersuchungsergebnisse aus kleineren Samples in stärkerem Maße Zufallsschwan-

---

53 Vgl. bspw. Koeppler, K.: Werbewirkungen definiert und gemessen, Velbert 1974, S. 10; Dichtl, E./ Kaiser, A.: Zur Verläßlichkeit der Ergebnisse empirischer Untersuchungen, in: WiSt, 7. Jg., Heft 10, 1978, S. 491.

54 Zur "Split-Ballot"- und "Test-Retest"-Methode vgl. etwa Holm, K.: Zuverlässigkeit von Skalen und Indices, in: Kölner Zeitschrift für Soziologie und Sozialpsychologie, Band 22, 1970, S. 357 ff. und Wettschureck, G.: Meßtechnisches Praktikum für Marktforscher, Hamburg 1977, S. 30.

55 Vgl. Rehorn, J.: Was leisten Pretests?, a.a.O., S. 20.

kungen unterliegen, als dies bei größeren Stichproben der Fall ist. Da das Verhältnis zwischen Minimarkttest und Testmarktsimulation in bezug auf die Stichprobengröße grob 10 : 1 beträgt, ist folglich auch bei der Reliabilität von einer deutlichen Überlegenheit des Minimarkttests auszugehen.

1.3. Validität

Die Validität oder Gültigkeit eines Testverfahrens gilt als gegeben, wenn es den eigentlich interessierenden Sachverhalt tatsächlich zu erfassen vermag bzw. genau das mißt, was auch gemessen werden sollte.[56] Der Begriff der Validität beinhaltet damit die materielle Genauigkeit von Testergebnissen. Zur Hierarchie der drei bislang behandelten Gütekriterien ist zu konstatieren, daß ein Testinstrument zwar durchaus objektive und auch verläßliche Resultate hervorbringen kann, die aber dennoch nicht unbedingt valide sein müssen.[57] Objektivität und Reliabilität stellen demnach nur notwendige, aber keineswegs hinreichende Bedingungen für die Gültigkeit eines Tests dar.

Zum Nachweis der Validität ihrer Testverfahren werden von den Marktforschungs-Instituten regelmäßig Gegenüberstellungen von Testergebnissen und späteren Gesamtmarktergebnissen vorgenommen und veröffentlicht.[58] Einschränkend ist hierzu jedoch zu bemerken, daß von den insgesamt durchgeführten Tests aus den verschiedensten Gründen[59] nur ein Bruchteil tatsächlich validiert wird bzw. validiert werden kann. Nachdem der hierbei praktizierte Auswahlmodus sich einer Nachprüfung entzieht und vermutlich auch etwas "pro domo" eingefärbt sein dürfte, reicht der Aussagegehalt solcher "Validitätsdemonstrationen" u.E. nicht aus, um daraus gesicherte Erkenntnisse über die effektive Validität der Verfahren zu gewinnen. Auf eine explizite Darstellung dieser Daten wird deshalb verzichtet.

In der Literatur findet sich für das Konstrukt der Validität eine Vielzahl unterschiedlichster Kategorisierungsansätze.[60] Zugrundegelegt werden soll im folgenden die auf Camp-

---

56 Vgl. Berekoven, L./ Eckert, W./ Ellenrieder, P.: Marktforschung, 3. Aufl., a.a.O., S. 83; Friedrichs, J.: Methoden empirischer Sozialforschung, 10. Aufl., a.a.O., S. 100.

57 Vgl. etwa Heidenreich, K.: Die Verwendung standardisierter Tests, in: Roth, E. (Hrsg.): Sozialwissenschaftliche Methoden, a.a.O., S. 407.

58 Hierbei handelt es sich hauptsächlich um Auflistungen in den Verkaufsbroschüren für die verschiedenen Testverfahren.

59 Vgl. etwa Urban, G.L./ Katz, G.M.: Pre-test-market models: Validation and managerial implications, in: JoMR, Vol. 20, No. 3, August 1983, S. 222.

60 Vgl. hierzu die überblicksartige Darstellung bei Hossinger, H.-P.: Pretests in der Marktforschung, a.a.O., S. 16 ff.

bell und Stanley[61] zurückgehende Differenzierung zwischen interner und externer Validität experimenteller Untersuchungen, die für unsere Zwecke am geeignetsten erscheint.

1.3.1. Interne Validität

Interne Validität eines Testverfahrens liegt vor, wenn die gemessene Variation der abhängigen Variablen einzig und allein auf den Experimentalfaktor, d.h. die "Manipulation" der unabhängigen Variablen zurückgeführt werden kann. Gewährleistet ist dies insbesondere dann, wenn während des Experimentes keine unkontrollierten Störeinflüsse auftreten.[62]

Durch den "Rückzug" ins Labor bietet die Testmarktsimulation den Vorteil relativ gut kontrollierbarer Versuchsbedingungen. Als mögliche Störeinflüsse kommen innerhalb der Studios allenfalls gewisse Reihenfolgeeffekte in Betracht, etwa im Rahmen der Präferenzmessungen[63], oder aber die bei Probanden und Interviewern im Laufe von Befragungen gelegentlich zu beobachtenden Lerneffekte und Sensibilisierungen. Das Ausmaß dieser Faktoren dürfte u.E. jedoch eher gering und daher wohl zu vernachlässigen sein.

Zwischen dem Eingangsinterview und der Nachbefragung können allerdings Störgrößen wirksam werden, die sich zu einem gewissen Teil der Kontrolle der Marktforschungs-Institute entziehen. Zu erwähnen sind in diesem Zusammenhang vor allem Teilnahmeverweigerungen von Probanden an der Nachbefragung, die, wenn sie in größerem Umfang auftreten, die Aussagekraft der gesamten Untersuchung in Frage stellen können. Weiterhin ist es möglich, daß sich die bereits angesprochenen Lerneffekte und Sensibilisierungen bei Probanden und Interviewern im Zuge der zweiten Befragung noch verstärken. Manche Testmarktsimulatoren verwenden darüber hinaus im Nachinterview ein geändertes Befragungsdesign[64], woraus sich ebenfalls Verzerrungen der Testergebnisse ergeben können. Die Gefahr einer gravierenden Änderung der externen Rahmenbedingungen der Untersuchung erscheint dagegen bei Labortestmärkten vergleichsweise gering, da die Zeitspanne zwischen den beiden Befragungen hierfür i.d.R. zu kurz ist.

Beim Minimarkttest zeigt sich demgegenüber überdeutlich das Dilemma feldexperimenteller Untersuchungen, da sich dort das Auftreten testmarktexterner und vor allem testmarktinterner Störeinflüsse effektiv nicht vermeiden läßt. Nachdem diese Faktoren

---

61 Vgl. Campbell, D.T./ Stanley, J.C.: Experimental and quasi-experimental designs for research on teaching, in: Gage, N.L. (ed.): Handbook of research on teaching, Chicago 1963, S. 171 ff.

62 Vgl. Steidl, P.E.: Experimentelle Marktforschung, a.a.O., S. 33 ff.; Bauer, E.: Produkttests in der Marketingforschung, a.a.O., S. 344 f.

63 Tesi arbeitet aus diesem Grund mit einem randomisierten Befragungsdesign. Vgl. Erichson, B.: Testmarktsimulation: Ein Vergleich zwischen TESI und ASSESSOR, a.a.O., S. 4.

64 Vgl. Abbildung 33 in Kapitel E.I.3.

bereits an anderer Stelle detailliert dargelegt wurden[65], soll hier lediglich noch einmal auf die wichtigsten Einflußgrößen eingegangen werden: Aktionen der Konkurrenz und/oder des Handels im Testgebiet sowie das (Einkaufs-)Verhalten der Test-Haushalte.

Trotz des von Verfechtern der Minimarkttest-Methode häufig vorgebrachten Arguments, daß Konkurrenz- und Handelsaktionen letztendlich nur Ausdruck eines natürlichen Wettbewerbsumfeldes und deshalb nicht negativ zu bewerten seien, erschweren solche Aktivitäten aber dennoch eindeutig die angestrebte Analyse der Beziehung zwischen bestimmten absatzpolitischen Maßnahmen des testenden Herstellers und dem Abverkauf des Testproduktes. Anzumerken ist hier jedoch auch, daß die Auswirkungen dieser Störfaktoren auf die Testergebnisse durch Einsatz geeigneter Untersuchungsdesigns (wie etwa der "Matched Groups"-Technik im Rahmen des "GfK-Behavior-Scan"[66]) zumindest teilweise neutralisiert werden können.

Das weitaus schwerwiegendere Problem besteht u.E. im Minimarkttest allerdings darin, die Einkäufe der Test-Haushalte für die Dauer eines Marktexperimentes nach Möglichkeit lückenlos zu erfassen. Eine mangelnde Coverage des Haushalts-Panels - verursacht bspw. durch häufiges "Vergessen" der Identifikationskarten oder regelmäßiges Einkaufen in Geschäften, die nicht dem Handels-Panel angehören - würde nämlich in der Tat die interne Validität des Instruments in ganz erheblichem Maße einschränken.

Speziell bei TV-Werbewirkungsanalysen ist zusätzlich noch zu bemängeln, daß letztlich einer der entscheidenden Parameter, das effektive TV-Nutzungsverhalten der Panelteilnehmer, entweder überhaupt nicht (Nielsen) oder nur bei einer Substichprobe von 200 Haushalten (GfK) erfaßt wird.

Nimmt man nun eine Wertung der beiden Testmarktersatzverfahren vor, kommen die Vorteile eines "künstlichen", aber kontrollierten Laborexperimentes gegenüber einem "realen" Marktexperiment voll zum Tragen: Die interne Validität von Testmarktsimulatoren ist im Vergleich zu Minimarkttests somit im allgemeinen höher einzuschätzen.

1.3.2. Externe Validität

Ein Testverfahren ist als extern valide zu bezeichnen, wenn seine Ergebnisse generalisierbar sind, d.h. von der betrachteten Stichprobe auf die jeweils zugrundeliegende Gesamtheit übertragen werden können. Im Vordergrund steht dabei insbesondere die

---

65 Vgl. hierzu die Ausführungen in Kapitel C.IV.3.1.

66 Vgl. die ausführlichen Darstellungen in den Kapiteln C.IV.3.2.2. sowie D.II.3.4.

Repräsentanz sowohl der Untersuchungssituation als auch der in die Testmaßnahmen einbezogenen Probanden.[67]

An dieser Stelle offenbart sich bereits deutlich das Spannungsverhältnis zwischen interner und externer Validität. Die Bemühungen um höchstmögliche interne Validität führen nämlich zwangsläufig dazu, daß die Versuchsbedingungen immer "künstlicher" und damit gleichzeitig auch realitätsferner werden. Eine hohe interne Validität geht somit fast automatisch zu Lasten der externen Validität. Zimmermann spricht hier nicht zu Unrecht von einem "asymmetrischen Verhältnis"[68] dieser beiden Gütekriterien.

Die Übertragung der Testergebnisse auf den Gesamtmarkt erfordert zunächst eine repräsentativ ausgewählte Personenstichprobe. In der Testmarktsimulation kann dabei die Bestimmung eines oder mehrerer Testgebiete sowie die Entscheidung über die Strukturierung des Samples im Prinzip für jeden Test individuell vorgenommen werden, was grundsätzlich positiv zu werten ist. In diesem Zusammenhang stellt sich aber natürlich auch die Frage, ob sich mit einem Stichprobenumfang von 200 bis 400 Probanden, mit dem die meisten Simulatoren arbeiten, überhaupt die heterogene Verbraucherstruktur eines ganzen Landes abbilden läßt. Gewisse Zweifel erscheinen hier durchaus angebracht, zumal sich die Samplegröße bis zum Nachinterview sogar noch weiter reduziert[69], was zu gravierenden Problemen bei der Hochrechnung der Ergebnisse führen kann.

Labortestmärkte lassen sich weiterhin durch eine extrem unnatürliche Untersuchungssituation charakterisieren, was ja bereits durch die Bezeichnungen "Labor" bzw. "Simulation" zum Ausdruck kommt. Vom Bewußtseinsgrad der Testpersonen her handelt es sich zudem um eine weitgehend offene Situation, d.h. die Probanden wissen, daß sie an einem (Markt-)Forschungsprojekt teilnehmen, und erkennen u.E. auch den Charakter des Testproduktes spätestens bei der Mitgabe nach Hause. Kritisch zu beurteilen sind hier vor allem die atypische Form der Werbedarbietung sowie die vollkommen realitätsfremde und gespreizt wirkende Kaufsimulation, in der die Testpersonen faktisch unter dem Druck stehen, ein bestimmtes Produkt kaufen zu müssen. Auch die zum Teil äußerst detaillierten Fragestellungen im Rahmen der beiden Interviews dürften in manchen Fällen sicherlich zu einer Überforderung der Probanden und damit letztlich zu einem mehr oder weniger willkürlichen Antwortverhalten führen.

---

67 Vgl. hierzu z.B. Hammann, P./ Erichson, B.: Marktforschung, a.a.O., S. 54; Gadenne, V.: Die Gültigkeit psychologischer Untersuchungen, Stuttgart u.a. 1976, S. 15.

68 Zimmermann, E.: Das Experiment in den Sozialwissenschaften, a.a.O., S. 79. Vgl. dazu auch Beeskow, W. et al.: Die Bewertung von Marketing-Aktivitäten, a.a.O., S. 616; Stapf, K.H.: Laboruntersuchungen, in: Roth, E. (Hrsg.): Sozialwissenschaftliche Methoden, a.a.O., S. 247.

69 Vgl. Abbildung 33 in Kapitel E.I.3.

Bei Minimarkttests entspricht die Struktur des Haushalts-Panels bezüglich Soziodemographie und Kaufkraft zwar weitgehend den Verhältnissen im Gesamtmarkt, es bleibt aber dennoch zu fragen, ob sich aufgrund des zumeist eher "provinziellen" Charakters der Testgebiete dort überhaupt ein repräsentatives Haushalts-Panel aufbauen läßt. Speziell bei Gütern des täglichen Bedarfs, die ja die bevorzugten Testobjekte von Minimarkttest-Untersuchungen darstellen, sind die Unterschiede im Kaufverhalten zwischen "Stadt" und "Land" zumindest hierzulande in den meisten Warengruppen tatsächlich als nicht signifikant einzustufen. Die Größe der Stichprobe, die im allgemeinen etwa 3.000 Haushalte umfaßt, erweist sich für die meisten Testprojekte ebenfalls als durchaus ausreichend. Probleme im Hinblick auf zu geringe Zellenbesetzungen für die Hochrechnung bereiten hier nur Warengruppen mit niedriger Käuferreichweite (wie z.B. Tiernahrung) und/oder der Wunsch nach detaillierten segmentspezifischen Käuferanalysen. Nicht unproblematisch erscheint darüber hinaus noch der Umstand, daß gerade elektronische Minitestmärkte wegen der hohen Investitionskosten auf eine langjährige Nutzung ausgerichtet sind, woraus nicht zuletzt die Gefahr einer allmählichen Übertestung dieser Gebiete resultiert. Das Ausmaß dieser Effekte kann allerdings nur subjektiv abgeschätzt werden.

Von der Untersuchungssituation her sind Minimarkttests als fast natürlich bzw. quasibiotisch zu bezeichnen. Da sich die von den Testpersonen zu erbringenden "Leistungen" auf das Vorzeigen der Identifikationskarte beim Kassiervorgang in den Testgeschäften sowie das Ausfüllen des jährlichen Fragebogens zur Überprüfung der Strukturmerkmale beschränken, bleibt das Einkaufsverhalten der Probanden u.E. hiervon unberührt. Hinzu kommt, daß auch das Marketing-Mix des testenden Herstellers relativ unverfälscht und vor allem unbemerkt auf die Testpersonen einwirkt.[70] Zu bemängeln ist hier lediglich, daß zum einen die Rolle des Handels als "Nadelöhr" für Neuprodukte unberücksichtigt bleibt und zum anderen mit Hörfunk und Publikumszeitschriften (bis auf "HÖR ZU") einige wichtige Werbeträger nicht in die Testmaßnahmen integriert werden können und deshalb durch andere Medien substituiert werden müssen.

Zusammenfassend betrachtet schneidet der Minimarkttest bei der Beurteilung der externen Validität ganz eindeutig besser ab als die Testmarktsimulation.

---

70 Die Testprodukte lassen sich in den Testgeschäften aufgrund ihrer Einbettung in das reguläre Sortimentsumfeld höchstens noch von Branchenkennern, aber keinesfalls von "normalen" Verbrauchern identifizieren. Das Gleiche gilt für die in die laufenden Werbeblocks eingeblendeten Testspots im Fernsehen.

2. Spezielle Kriterien zur Bewertung von Verfahren der Testmarktforschung

2.1. Einsatzmöglichkeiten

Die Analyse der Einsatzmöglichkeiten von Testmarktsimulation und Minimarkttest zeigt zunächst eine Reihe von Gemeinsamkeiten. So eignen sich beide Testverfahren vorrangig für das Segment der kurzlebigen Konsumgüter, auf die auch das Gros der bisherigen Anwendungen entfällt. Weiterhin weisen beide Instrumente bezüglich der mit ihnen verfolgten Testziele ebenfalls in etwa die gleichen Schwerpunkte auf: An erster Stelle liegt hier ganz eindeutig die Prognose der Marktchancen neuer oder geänderter Produkte, während darüber hinaus als zweites wichtiges Einsatzfeld noch die Überprüfung der Wirkung kommunikationspolitischer Maßnahmen Erwähnung verdient.[71] Eine weitere Parallele der Verfahren ergibt sich schließlich noch daraus, daß sie beide die Frage nach der Handelsakzeptanz eines Testproduktes nicht zu beantworten vermögen.

Die "Erprobung" eines Testproduktes erfolgt im Rahmen eines elektronischen Minimarkttests unter Einsatz nahezu des gesamten Marketing-Mix, wobei besonderer Wert auch auf das Zusammenwirken der einzelnen Komponenten gelegt wird. Beim Labortestmarkt kann das Marketing-Mix aufgrund der Restriktionen, die sich aus der Studiosituation ergeben, dagegen nur relativ unvollständig und bruchstückhaft in den Testablauf integriert werden. Im speziellen gilt dies für den Bereich der Kommunikationspolitik.

Aus diesem Grunde bieten Minimarkttests auch bei der Werbewirkungsforschung ein wesentlich breiteres Anwendungsspektrum, da sich bspw. verschiedene Werbedruckniveaus oder Alternativen bezüglich der zeitlichen Streuung der Werbung (kontinuierlich versus pulsierend) im Studio effektiv nicht simulieren lassen. Allgemein gesprochen bereiten der Testmarktsimulation hier zumeist diejenigen Fragestellungen Schwierigkeiten, in denen der Faktor Zeit als Einflußgröße eine gewichtige Rolle spielt. Hinzu kommt, daß auch die Zahl der Medien, die für den Einsatz von Testwerbung zur Verfügung stehen, bei der Testmarktsimulation deutlich geringer als im Minimarkttest ist.

Die Einsatzmöglichkeiten eines elektronischen Minimarkttests sind somit im Vergleich zum Labortestmarkt trotz einiger Gemeinsamkeiten insgesamt zweifellos als vielfältiger einzustufen.

2.2. Flexibilität der Untersuchungsanlage

Die Flexibilität der Untersuchungsanlage verkörpert ganz allgemein den Grad der Anpassungsfähigkeit eines Testverfahrens. Darunter verstehen wir zum einen die Möglichkeit, einen Testlauf relativ kurzfristig abbrechen und mit veränderten Marketing-

71 Vgl. hierzu auch die ausführliche Darstellung im Rahmen des Kapitels C.II.

Mix-Parametern des Testproduktes wieder aufnehmen zu können. Zum anderen gehört dazu aber auch die Fähigkeit eines Instruments, in einem einzigen Gebiet mehrere alternative Marketing-Konzeptionen parallel gegeneinander abtesten zu können. Als Bedingung gilt es allerdings in beiden Fällen zu beachten, daß eine Beeinträchtigung der Testergebnisse durch diese Maßnahmen absolut ausgeschlossen bleiben muß!

Es leuchtet unmittelbar ein, daß die Testmarktsimulation ein wesentlich höheres Maß an Flexibilität gewährleistet als der Minimarkttest. So erscheint es bspw. wenig empfehlenswert, in einem Minimarkttest im wöchentlichen Turnus die Marketing-Konzeption des Testproduktes zu variieren. Im Labortestmarkt kann sich dagegen eine solche Vorgehensweise als durchaus sinnvoll erweisen. Grundsätzlich ist in diesem Zusammenhang zu konstatieren, daß die Anpassungsfähigkeit von Testverfahren tendenziell mit steigendem Realitätsbezug abnimmt. Die Ursache hierfür liegt vor allem darin, daß sich im Studio die Bildung überschneidungsfreier Splits mit jeweils anderen Probanden völlig problemlos verwirklichen läßt. Im realen Wettbewerbsumfeld eines Minitestmarktes ist es demgegenüber - bis auf wenige Ausnahmen[72] - effektiv nicht möglich, Testpersonen ex ante von bestimmten Marketing-Maßnahmen auszuschließen. Hier bleibt dann als Ausweg nur die Wahl mehrerer unabhängiger Testgebiete.

2.3. Umfang und Erklärungsbeitrag der Testergebnisse

Im Rahmen dieses Abschnitts wird noch einmal kurz auf das Informationsspektrum der beiden Testverfahren eingegangen. Von besonderem Interesse ist in diesem Zusammenhang die Frage, inwieweit Minimarkttest und Labortestmarkt in der Lage sind, die hinter den Abverkäufen des Testproduktes stehenden Einflußgrößen zu erfassen bzw. Begründungen für ein im Sinne der Zielerfüllung erfolgreiches oder weniger erfolgreiches Abschneiden des Testproduktes zu liefern.

Der Minimarkttest läßt sich zunächst eindeutig als ein eher quantitativ orientiertes Verfahren charakterisieren, was auch durch die vielfältigen diesbezüglichen Analysemöglichkeiten[73] klar zum Ausdruck kommt. Bedingt durch die kontinuierliche Erfassung sämtlicher Einkaufsakte, die in den Testgeschäften - speziell natürlich von den Test-Haushalten - getätigt werden, steht etwa für die Abschätzung der Marktchancen eines Testproduktes eine sehr breite Datenbasis zur Verfügung. Zusätzlich fließen in die Testergebnisse zahlreiche Kausaldaten ein, die u.a. den "Marketing-Input" des testenden Herstellers, aber auch spezifische Informationen aus dem Bereich des Handels-Panels

---

72 Hierbei handelt es sich bspw. um Probenverteilungen an die Test-Haushalte, Anzeigensplits (etwa in der "HÖR ZU") oder die gezielte Ansteuerung von Panel-Haushalten mit Fernseh-Testwerbung (wie im "GfK-BehaviorScan").

73 Auf die einzelnen Auswertungsansätze muß an dieser Stelle nicht mehr eingegangen werden. Vgl. hierzu die ausführliche Darstellung im Rahmen des Kapitels C.V.

umfassen (Angebotspreise, Verkaufsförderungsaktionen, etc. aus der betreffenden Warengruppe). Aus dem Konsumenten-Panel liegen schließlich noch detaillierte Strukturdaten für die Test-Haushalte vor (Soziodemographie, Besitzverhältnisse, Medianutzung, generelle Einstellungen, etc.), was insbesondere auch das Spektrum der Möglichkeiten für Käuferstrukturanalysen und Marktsegmentierungen erweitert.[74]

Ein gravierender Nachteil des Minimarkttests beruht aber gerade auf der Panelmethodik: Diagnostische Informationen auf Markenebene (Präferenzen, Likes/Dislikes, Einstellungen, etc.) können wegen der Gefahr verzerrender Einflüsse auf das Kaufverhalten nicht innerhalb des Haushalts-Panels erhoben werden, was natürlich eine qualitative Ursachenforschung bei mangelhaften Testresultaten in erheblichem Maße erschwert. Zur Gewinnung dieser Daten bietet sich demzufolge nur eine Ad-hoc-Befragung im Testgebiet (unter Ausschluß der Panel-Haushalte) oder eventuell sogar die parallele Durchführung einer Testmarktsimulation an. Das Prinzip des "Single-source-Ansatzes" würde dadurch aber zwangsläufig verletzt!

Im Gegensatz zum Minimarkttest handelt es sich beim Labortestmarkt um ein vorwiegend qualitativ orientiertes Instrument, wobei aus den erhobenen Daten (Präferenzen, Einstellungen, Kaufsimulationen[75], etc.) allerdings bekanntermaßen ebenfalls "harte" quantitative Ergebnisse, etwa in Form von Marktanteilsprognosen, abgeleitet werden. Die Datenbasis der Testmarktsimulation ist dabei im Vergleich zum Minimarkttest jedoch als relativ schmal zu bezeichnen, da zum einen die Fallzahlen wesentlich geringer und zum anderen die Datenerhebungsphase deutlich kürzer sind. Dies gilt trotz der Tatsache, daß die meisten Anbieter von Simulationsverfahren versuchen, ihre Testerfahrung in eigenen Datenbanksystemen quasi zu kumulieren, um daraus Richtgrößen bzw. Maßstäbe für zukünftige Tests zu gewinnen.

Da sich die Testergebnisse im Labortestmarkt auf qualitative Daten stützen, können diese natürlich auch zu diagnostischen Zwecken herangezogen werden. So erweist es sich insbesondere bei Abweichungen der prognostizierten Marktanteile von den angestrebten "Sollwerten" i.d.R. als äußerst wertvoll, die Eigenschaftsprofile des Testproduktes und der verschiedenen Konkurrenzmarken aus den "relevant sets" der Probanden gegenüberzustellen.[76] Dadurch ist es nicht zuletzt möglich, Schwachstellen in der Konzeption des

---

74 Kritisch zu beurteilen sind hier allerdings Testprodukte mit kleiner Zielgruppe bzw. Warengruppen mit geringer Käuferreichweite, die im Hinblick auf die erforderliche Mindestzellenbesetzung der Segmente Probleme aufwerfen können.

75 Die Einstufung der Kaufsimulation als finales Kaufverhalten erscheint u.E. selbst bei Übergabe von Bargeld an die Probanden nicht gerechtfertigt. Gemessen wird dabei wohl eher die Kaufneigung der Testpersonen und damit ein qualitatives Merkmal.

76 Vgl. hierzu etwa das Beispiel bei Erichson, B.: Tesi: The G&I testmarket simulator, in: Proceedings of the EMAC/ ESOMAR symposium on micro and macro modelling, Tutzing, 26.-28. Oktober 1987, S. 58 ff.

Testproduktes zu lokalisieren und daraus Erkenntnisse im Hinblick auf eine erforderliche Verbesserung von Produktkomponenten zu ziehen.

Als Ergebnis bleibt somit festzustellen, daß ein Minimarkttest aufgrund seiner breiten Datenbasis zwar die wesentlich vielfältigeren Analysemöglichkeiten bietet, dabei aber eine der wichtigsten Determinanten des Kaufverhaltens, nämlich die markenspezifischen Präferenzen und Einstellungen, unberücksichtigt läßt.

2.4. Geheimhaltung

Das Kriterium der Geheimhaltung besitzt insbesondere in denjenigen Fällen große Bedeutung, in denen es um das Abtesten erfolgversprechender Neuheiten geht. Speziell bei Marktinnovationen ist es nämlich für einen Hersteller eminent wichtig, sein Produkt als erster in den Gesamtmarkt einzuführen und sich dort eine zeitlich möglichst lange Alleinstellung zu sichern.

Bei der Testmarktsimulation sind die "Standardtestgebiete" der Institute Insidern zwar durchaus bekannt, die Beschaffung eines bestimmten Testproduktes dürfte aber dennoch nur mit unverhältnismäßig hohem Mitteleinsatz realisierbar sein.[77] Zudem erscheint die Gefahr einer Nachahmung des Testproduktes durch Konkurrenten ohnehin ziemlich gering, da die relativ kurze Testdauer hierfür kaum einen zeitlichen Spielraum läßt. Hinzu kommt, daß die Testergebnisse absolut unter Verschluß bleiben und auch eine Störung der Testmaßnahmen effektiv nicht zu bewerkstelligen ist.

Anders verhält es sich dagegen beim Minimarkttest. Durch das Agieren im realen Wettbewerbsumfeld bietet dieses Testverfahren Konkurrenten die Gelegenheit,

- o das Testprodukt zu kaufen und genauestens zu analysieren,
- o die Marketingkonzeption des Testproduktes zu studieren, und
- o gegebenenfalls geeignete Gegenmaßnahmen einzuleiten (wie etwa Störaktionen und/oder eine Nachahmung des Testproduktes).

Obwohl die eigentlich entscheidenden Testergebnisse (aus dem Haushalts-Panel) der Konkurrenz nicht zugänglich sind, lassen sich dennoch - etwa durch gute "Beziehungen" zu den Testgeschäften - erfolgreiche und weniger erfolgreiche Testprodukte wesentlich leichter als beim Labortestmarkt identifizieren. Die Möglichkeit gezielter Störmanöver hat sich allerdings in praxi als kein ernsthaftes Problem erwiesen, wobei dies sicherlich nicht zuletzt auf die Einbindung der wichtigsten Lieferanten des bundesdeutschen

---

77 Denkbar erschiene hier allenfalls die ständige Postierung von Mitarbeitern in der Nähe der Teststudios, die dann entweder sich selbst als Testpersonen anwerben lassen oder aber "regulären" Probanden das zum Home-Use-Test mitgegebene Testprodukt abkaufen müßten.

Lebensmitteleinzelhandels in die "User-Clubs" der Marktforschungs-Institute[78] zurückgeführt werden kann. Von weitaus größerer Relevanz (und auch Tragweite!) ist im Vergleich dazu jedoch die Nachahmung von Testprodukten durch Konkurrenzunternehmen, da die vorzeitige nationale Einführung eines solchen "Plagiats" letztlich den gesamten Entwicklungsvorsprung des testenden Herstellers zunichte machen kann.

2.5. Zeitbedarf

Der erforderliche zeitliche Aufwand ist ebenfalls als ein wichtiges Beurteilungskriterium für Testverfahren anzusehen, da zum einen Testergebnisse nicht zuletzt auch der Bedingung der Aktualität genügen müssen und zum anderen mit zunehmender Testdauer das bereits im vorhergehenden Abschnitt angesprochene Risiko des Verlustes eines Wettbewerbsvorsprungs steigt.

Bei der Testmarktsimulation sind zunächst für die beiden Datenerhebungsphasen (Eingangsinterview und Nachbefragung) jeweils etwa ein bis zwei Wochen zu veranschlagen. Die Dauer des dazwischenliegenden Home-Use-Tests richtet sich dagegen primär nach dem durchschnittlichen Kaufzyklus in der Warengruppe des Testproduktes und kann daher zwischen wenigen Tagen und mehreren Wochen variieren. Die endgültigen Testergebnisse liegen dann i.d.R. bereits zwei bis drei Monate nach Beginn der ersten Erhebung vor.

Beim Minimarkttest wird die Dauer des Marktexperimentes in noch stärkerem Maße vom Kaufrhythmus in der betrachteten Warengruppe determiniert, da die für eine qualifizierte Prognose erforderliche Stabilisierung der Wiederkaufsrate des Testproduktes unmittelbar von dieser Bezugsgröße abhängt. Berücksichtigt werden müssen darüber hinaus jedoch auch der Neuheitsgrad des Testproduktes sowie die eigentliche Zielsetzung des Tests.[79] Im allgemeinen beträgt die Laufzeit eines Minimarkttests bis zur abschließenden Ergebnispräsentation zwischen vier und acht Monate. In Ausnahmefällen können aber durchaus auch zwölf Monate und länger erforderlich sein.

2.6. Kosten

Die Kosten eines Testverfahrens stellen für sich alleine nur ein bedingt aussagefähiges Beurteilungskriterium dar, da sie stets in Relation zum "Wert" der gewonnenen Daten gesehen werden sollten. Diese Abwägung kann aber nicht in allgemeingültiger Form, sondern im Endeffekt nur von jedem Entscheider selbst vorgenommen werden, weshalb

---

78 Vgl. hierzu Kapitel B.IV.2.2.

79 Vgl. hierzu auch die Ausführungen in Kapitel C.III.2.

wir uns hier - trotz der eben genannten Bedenken - auf die reine Kostenseite beschränken.

Für Labortestmärkte der beschriebenen Art (wie z.B. Designor, Sensor oder Tesi) sind hierzulande für einen kompletten Testlauf in etwa zwischen 80.000 und 100.000 DM aufzuwenden. Die Preise für elektronische Minimarkttests differieren dagegen stärker, da sie sich aus verständlichen Gründen primär nach der Testdauer und dem Testumfang richten. So sind in einem solchen Instrument bspw. für eine zwölfmonatige Belegung einer mittleren Warengruppe cirka 150.000 bis 200.000 DM zu veranschlagen.

Hervorzuheben ist an dieser Stelle jedoch, daß mit diesen Beträgen sowohl bei der Testmarktsimulation als auch beim Minimarkttest nur die eigentlichen Testkosten abgedeckt sind. Hinzu kommen nämlich insbesondere noch die Produktionskosten für die Testprodukte und die einzusetzenden Werbemittel (TV-Spots, Anzeigen, etc.), was eine zusätzliche und i.d.R. nicht unerhebliche Kostenbelastung mit sich bringt. Aufgrund des kleineren Samples dürfte der Labortestmarkt hier ebenfalls etwas günstiger abschneiden.

ZUSAMMENFASSENDE SCHLUSSBETRACHTUNG

Läßt man die vorausgegangenen Kapitel noch einmal Revue passieren, kann man wohl ohne Übertreibung feststellen, daß der elektronische Minimarkttest eine überaus wertvolle Ergänzung des Spektrums der Testmarktforschungsinstrumente darstellt. Insbesondere durch die Kombination von Haushalts- und Handels-Panel sowie die Einbeziehung "neuer Technologien" ist es gelungen, die bisherigen Möglichkeiten zur Durchführung von Marktexperimenten unter natürlichen, aber dennoch kontrollierten Versuchsbedingungen beträchtlich zu erweitern. Maßgebliche Fortschritte werden hier vor allem auf den Gebieten der Erfolgsprognose für Neuprodukte und der Wirkungsüberprüfung für bestimmte Marketing-Mix-Komponenten erzielt.

So erlaubt etwa der Einsatz von Scannerkassenterminals in den Einkaufsstätten des Testgebietes eine zeit- und artikelgenaue Erfassung der Abverkäufe des Testproduktes und aller relevanten Konkurrenzmarken sowie - in Verbindung mit maschinenlesbaren Haushalts-Identifikationskarten - eine Zuordnung sämtlicher Einkaufsakte auf die einzelnen Haushalte, wodurch sich nicht zuletzt das im traditionellen Verbraucher-Panel übliche aufwendige Führen von "Einkaufstagebüchern" erübrigt. Darüber hinaus läßt sich etwa mit Hilfe der Kabel- oder Umsetzertechnik die Reichweite von Fernseh-Testwerbung exklusiv auf das Testgebiet, ja zum Teil sogar auf einzelne Haushalte begrenzen. Durch die zusätzliche Registrierung des TV-Nutzungsverhaltens mit entsprechenden elektronischen Meßgeräten und eine Vielzahl aus dem Bereich der Test-Haushalte einfließender sozioökonomischer und psychographischer "Rahmendaten" kommt der elektronische Minimarkttest somit der Verwirklichung des "Single-source-Ansatzes" in bislang einzigartiger Weise nahe.

Daß jedoch auch dieses Verfahren keineswegs sämtlichen Anforderungen an ein "perfektes" Testinstrument gerecht werden kann, belegt eine Reihe momentan noch bestehender Nutzungsgrenzen. Zunächst erweist sich bereits die Auswahl eines in allen relevanten Kriterien absolut repräsentativen Testgebietes de facto als ebenso unmöglich wie die komplette Einbindung des lokalen Einzelhandels in ein Handels-Panel. Dadurch scheitert dann zwangsläufig aber auch eine vollständige Erfassung der Haushaltseinkäufe, d.h. die Coverage des Verbraucher-Panels wird - zusätzlich noch bedingt durch andere Faktoren - erfahrungsgemäß kaum mehr als achtzig Prozent betragen.

Da idealtypische Ursache-Wirkungs-Analysen mit einer Test- und einer Kontrollgruppe nur innerhalb eines einzigen Testgebietes durchgeführt werden können, werfen insbesondere solche Testmaßnahmen Probleme auf, die sich nicht auf Teile der Haushalts-Stichprobe begrenzen lassen. Die Heranziehung eines zweiten Testgebietes als Kontrollmarkt hätte hier aber wiederum zur Konsequenz, daß die experimentellen Rahmenbedingungen in beiden Regionen nicht exakt übereinstimmen würden und die Testergebnisse demzufolge nur bedingt vergleichbar wären.

Als Testobjekte kommen beim elektronischen Minimarkttest - wie fast generell in der Testmarktforschung - hauptsächlich kurzlebige Konsumgüter in Betracht. Zur Schaltung von Testwerbung steht in den Testgebieten ebenfalls nur ein gewisser Ausschnitt des gesamten Medienspektrums zur Verfügung. Aussagen über die Handelsakzeptanz lassen sich schließlich ebensowenig gewinnen wie markenspezifische qualitative Daten aus dem Haushalts-Panel.

Eine Analyse der beiden in der Bundesrepublik Deutschland bereits installierten Systeme - "GfK-BehaviorScan" und Nielsen's "Telerim" - bestätigt sowohl die Vorzüge als auch die eben aufgezeigten Nutzungsgrenzen elektronischer Minimarkttests. Im direkten Vergleich dieser zwei Instrumente bietet das "GfK-BehaviorScan" als zentrale Vorteile eine größere Haushalts-Stichprobe pro Testgebiet, eine umfassendere Handelsabdeckung sowie die Möglichkeit zur gezielten Ansteuerung einzelner Test-Haushalte mit Fernseh-Testwerbung und zur individuellen , d.h. testspezifischen Bildung von Test- und Kontrollgruppe innerhalb des Haushalts-Panels. Nielsen's "Telerim" kann demgegenüber auf mehrere, regional gestreute Testgebiete zurückgreifen, was für bestimmte Testzielsetzungen auch tatsächlich unabdingbar erscheint. Darüber hinaus weisen die Teststädte eine deutlich größere Einwohnerzahl und damit eine günstigere Relation zwischen der Stichprobengröße und dem Umfang der zugrundeliegenden Gesamtheit auf. Die Gefahr einer Übertestung dürfte deshalb in den "Telerim"-Märkten tendenziell geringer sein.

Die Gegenüberstellung des elektronischen Minimarkttests und der Testmarktsimulation hat gezeigt, daß sich beide Testansätze jeweils durch eine Reihe von spezifischen Vorteilen und Nachteilen charakterisieren lassen. So besitzt der elektronische Minimarkttest auf der einen Seite klare Vorzüge bezüglich des Grades an Objektivität, Reliabilität und externer Validität. Weiterhin bietet er die wesentlich vielfältigeren Einsatzmöglichkeiten und auch die breitere Basis bei den Testergebnissen. Die Testmarktsimulation ist auf der anderen Seite in puncto interner Validität, Flexibilität der Untersuchungsanlage und Erklärungsbeitrag der Testergebnisse überlegen. Zusätzlich arbeiten Labortestmärkte im allgemeinen erheblich schneller, kostengünstiger und mit einem weitaus höheren Maß an Geheimhaltung.

Eine - zunächst durchaus naheliegende - pauschale Gesamtbewertung der Instrumente verbietet sich u.E. jedoch. Zu berücksichtigen ist hier vielmehr, und zwar jeweils bezogen auf den konkreten Einzelfall,

- o die individuelle Ausgangssituation des testenden Herstellers,
- o die Eigenschaften des Testproduktes,
- o die angestrebten Testziele sowie nicht zuletzt
- o die Wettbewerbsverhältnisse im Zielmarkt.

Je nachdem, welchen Restriktionen ein Hersteller unterliegt, wird die Entscheidung zugunsten des einen oder des anderen Verfahrens ausfallen. In bestimmten Situationen wird sich sogar ein komplementärer Einsatz als geeignet erweisen, mit der Testmarktsimulation als Evaluierungs- und Screening-Instrument und dem elektronischen Minimarkttest als Möglichkeit zur Überprüfung der gesamten endgültigen Marketing-Konzeption des Testproduktes unter realen, aber kontrollierten Marktbedingungen.

Die Entwicklung des elektronischen Minimarkttests kann zusammenfassend betrachtet somit als ein weiterer Schritt in Richtung eines umfassenden Marktinformationssystems verstanden werden, das letztlich dazu beitragen soll, die Unsicherheitsfaktoren bei Marketingentscheidungen zurückzudrängen.

Literaturverzeichnis

Aaker, D.A./ Day, G.S.: Marketing research, 3rd ed., New York u.a. 1986

Achenbaum, A.A.: Market testing: Using the marketplace as a laboratory, in: Ferber, R. (ed.): Handbook of marketing research, New York u.a. 1974, S. 4-31 - 4-54

A.C. Nielsen Co. (Hrsg.): Telerim: Einsatz des Werbeträgers Fernsehen, Frankfurt, September 1985

A.C. Nielsen Co. (Hrsg.): Telerim-Testmarketing, Frankfurt, September 1987

Adler, L.: Test marketing - it's the pitfalls, in: S&MM, Vol. 128, March 15, 1982, S. 74-78

Ahl, D.A.: New product forecasting using consumer panels, in: JoMR, Vol. 7, No. 2, May 1970, S. 160-167

Alter, J.: Lab simulations: No shot in the dark, in: AA, Vol. 51, Feb. 4, 1980, S. 1 und 26

Alter, J.: BehaviorScan expands into tv ratings, in: AA, Vol. 52, Nov. 9, 1981, S. 2

Arbeitsgemeinschaft GfK-BehaviorScan (Hrsg.): GfK-BehaviorScan: Experimenteller Mikro-Testmarkt zur Optimierung des Marketing-Mix, Nürnberg, März 1987

Arbeitsgemeinschaft GfK-BehaviorScan (Hrsg.): GfK-BehaviorScan: Experimentelle Messung von TV-Werbung - Methodische Erläuterungen und Fallstudien, Nürnberg, Juli 1987

Assmus, G.: New product forecasting, in: Journal of Forecasting, Vol. 3, No. 2, 1984, S. 121-138

Axelrod, J.N.: Attitude measures that predict purchase, in: JoAR, Vol. 8, No. 1, March 1968, S. 3-18

Baader, D.: Scanning - Thesen zu einem aktuellen Thema aus der Perspektive der Markenartikelindustrie, in: Marketing ZFP, 4. Jg., Heft 4, 1981, S. 295-297

Bachhuber, R.W.: Reducing costs and increasing efficiency with ERIM-Testsight, in: The Nielsen Researcher, o.Jg., No. 2, 1985, S. 2-7

Backhaus, H.: Das Marktexperiment - Methodologie und Forschungstechnik, Frankfurt a.M./Zürich 1977

Bass, F.M./ Pessemier, E.A./ Lehmann, D.R.: An experimental study of relationships between attitude, brand preferences, and choice, in: Behavioral Science, Vol. 17, November 1972, S. 532-541

Bauer, E.: Produkttests in der Marketingforschung, Göttingen 1981

Baum, J./ Dennis, K.E.R.: The estimation of the expected brand share of a new product, Paper presented at the 15th ESOMAR Congress, Baden-Baden 1961

Baur, D.: Das Handels-Panel auf neuen Wegen, in: Marketing-Journal, 14. Jg., Heft 4, 1981, S. 399-402

Beck, P.: Methoden der Panelforschung, in: Ott, W. (Hrsg.): Handbuch der praktischen Marktforschung, München 1972, S. 103-144

Becker, W.: Beobachtungsverfahren in der demoskopischen Marktforschung, Stuttgart 1973

Beeskow, W./ Dichtl, E./ Finck, G./ Müller, S.: Die Bewertung von Marketing-Aktivitäten, in: Irle, M. (Hrsg.): Methoden und Anwendungen in der Marktpsychologie, Göttingen 1983, S. 483-674

Beike, P./ Christmann, G.: Marktforschungspraxis von A - Z: Methoden, Techniken, Verfahren, Gernsbach 1974

Beilinson, M.: Gap widens in testing approaches for different consumer products, in: MN, Vol. 20, No. 22, Oct. 24, 1986, S. 18

Berekoven, L.: Grundlagen der Absatzwirtschaft: Darstellung, Kontrollfragen und Lösungen, 3. Aufl., Herne/Berlin 1986

Berekoven, L./ Eckert, W./ Ellenrieder, P.: Marktforschung - Methodische Grundlagen und praktische Anwendung, 3. Aufl., Wiesbaden 1987

Berth, R.: Marktforschung zwischen Zahl und Psyche, Stuttgart 1959

Billeter-Frey, E.P./ Vlach, V.: Grundlagen der statistischen Methodenlehre, Stuttgart 1982

Birnbaum, J.H.: Admen excited over new marketing tool, but critics contend it smacks of "1984", in: The Wall Street Journal, Sept. 25, 1981, S. 17

Blamires, C.: "Trade-off" pricing research: A discussion of critical and innovatory applications, in: Journal of the Market Research Society, Vol. 29, No. 2, 1987, S. 133-152

Blanchard, J./ Hardin, C.: ASSESSOR: 10 years of application. Lessons, evolution and innovations in pre-test marketing, in: Proceedings of the ESOMAR seminar on new product development, Athen 1983, S. 239-277

Bloom, D.: The scanner revolution, in: Admap, Vol. 16, No. 5, May 1980, S. 231-237

Bloom, D.: Lasers, microprocessors and the coming revolution in market research, in: Proceedings of the 33rd ESOMAR Congress, Monte Carlo 1980, S. 241-266

Bloom, D.: The renaissance of retail auditing, in: JoAR, Vol. 20, No. 3, 1980, S. 9-17

Bloom, D.: Point of sale scanners and their implications for market research, in: Journal of the Market Research Society, Vol. 22, No. 4, Oct. 1980, S. 221-238

Bodenstein, G.: Der Annahme- und Verbreitungsprozeß neuer Produkte - Ein Beitrag zum absatzpolitischen Verhalten des Konsumgüterproduzenten in der Markteinführungsphase, Frankfurt a.M./Zürich 1972

Böckenholt, I./ Gaul, W.: New-product introduction based on pre-test market data, in: Proceedings of the EMAC/ ESOMAR symposium on micro and macro modelling, Tutzing, 26.-28. Oktober 1987, S. 77-96

Böcker, F./ Thomas, L.: Marketing, Stuttgart/New York 1981

Böhler, H.: Marktforschung, Stuttgart u.a. 1985

Böhm, E.: Nicht der Testmarkt ist problematisch ... sondern seine richtige Auswahl - In Österreich ist manches anders, in: asw, 9. Jg., Heft 21, 1966, S. 1522-1524

Böltken, F.: Auswahlverfahren, Stuttgart 1976

Bolch, U.: GfK-ERIM-Panel: Erste Bestandsaufnahme, in: I&A, 7. Jg., Heft 3, 1980, S. 129-133

Bollinger, G./ Kahlert, M.: Kabelpilotprojekt Ludwigshafen: Merkmale erster Teilnehmer, in: Media Perspektiven, o.Jg., Heft 6, 1985, S. 464-470

Both, M./ Gaul, W.: Analysis of sales of price promoted consumer goods using scanner data, in: Proceedings of the EMAC/ ESOMAR symposium on methodological advances in marketing research in theory and practice, Copenhagen, Oct. 17 - 19, 1984, S. 333-348

Bowles, T.: Measuring effects - A new perspective, in: Admap, Vol. 22, No. 3, March 1986, S. 145-147

Brennan, L.: Test marketing put to the test, in: S&MM, Vol. 138, March 1987, S. 65-68

Brockhoff, K.: Produktpolitik, Stuttgart/New York 1981

Broder, M.: Haushaltspanel, in: Poth, L. (Hrsg.): Marketing, Loseblattsammlung (Ergänzungslieferung 14 vom 25.11.80), Neuwied 1980

Brummer, B.: Electronic-Testmarketing: Telerim, in: Proceedings of the ESOMAR seminar on "Improving the use of consumer panels for marketing decisions", Düsseldorf 1987, S. 23-32

Büning, H./ Haedrich, G./ Kleinert, H./ Kuß, A./ Streitberg, B.: Operationale Verfahren der Markt- und Sozialforschung: Datenerhebung und Datenanalyse, Berlin/New York 1981

Bürger, J.H./ Berlemann, F.R.: Merchandising: Die Hohe Schule des Handelns im Handel, Landsberg a. L. 1987

Byrnes, M.: Checkout scanners gain acceptance, in: AA, Vol. 51, Feb. 4, 1980, S. 18-19

Cadbury, N.D.: When, where and how to test market, in: HBR, Vol. 53, No. 3, May/June 1975, S. 96-105

Campbell, D.T./ Stanley, J.C.: Experimental and quasi-experimental designs for research on teaching, in: Gage, N.L. (ed.): Handbook of research on teaching, Chicago 1963, S. 171-246

Cannon, H.M.: Media-market matching vs. "random walk" in television media selection, in: JoAR, Vol. 26, No. 2, 1986, S. 37-41

Carefoot, J.L.: Testing of minimarkets reveals product viability, in: MN, Vol. 20, No. 12, June 6, 1986, S. 26

Carl-Zeep, A.: Mini-Test-Market (Praktiziert in der BRD), in: I&A, 4. Jg., Heft 5, 1977, S. 112-113

Carman, J.M.: Consumer-Panels, in: Ferber, R. (ed.): Handbook of marketing research, New York u.a. 1974, S. 2-200 - 2-216

Chapman, W.S.: Test marketing in the eighties, in: Admap, Vol. 17, No. 12, Dec. 1981, S. 638-642

Charlton, P./ Ehrenberg, A.S.C./ Pymont, B.C.: Buyer behavior under mini-test conditions, in: Journal of the Market Research Society, Vol. 14, No. 3, July 1972, S. 171-183

Corr, F.L.: Scanners in marketing research: Paradise (almost), in: MN, Vol. 18, No. 15, Jan. 4, 1985, S. 1 und 15

Crawford, C.M.: Marketing research and the new product failure rate, in: JoM, Vol. 41, No. 2, 1977, S. 51-61

Crawford, C.M.: New products management, Homewood (Ill.) 1983

Crossman, S./ Hayes, P.: Simulated test markets - Correct predictions for new products now depend as much on the marketing company as on the market researcher, in: Proceedings of the ESOMAR seminar on new product development, Athen 1983, S. 221-237

Davis, J.: Market testing and experimentation, in: Worcester, R.M./ Downham, J. (eds.): Consumer market research handbook, 3rd ed., Amsterdam u.a. 1986, S. 551-571

Days, M.: Wired consumers: Market researchers go high-tech to hone ads, weed out flops, in: The Wall Street Journal, Jan. 23, 1986, S. 11

Deming, W.E.: Some theory of sampling, New York 1966

Dichtl, E./ Kaiser, A.: Zur Verläßlichkeit der Ergebnisse empirischer Untersuchungen, in: WiSt, 7. Jg., Heft 10, 1978, S. 490-492

Diller, H.: Informationssysteme für die Preispolitik, in: Marketing ZFP, 6. Jg., Heft 4, 1983, S. 273-279

Douglas, G./ Kemp, P./ Cook, J.: Systematic new product development, 2nd ed., Aldershot (Hants) 1983

Dworak, K.: Beobachtung und Experiment als Verfahren der Erhebung in der Absatzforschung, Diss. Nürnberg 1969

Eberl, D.: Methoden zur Beurteilung der Marktchancen von innovativen Produkten, Band 10 der Arbeitspapiere zur Schriftenreihe "Schwerpunkt Marketing", 2. Aufl., Augsburg 1987

Edel, R.: Lab-to-rollout becoming more travelled test path, in: AA, Vol. 55, Feb. 20, 1984, S. M-11, M-40 - M-43

Elton, G.: The ASSESSOR laboratory test market model, in: Admap, Vol. 20, No. 1, January 1984, S. 50-55

Erichson, B.: Prognose für neue Produkte, in: Marketing ZFP, 2. Jg., Heft 4, 1979, S. 255-266 (Teil I), 3. Jg., Heft 1, 1980, S. 49-52 (Teil II)

Erichson, B.: Ermittlung von Kaufwahrscheinlichkeiten durch Logit-Analysen, in: Schwarze, J. (Hrsg.): Angewandte Prognoseverfahren, Herne/ Berlin 1980, S. 165-188

Erichson, B.: TESI: Ein Test- und Prognoseverfahren für neue Produkte, in: Marketing ZFP, 3. Jg., Heft 3, 1981, S. 201-207

Erichson, B.: Testmarktsimulation: Ein Vergleich zwischen TESI und ASSESSOR, unveröffentlichtes Manuskript, Bochum, Oktober 1986

Erichson, B.: TESI - Prediction and diagnosis for new products, in: Engelhardt, W./ Hammann, P. (Hrsg.): Arbeitspapiere zum Marketing des Seminars für angewandte Wirtschaftslehre der Ruhr-Universität Bochum, Heft Nr. 20, Bochum 1987

Erichson, B.: Tesi: The G&I testmarket simulator, in: Proceedings of the EMAC/ ESOMAR symposium on micro and macro modelling, Tutzing, 26.-28. Oktober 1987, S. 53-76

Erickson, J.L.: Picking panel members to pass judgement, in: AA, Vol. 57, Feb. 13, 1986, S. 12 und 16

Escott, B.: ERIM: A new scanning service, in: Admap, Vol. 22, No. 3, March 1986, S. 141-144

Eskin, G.J.: Dynamic forecasts of new product demand using a depth of repeat model, in: JoMR, Vol. 10, No. 2, May 1973, S. 115-129

Eskin, G.J.: The BehaviorScan system: An application of new technologies, in: Proceedings of the 37th ESOMAR Congress, General sessions, Rome 1984, S. 1-18

Fischerkoesen, H.M.: Experimentelle Werbeerfolgsprognose, Wiesbaden 1967

Fishbein, M.: An investigation of the relationships between beliefs about an object and the attitude towards the object, in: Human Relation, Vol. 16, 1963, S. 233-239

Fishbein, M./ Ajzen, J.: Belief, attitude, intention and behavior: An introduction to theory and research, Reading (Mass.)/ Menlo Park (Cal.) 1975

Flockenhaus, K.F.: Ausgewählte Probleme der Stichprobenbildung in der demoskopischen Marktforschung, in: Behrens, K.-C. (Hrsg.): Handbuch der Marktforschung, 1. Halbband, Wiesbaden 1974, S. 207-224

Fourt, L.A./ Woodlock, J.W.: Early prediction of market success for new grocery products, in: JoM, Vol. 25, October 1960, S. 31-38

Frank, B./ Klingler, W.: Der zweite "Fernsehmarkt" - Ergebnisse der SWF/ZDF-Kabelpilotforschungen Ludwigshafen/Vorderpfalz 1984 bis 1986, in: Media Perspektiven, o.Jg., Heft 12, 1986, S. 753-761

Frank, B./ Klingler, W.: Die veränderte Fernsehlandschaft - 2 Jahre ARD/ZDF-Begleitforschung zu den Kabelpilotprojekten, Band 7 der Schriftenreihe MEDIA PERSPEKTIVEN, Hrsg.: Berg, K./ Kiefer, M.-L., Frankfurt a.M. 1987

Franz, J.: Test marketing - Travelling through a maze of choices, in: AA, Vol. 57, Feb. 13, 1986, S. 11, 31-35

Freeman, L.: Battle for shelf space, in: AA, Vol. 56, Feb. 28, 1985, S. 16

Freter, H.: Marktsegmentierung, Stuttgart u.a. 1983

Friedrichs, J.: Methoden empirischer Sozialforschung, 10. Aufl., Opladen 1982

Fröba, H.W.: Der Markttest als Informationsinstrument für den Einsatz der absatzpolitischen Instrumente, Diss. Würzburg 1980

Fulgoni, G.M.: The role of advertising - is there one?, in: Admap, Vol. 23, No. 4, April 1987, S. 54-57

Fulgoni, G.M./ Eskin, G.J.: Use of the BehaviorScan research facility for studying retail shopping patterns, Paper presented at the 1981 workshop on "retail patronage theory", Lake Placid/New York 1981

Gachowetz, H.: Feldforschung, in: Roth, E. (Hrsg.): Sozialwissenschaftliche Methoden, München/Wien 1984, S. 255-276

Gadenne, V.: Die Gültigkeit psychologischer Untersuchungen, Stuttgart u.a. 1976

Gage, T.J.: IRI develops new systems for more exposure, in: AA, Vol. 54, Feb. 21, 1983, S. M-29 - M-30

Gage, T.J.: Cable bringing more precision to the test, in: AA, Vol. 55, Feb. 20, 1984, S. M-30 - M-33

Galginaitis, C.: What's beneath a test market?, in: AA, Vol. 52, Feb. 9, 1981, S. 2 und 28

Garrick, G.: Optimizing media planning, buying and frequency through electronic single-source data, in: Proceedings of the ARF 30th annual conference, New York, March 5 - 7, 1984, S. 17-46

GfK-Testmarktforschung GmbH (Hrsg.): GfK-BehaviorScan: Experimenteller Mikro-Testmarkt mit Targetable TV zur Optimierung des Marketing-Mix - Detailbeschreibung und Fallstudien, Nürnberg, April 1988

Godfrey, S.: The Sensor simulated test market system, in: Admap, Vol. 19, No. 10, October 1983, S. 534-540

Godfrey, S./ Wilkinson, J.: Predicting the sales potential of new products - A review of current methods and their applicability to different new product types, in: Proceedings of the 36th ESOMAR congress, Barcelona 1983, S. 45-66

Gold, J.A.: Testing test market predictions, in: JoMR, Vol. 1, Aug. 1964, S. 8-16

Gold, L.N.: ERIM: Neue Technologie als Entscheidungshilfe im Marketing, in: Marketing Trends, o.Jg., Heft 2, 1985, S. 2-7

Gold, L.N.: Nielsen shows bias in cable-only testing systems, in: The Nielsen Researcher, o.Jg., No. 3, 1985, S. 31-33

Gold, L.N.: Technologie in der Marketingforschung - Vergangenheit, Gegenwart und Zukunft, in: Marketing Trends, o.Jg., Heft 2, 1986, S. 2-8

Goldberg, G. (ed.): Scan-newsletter, Vol. 3, No. 3, Nov. 1979

Gollins, J.R.: Measuring the impact of pricing/ promotion variables on consumer behavior, Paper presented at the IRI seminar of marketing researchers, Stamford (Conn.), June 3 - 5, 1985

Green, P.E./ Tull, D.S.: Methoden und Techniken der Marketingforschung, 4. Aufl., Stuttgart 1982

G&I-Forschungsgemeinschaft für Marketing (Hrsg.): Die G&I-Panels, Nürnberg 1987

Hätty, H.: Der Markentransfer, Heidelberg 1989

Hall, C.: UPC: Super spy, in: Marketing & Media Decisions, Vol. 21, May 1986, S. 96-105

Hammann, P./ Erichson, B.: Marktforschung, Stuttgart/New York 1978

Hansen, J.: Das Panel: Zur Analyse von Verhaltens- und Einstellungswandel, Opladen 1982

Hansmann, K.-W.: Kurzlehrbuch Prognoseverfahren, Wiesbaden 1983

Hardin, D.K.: Changing test market technology in the USA, in: Marketing in a changing world - The role of market research, Proceedings of the 25th ESOMAR Congress, Cannes/France 1972, S. 315-339

Hauser, S.: Daten, Datenanalyse und Datenbeschaffung in den Wirtschaftswissenschaften, Königsstein/Ts. 1979

Hehl, K.: Scanner-Marktforschung, in: Werbeforschung & Praxis, o.Jg., Heft 4, 1986, S. 161-164

Hehl, K.: Ändert der Einsatz hochentwickelter Technologien die Werbewirkungsforschung?, in: Österreichische Werbewirtschaftliche Gesellschaft (Hrsg.): Vision 2000 - Bericht der 34. Werbewirtschaftlichen Tagung, Bregenz 1987, S. 63-68

Hehl, K./ Jackel, B.: Marketingforschung und High Tech: Neue Dimensionen der Information und Analyse, in: GfK (Hrsg.): Dem Verbraucher auf der Spur - Perspektiven der elektronischen Marketingforschung, Berichtsband der GfK-Tagung vom 23. Juni 1987, Nürnberg 1987, S. 17-45

Heidenreich, K.: Die Verwendung standardisierter Tests, in: Roth, E. (Hrsg.): Sozialwissenschaftliche Methoden, München/Wien 1984, S. 399-416

Heller, E.: Die Relevanz der praxisrelevanten Forschungsergebnisse, in: P&A, 11. Jg., Heft 5, 1984, S. 222-224

Hermanns, A.: Marketing und Technologie - Zusammenhänge und Folgerungen für die marketingorientierte Unternehmensführung, in: Hermanns, A./ Meyer, A. (Hrsg.): Zukunftsorientiertes Marketing für Theorie und Praxis: Festschrift zum 60. Geburtstag von Paul W. Meyer, Berlin 1984, S. 89-106

Higgins, K.T.: Simulated test marketing winning acceptance, in: MN, Vol. 19, No. 5, March 1, 1985, S. 15 und 19

Higgins, K.T.: Top research firms combine in attempt to conquer, in: MN, Vol. 20, No. 4, Feb. 14, 1986, S. 1 und 24

Hildebrandt, L./ Trommsdorff, V.: Konfirmatorische Analysen in der empirischen Forschung, in: Forschungsgruppe Konsum und Verhalten (Hrsg.): Innovative Marktforschung, Würzburg/Wien 1983, S. 139-160

Hill, J.S.: Putting average cities on test marketing map, in: AA, Vol. 57, Feb. 13, 1986, S. 12 und 16

Hillebrand, W.: Der Spion aus der Mattscheibe, in: Manager Magazin, 18. Jg., Heft 4, 1988, S. 178-183

Hillebrand, W.: Auf Goldrausch programmiert, in: Manager Magazin, 18. Jg., Heft 5, 1988, S. 162-171

Hisrich, R.D./ Peters, M.P.: Marketing decisions for new and mature products: Planning, development and control, Columbus u.a. 1984

Hochstätter, D.: Einführung in die statistische Methodenlehre, Thun/Frankfurt a.M. 1987

Hodock, C.L.: Scanner data will professionalize promotion research, in: MN, Vol. 14, No. 14, Jan. 9, 1981, S. 29

Hodock, C.L.: An appeal to honor, in: AA, Vol. 54, Feb. 21, 1983, S. M-12

Höfner, K.: Der Markttest für Konsumgüter in Deutschland, Stuttgart 1966

Höger, A.: Laboratory Test Market (LTM), in: I&A, 4. Jg., Heft 5, 1977, S. 110-111

Höger, A.: Die drei Todsünden des Testmarketing, in: Holm, K.-F./ Schröder, H. (Hrsg.): Vorträge zur Marktforschung, Heft 25, Hamburg o.J.

Höger, A.: Werbewirkung im Marken-Positionierungsmodell, in: Holm, K.-F. (Hrsg.): Werbewirkungsforschung - ex ante und ex post, Band 2, Hamburg 1986, S. 27-53

Hoffmann, K.: Wie man Flop-Raten reduziert - Neue Produkte finden und erfolgreich plazieren, München 1979

Holm, K.: Zuverlässigkeit von Skalen und Indices, in: Kölner Zeitschrift für Soziologie und Sozialpsychologie, Band 22, 1970, S. 356-386

Honomichl, J.: Turning a dream into a reality, in: AA, Vol. 52, Feb. 9, 1981, S. 4-9

Honomichl, J.: The nation's top 40 marketing / advertising research companies, in: AA, Vol. 56, May 23, 1985, S. 15-38

Honomichl, J.: Tracking Nielsen's ERIM development, in: AA, Vol. 56, Nov. 14, 1985, S. 16-17, 39-43

Hossinger, H.-P.: Pretests in der Marktforschung, Würzburg/Wien 1982

Howard, N./ Siegel, M.: Fighting it out in the test market, in: Dun's Review, Vol. 113, June 1979, S. 68-71

Huber, O.: Beobachtung, in: Roth, E. (Hrsg.): Sozialwissenschaftliche Methoden, München/Wien 1984 , S. 124-143

Hübner, G.W.: SENSOR - Ein Testsystem zur Prognose des Markterfolges neuer Produkte, in: I&A, 9. Jg., Heft 11/12, 1982, S. 472-476

Hüttner, M.: Grundzüge der Wirtschafts- und Sozialstatistik, Wiesbaden 1973

Hüttner, M.: Informationen für Marketing-Entscheidungen, München 1979

Hüttner, M.: Prognoseverfahren und ihre Anwendung, Berlin/New York 1986

Hunsinger, H.: Das große Sterben, in: Manager Magazin, 15. Jg., Heft 10, 1985, S. 246-251

Huppert, E.: Der Testmarkt und drei Alternativen, in: Marketing-Journal, 10. Jg., Heft 6, 1977, S. 607-611

Huppert, E.: Scanning aus der Perspektive der Marktforschung, in: Marketing ZFP, 4. Jg., Heft 3, 1981, S. 153-160

Huppert, E.: Scanning data for improved retail marketing, in: ESOMAR (Hrsg.): Papers on profitable cooperation of manufacturers and retailers, Amsterdam, March 1982, S. 63-89

Huppert, E.: Marktforschung in der Nahrungsmittelindustrie mit Scannerdaten, Vortrag gehalten anläßlich des IBM-Seminares: "Auftragsabwicklung, Außendienst und Warenverteilung in der Ernährungs- und Markenartikelindustrie", Kiel, 7. - 9. Juni 1982

Huppert, E.: Nielsen Scanning-Dienste, in: Marketing Trends, o.Jg., Heft 2, 1984, S. 19-22

Huppert, E.: Elektronische Handels- und Konsumentenpanels, in: Zentes, J. (Hrsg.): Neue Informations- und Kommunikationstechnologien in der Marktforschung, Berlin u.a. 1984, S. 18-41

Huppert, E.: Preis- und Markenabhängigkeit des Absatzes bei Sonderangeboten des Lebensmittelhandels, in: DBW, 47. Jg., Heft 2, 1987, S. 184-190

Huth, R./ Pflaum, D.: Einführung in die Werbelehre, 2. Aufl., Stuttgart u.a. 1986

Irniger, J.: Pretesting und Testmarkt - Instrumente der Marketing-Forschung für die Prognose des Absatzvolumens neuer Produkte des Massenkonsums, Bern/Frankfurt a.M. 1972

IRI (ed.): Price/ promotion sensitivity typical study, Chicago 1983

Jacoby, J.: A model of multi-brand loyalty, in: JoAR, Vol. 11, No. 3, June 1971, S. 25-31

Jobber, D.: Test marketing - An evaluation of more recent micro-marketing methods, in: Management Decision, Vol. 17, No. 6, 1979, S. 441-449

Kalwani, M.U./ Silk, A.J.: On the reliability and predictive validity of purchase intention measures, in: Marketing Science, Vol. 1, No. 3, Summer 1982, S. 243-286

Kandathil, J.: The advantages of electronic test markets: An advertiser view based on experience, in: JoAR, Research Currents, Vol. 25, No. 6, Dec./Jan. 1985/86, S. RC-11 - 12

Karonias, T.J.: Scanning: eine neue Grundlage für wirkungsvolle Forschung, in: Marketing Trends, o.Jg., Heft 1, 1981, S. 1-3

Kessler, F.: High-tech shocks in ad research, in: Fortune, Vol. 114, No. 1, July 7, 1986, S. 38-40

Khost, H.P.: Pretesting to avoid product postmortems, in: AA, Vol. 53, Feb. 23, 1982, S. M-10 - M-11

Kinnear, T.C./ Taylor, J.R.: Marketing research - An applied approach, 2nd ed., New York u.a. 1983

Kirschner, G.: Das neue System der GfK-Zuschauerforschung zur Ermittlung des Fernsehverhaltens der westdeutschen Bevölkerung, in: JdAV, 30. Jg., Heft 2, 1984, S. 142-155

Klapprott, J.: Einführung in die psychologische Methodik, Stuttgart u.a. 1975

Klein, R.L.: Scanner data can measure long-run promotion response, in: MN, Vol. 13, Jan. 11, 1980, S. 13

Klompmaker, J.E./ Hughes, D./ Haley, R.J.: Test marketing in new product development, in: HBR, Vol. 54, No. 3, May/June 1976, S. 128-138

Knoblich, H.: Betriebswirtschaftliche Warentypologie, Köln/Opladen 1969

Knoblich, H.: Marktanteilsprognose mit Hilfe von Verbraucherpanels, in: Der Markt, o.Jg., Nr. 33, 1970, S. 39-47

Knödel, W.: Artikel-Nummern-Systeme, in: WiSt, 8. Jg., Heft 6, 1979, S. 283-285

Koeppler, K.: Werbewirkungen definiert und gemessen, Velbert 1974

Koppelmann, U.: Produktmarketing: Entscheidungsgrundlage für den Produktmanager, 2. Aufl., Stuttgart u.a. 1987

Koschnick, W.J.: Standard-Lexikon für Marketing, Marktkommunikation, Markt- und Mediaforschung, München u.a. 1987

Kotler, P.: Marketing-Management: Analyse, Planung und Kontrolle, 4. Aufl., Stuttgart 1982

Kotler, P.: Marketing management: Analysis, planning and control, 5th ed., Englewood Cliffs (N.J.) 1984

Kreisman, R.: Confessions of a BehaviorScan town, in: AA, Vol. 54, Feb. 21, 1983, S. M-30

Kroeber-Riel, W.: Konsumentenverhalten, 3. Aufl., München 1984

Kroeber-Riel, W.: Informationsüberlastung durch Massenmedien und Werbung in Deutschland, in: DBW, 47. Jg., Heft 3, 1987, S. 257-264

Kroeber-Riel, W./ Meyer-Hentschel, G.: Werbung - Steuerung des Konsumentenverhaltens, Würzburg/Wien 1982

Kucher, E.: Scannerdaten und Preissensitivität bei Konsumgütern, Wiesbaden 1985

Lambin, J.-J.: Grundlagen und Methoden strategischen Marketings, Hamburg u.a. 1987

Landgrebe, K.: Bildschirmbeobachtung - Das System des GfK-Fernsehpanels, in: Viertel-Jahreshefte für Mediaplanung, o.Jg., Heft 4, 1984, S. 15-20

Landis, D.: Durable goods good for a test?, in: AA, Vol. 52, Feb. 9, 1981, S. 18-20

Landwehrmann, F./ Jäckel, M.: Kabelfernsehen im Urteil der Zuschauer - Ergebnisse aus der wissenschaftlichen Begleitforschung zum Kabelpilotprojekt Ludwigshafen/Vorderpfalz, in: Media Perspektiven, o.Jg., Heft 11, 1986, S. 707-717

Langkamp, P.: Die Erfassung von Carryover-Effekten im Marketing: Kritische Analyse ökonometrischer Modelle zur Messung periodenübergreifender Werbewirkungen, Thun/Frankfurt a.M. 1984, S. 83 f.

Lentini, C.: Test marketing - Tomorrow, and tomorrow ... whither the method?, in: AA, Vol. 53, Feb. 22, 1982, S. M-9, M-39 - M-40

Leue, G.: Der Durchbruch ist gelungen, in: Coorganisation, o.Jg., Heft 3, 1982, S. 23-37

Levin, G.: IRI says data can now link ads to sales, in: AA, Vol. 58, Jan. 26, 1987, S. 3 und 74

Levine, J.: Pre-test-market research of new packaged-goods products - A user orientation, in: Wind, Y./ Mahajan, V./ Cardozo, R.N. (eds.): New-product forecasting - Models and applications, Lexington (Mass.) 1981, S. 285-290

Lienert, G.A.: Testaufbau und Testanalyse, 3. Aufl., Weinheim u.a. 1969

Lin, L.Y.S.: Tangible and intangible reasons for new product failure, Proceedings of the 38th ESOMAR Congress, General sessions, Wiesbaden 1985, S. 243-266

Lin, L.Y.S./ Pioche, A./ Standen, P.: New product sales forecasting - Recent BASES model experiences in Europe and in the United States, in: Proceedings of the 35th ESOMAR congress, Wien 1982, S. 441-459

Lin, L.Y.S./ Pioche, A./ Standen, P.: Estimating sales volume potential for new innovative products with case histories, in: Proceedings of the 39th ESOMAR congress, Monte Carlo 1986, S. 159-174

Linda, G.: Those test-defying goods, in: AA, Vol. 53, Feb. 22, 1982, S. M-35 - M-36

Lindemann, G.W./ Zepp, R.H.: Telerim: Härtetest im Markt - ein NIELSEN Forschungsprojekt, in: Blickpunkte, o.Jg., Heft 10, 1985, S. 21-26

Linker, W.: Experimente im Marketing, Diss. Berlin 1974

Linker, W.: Experiment und Analyse in der demoskopischen Marktforschung, in: Behrens, K.-C. (Hrsg.): Handbuch der Marktforschung, 1. Halbband, Wiesbaden 1974, S. 325-353

Lipstein, B.: The design of test marketing experiments, in: JoAR, Vol. 5, No. 4, Dec. 1965, S. 2-7

Litzenroth, H.A.: Neue Perspektiven für die Panelforschung durch hochentwickelte Technologien, in: JdAV, 32. Jg., Heft 3, 1986, S. 212-240

Litzenroth, H.A.: GfK-BehaviorScan: Experimentelle Messung der Auswirkungen klassischer Werbung (incl. TV-Werbung) auf das effektive Kaufverhalten, in: Holm, K.-F. (Hrsg.): Werbewirkungsforschung - ex ante und ex post, Band 1, Hamburg 1986, S. 137-154

Litzenroth, H.A.: Neue Marktforschungsinstrumente durch den Einsatz hochentwickelter Technologien, in: Proceedings of the 40th ESOMAR Congress, Montreux 1987, S. 41-66

Litzenroth, H.A.: Neue Marktforschungsperspektiven durch hochentwickelte Technologien, in: Simon, H. (Hrsg.): Marketing im technologischen Umbruch, Stuttgart 1987, S. 76-91

Litzenroth, H.A./ Twardawa, W.: GfK-BehaviorScan: Wirkungsforschung im Testmarkt, in: Blickpunkte, o.Jg., Heft 9, April 1985, S. 28-33

Lulay, W.: BASES - Ein valides Absatzprognosesystem für innovative Produkte, Sortimentserweiterungen und Neupositionierungen, in: Holm, K.-F. (Hrsg.): Produktforschung - Primär- und Sekundärforschung und ihre Rolle bei der Produktentwicklung und -positionierung, Hamburg 1987, S. 9-69

Lunn, T./ Blamires, C./ Seaman, D.: Market modelling, in: Worcester, R.M./ Downham, J. (eds.): Consumer market research handbook, 3rd ed., Amsterdam u.a. 1986, S. 573-599

LZ (Hrsg.): Tod im Regal - Eine Analyse der Lebensmittel-Zeitung zur Me too-Problematik bei der Einführung neuer Produkte, Frankfurt 1985

Malec, J.: Ad testing through the marriage of UPC scanning and targetable TV, in: Admap, Vol. 18, No. 5, May 1982, S. 273-279

Mann, R.: Die Bedeutung des Handelspanels für das Marketing, Thun/Frankfurt a.M. 1983

Marton, E.J.: First controlled scan project makes town a laboratory, in: Supermarket Business, o.Jg., No. 3, 1980, S. 1 und 18

Massy, W.F.: Forecasting the demand for new convenience products, in: JoMR, Vol. 6, No. 4, November 1969, S. 405-412

Massy, W.F./ Montgomery, D.B./ Morrison, D.G.: Stochastic models of buyer behavior, Cambridge (Mass.)/London 1970

Mayer, C.S.: CATV test laboratory panels, in: JoAR, Vol. 10, No. 3, 1970, S. 37-43

Mayntz, R./ Holm, K./ Hübner, P.: Einführung in die Methoden der empirischen Soziologie, 4. Aufl., Opladen 1974

McCabe English, M.: Marketers: Better than a coin flip, in: AA, Vol. 52, Feb. 9, 1981, S. 14-16

McCabe English, M.: Companies exploring new services, in: AA, Vol. 56, No. 16, Feb. 28, 1985, S. 15 17

McCabe English, M.: Test marketing expanding its influence, in: AA, Vol. 56, No. 16, Feb. 28, 1985, S. 17

McCann, R.L.: The latest innovations in test marketing, Paper presented at the Advertising Research Foundation Key Issues Workshop, New York, Dec. 16, 1983, S. 75-84

McCurry, D.R.: Marketing-Informationen aus Scanner-Kassen, in: Nielsen Beobachter, o.Jg., Heft 2, 1980, S. 3-18

McFadden, D.: Conditional logit analysis of qualitative choice behavior, in: Zarembka, P. (ed.): Frontiers in econometrics, New York u.a. 1974, S. 105-142

Meffert, H.: Perspektiven des Marketing in den 80er Jahren, in: DBW, 40. Jg., Nr. 1, 1980, S. 59-80

Meffert, H.: Marketing: Grundlagen der Absatzpolitik, 7. Aufl., Wiesbaden 1986

Meffert, H.: Marktforschung, Wiesbaden 1986

Meffert, H./ Steffenhagen, H.: Marketing-Prognosemodelle: Quantitative Grundlagen des Marketing, Stuttgart 1977

Mesdag, M. v.: Who wants new ideas?, in: Marketing, Vol. 24, No. 9, 1986, S. 43-45

Meyer, P.W./ Hermanns, A.: Panel-Untersuchungen, in: Roth, E. (Hrsg.): Sozialwissenschaftliche Methoden, München/Wien 1984, S. 292-302

Milde, H.: Auswirkungen von Aktionen auf den Absatz eines Produktes (Preis-Promotion-Modell), in: Marktforschung, 30. Jg., Nr. 3, 1986, S. 94-97

Milde, H.: Skanner Daten, in: LZ, 39. Jg., Nr. 47, 20.11.87, S. 78-82

Morrison, D.G.: Purchase intentions and purchase behavior, in: JoM, Vol. 43, No. 2, Spring 1979, S. 65-74

Nagtegaal, H.: Der Verkaufspreis in der Industrie, Wiesbaden 1974

Naples, M.J.: Media research: Going beyond audience ratings and demographics to single-source data, in: European Research, Vol. 14, No. 4, 1986, S. 186-196

Narasimhan, C./ Sen, S.K.: New product models for test market data, in: JoM, Vol. 47, No. 1, Winter 1983, S. 11-24

Narayana, C.L./ Markin, R.J.: Consumer behavior and product performance: An alternative conceptualization, in: JoM, Vol. 39, No. 4, October 1975, S. 1-6

Neder, R.J.: Testmärkte kritisch betrachtet, in: MA, 32. Jg., Heft 8, 1970, S. 373-375

Neibecker, B.: Neue Medien und computergestützte Werbewirkungsanalyse, in: P&A, 12. Jg., Heft 10, 1985, S. 476-480

Nieschlag, R./ Dichtl, E./ Hörschgen, H.: Marketing, 14. Aufl., Berlin 1985

Norris, E.: Product hopes tied to cities with the "right stuff", in: AA, Vol. 55, Feb. 20, 1984, S. M-10, M-39 - M-41

Norris, E.: To test or not to test seldom the question, in: AA, Vol. 55, Feb. 20, 1984, S. M-10 - M-11

Nylen, D.W.: New product failures: Not just a marketing problem, in: Business, Vol. 29, No. 5, 1979, S. 2-7

O'Connor, M.: BehaviorScan - Ein neues System zum Studium des Verbraucherverhaltens für Hersteller und Einzelhandel in den USA, in: Dynamik im Handel, 28. Jg., Nr. 3, 1984, S. 4-11

Osborne, D.W.: Marktforschung für neue Produkte, in: Ott, W. (Hrsg.): Handbuch der praktischen Marktforschung, München 1972, S. 599-653

o.V.: 10 Jahre EAN - 20 Jahre Coorganisation, in: LZ, 39. Jg., Nr. 41, 9.10.87, S. F 20 und F 24

o.V.: Arbeitsbericht der CCG des Jahres 1985, in: Coorganisation, o.Jg., Heft 1, 1986, S. 52-62

o.V.: Begründung zum Staatsvertrag zur Neuordnung des Rundfunkwesens (Rundfunkstaatsvertrag), veröffentlicht in: Media Perspektiven Dokumentation, o.Jg., Heft II, 1987, S. 89-102

o.V.: Der lange Weg zum Erfolg, in: asw, 27. Jg., Heft 3, 1984, S. 78-83

o.V.: Die aufregendste Sache der Marketingforschung in den letzten 25 Jahren, in: Blick durch die Wirtschaft, Nr. 247, 23.10.1980, S. 3

o.V.: Ein gläserner Testmarkt, in: Food + nonfood, 17. Jg., Heft 10, 1985, S. 47-49

o.V.: Erste Begegnung mit der Hi-Tech-Marktforschung, in: asw, 28. Jg., Heft 7, 1985, S. 68-70

o.V.: Forscher sammeln Daten in Testmarkt, in: Die Rheinpfalz, Mittelhaardter Rundschau, 20.9.85

o.V.: Forschung mit Scanner-Daten, in: Coorganisation, o.Jg., Heft 1, 1986, S. 28-30

o.V.: Gaumen aus Haßloch testen für Deutschland, in: Die Rheinpfalz, Mittelhaardter Rundschau, 13.8.85

o.V.: Gipfel in Sicht, in: asw, 23. Jg., Heft 9, 1980, S. 98-100

o.V.: Heimlicher Wechsel, in: WiWo, 40. Jg., Nr. 35, 1986, S. 78-80

o.V.: Inflation der Werbemark?, in: asw, 30. Jg., Heft 12, 1987, S. 48-50

o.V.: Kartellamt verlängert Prüfungsfrist, in: Nürnberger Nachrichten, 11.2.1988

o.V.: Market research by scanner, in: Business Week, No. 2635, May 5, 1980, S. 113 und 116

o.V.: Marktforschung nutzt ihre elektronischen Potentiale, in: asw, 29. Jg., Heft 6, 1986, S. 94-95

o.V.: Mars knabbert mit "Canyon", in: Horizont, o.Jg., Nr. 12, 1988, S. 6

o.V.: Maßband für Werbeerfolg, in: LZ, 38. Jg., Nr. 13, 27.3.86, S. F 18 - F 19

o.V.: Nielsen erprobt TV-Spots im Testmarketing, in: LZ, 38. Jg., Nr. 12, 21.3.1986, S. 18

o.V.: Scanning experiment launched in 5 chains, in: Drug Store News, Oct. 4, 1982, S. 1 und 65

o.V.: Shifting sales into high gear, in: Marketing Communications, Vol. 9, Jan. 1984, S. 15-21

o.V.: Testen, bevor Sie baden gehen! Testmärkte im Test, in: asw, 22. Jg., Heft 9, 1979, S. 32-44

o.V.: The nation's most popular test markets, in: S&MM, Vol. 138, March 1987, S. 70-77

o.V.: The true test of test marketing is time, in: S&MM, Vol. 130, March 14, 1983, S. 74-78

o.V.: TV-Werbung jetzt auch testen im kleinen Testmarkt, in: Marketing-Journal, 19. Jg., Nr. 4, 1986, S. 375

Parfitt, J.H./ Clay, R.: Panel prediction techniques - What we have learned and where we are going, in: Proceedings of the 33rd ESOMAR Congress, Monte Carlo 1980, S. 175-186

Parfitt, J.H./ Collins, B.J.K.: Use of consumer panels for brand share prediction, in: JoMR, Vol. 5, No. 2, May 1968, S. 131-145

Paskowski, M.: New tools revolutionize new product testing, in: Marketing & Media Decisions, Vol. 19, Nov. 1984, S. 76-77, 128-132

Pessemier, E.A.: Product management - Strategy and organization, 2nd ed., New York u.a. 1982

Petermann, F./ Noack, H.: Nicht-reaktive Meßverfahren, in: Roth, E. (Hrsg.): Sozialwissenschaftliche Methoden, München/Wien 1984, S. 450-470

Petermann, G.: Absatzwirtschaft, Stuttgart u.a. 1979

Pfeiffer, S.: Die Akzeptanz von Neuprodukten im Handel: eine empirische Untersuchung zum Innovationsverhalten des Lebensmittelhandels, Band 14 der Schriftenreihe Unternehmensführung und Marketing, Hrsg.: Meffert, H./ Steffenhagen, H./ Freter, H., Wiesbaden 1981

Portes, M.J.: Vorhersagen über die Absatzentwicklung neuer Produkte in Frankreich, in: Marketing Trends, o.Jg., Heft 2, 1986, S. 12-13

Poston, C.: Dear diary panel ... Electronics is changing the monitoring of consumer behavior, in: AA, Vol. 52, Feb. 9, 1981, S. 10-11

Poston, C.: Scanning the market for changes in tempo, in: AA, Vol. 53, Feb. 22, 1982, S. M-19 - M-21

Pymont, B.C.: The development and application of a new micro-market testing technique, in: Proceedings of the 23rd ESOMAR Congress, Barcelona 1970, S. 201-221

Pymont, B.C./ Reay, D./ Standen, P.G.M.: Towards the elimination of risk from investment in new products - Experience with micro-market-testing, in: Proceedings of the 29th ESOMAR Congress, Main sessions, Venedig 1976, S. 169-193

Raithel, H.: Forschen um jeden Preis, in: Manager Magazin, 15. Jg., Heft 6, 1985, S. 172-179

Rao, V.R./ Winter, F.W.: A Bayesian approach to test market selection, in: Management Science, Vol. 27, No. 12, Dec. 1981, S. 1351-1369

Rehorn, J.: Das Consumer Panel als Instrument der Absatzforschung, Diss. Mainz 1965

Rehorn, J.: Testen mit dem "Minimarkt", in: Marketing-Journal, 5. Jg., Heft 4, 1972, S. 333-337

Rehorn, J.: So errechnen Sie den Marktanteil neuer Produkte, in: asw, 15. Jg., Heft 13/14, 1972, S. 46-51

Rehorn, J.: Markttests, Neuwied 1977

Rehorn, J.: Labortestmarkt und Minitestmarkt - Alternativen zum Prüfen von Marktchancen, in: asw, 20. Jg., Heft 9, 1977, S. 51-60

Rehorn, J.: So testen sie die neuen Produkte, in: asw, 21. Jg., Sonderheft 10, 1978, S. 96-104

Rehorn, J.: Methoden der Werbeforschung aus der Sicht der Praxis, in: Tietz, B. (Hrsg.): Die Werbung: Handbuch der Kommunikations- und Werbewirtschaft, Band 1, Landsberg am Lech 1981, S. 482-575

Rehorn, J.: Was leisten Pretests? (Hrsg.: Hildmann, Simon, Rempen & Schmitz), Düsseldorf 1983

Rehorn, J.: Die Epigonen des Testmarkts, in: Media Spectrum, o.Jg., Heft 5, 1985, S. 45-50 (Teil I), Heft 6, 1985, S. 51-56 (Teil II)

Rehorn, J.: In den Staaten stehen Simulationsmodelle bei den Testprofis eindeutig auf dem ersten Rang, in: Handelsblatt, 25.9.1985, S. 16

Rehorn, J.: Mehr ein Geheimtip von Marktforschungspionieren und Kennern als ein verbreitetes Testvehikel, in: Handelsblatt, 1.10.1985, S. 16

Robinson, P.J.: Comparison of pre-test-market new-product forecasting models, in: Wind, Y./ Mahajan, V./ Cardozo, R.N. (eds.): New-product forecasting - Models and applications, Lexington (Mass.) 1981, S. 181-204

Rodocanachi, P.A.: The successful management of new products in the 1980's, Proceedings of the ESOMAR seminar on new product development, Athen 1983, S. 1-21

Rogge, H.-J.: Marktforschung: Elemente und Methoden betrieblicher Informationsgewinnung, München/Wien 1981

Roiger, K.-H.: GfK-Mini-Testmarktpanel, in: I&A, 4. Jg., Heft 5, 1977, S. 111-112

Rosenstiel, L. v./ Ewald, G.: Methoden und Ergebnisse marktpsychologischer Forschung, in: Irle, M. (Hrsg.): Methoden und Anwendungen in der Marktpsychologie, Göttingen 1983, S. 174-270

Ruppe, H.: Handelspanel, in: Poth, L. (Hrsg.): Marketing, Loseblattsammlung (Ergänzungslieferung 9 vom 30.10.78), Neuwied 1976

Salmans, S.: Scanners a research tool, in: The New York Times, Oct. 6, 1981, Section 3, S. 1 und 43

Salmans, S.: New trials in test marketing, in: The New York Times, April 11, 1982, Section 3, S. 1 und 21

Sampson, P./ Factor, S.: Pre-test market models: Take 'em or leave 'em, in: The Market Research Society Conference, 1985, S. 289-306

Sands, S.: Can business afford the luxury of test marketing?, in: University of Michigan Business Review, Vol. 30, March 1978, S. 19-24

Sands, S.: How much should you spend on a marketing pretest? A short-cut approach, in: Interfaces, Vol. 11, No. 4, Aug. 1981, S. 62-66

Sands, S./ Guylay, T.: Supermarket scanners: A marketing tool for the eighties, in: Business, Vol. 34, April/June 1984, S. 12-15

Saunders, J.: New product forecasting in the UK, in: The Quarterly Review of Marketing, Vol. 10, Summer 1985, S. 1-11

Schäfer, E./ Knoblich, H.: Grundlagen der Marktforschung, 5. Aufl., Stuttgart 1978

Schmitt-Grohé, J.: Produktinnovation - Verfahren und Organisation der Neuproduktplanung, Band 3 der Schriftenreihe Unternehmensführung und Marketing, Hrsg.: Meffert, H., Wiesbaden 1972

Schrape , K.: Rundfunkmarkt 2000, in: MA, 49. Jg., Heft 12, 1987, S. 556-566

Schulz, R.: Der Markttest, in: Schöttle, K.M. (Hrsg.): Jahrbuch des Marketing, Ausgabe 1971, Essen 1971, S. 188-193

Schumer, F.: The new magicians of market research, in: Fortune, Vol. 108, No. 2, July 25, 1983, S. 72-75

Schwarz, S.: Zur Genauigkeit der Messung des Einkaufsverhaltens, Memmelsdorf 1984

Schwoerer, J.: A critical comparison of simulated test market models, in: Proceedings of the 37th ESOMAR congress, Rome 1984, S. 247-265

Sebastian, K.-H.: Werbewirkungsanalysen für neue Produkte, Wiesbaden 1985

Sedlmeyer, K.-J.: Panelinformation und Marketing-Entscheidung, München 1983

Selltiz, C./ Jahoda, M./ Deutsch, M./ Cook, S.W.: Untersuchungsmethoden der Sozialforschung, Teil I, Neuwied/Darmstadt 1972

Shields, M.J.: Screening the nation for the four-star audience, in: AA, Vol. 54, Feb. 21, 1983, S. M-9, M-31 - M-32

Shocker, A.D./ Hall, W.G.: Pretest market models: A critical evaluation, in: Journal of Product Innovation Management, Vol. 3, No. 3, 1986, S. 86-107

Siebel, W.: Die Logik des Experiments in den Sozialwissenschaften, Berlin 1965

Silk, A.J./ Urban, G.L.: Pre-test-market evaluation of new packaged goods: A model and measurement methodology, in: JoMR, Vol. 15, No. 2, May 1978, S. 171-191

Silverman, B.: Why new products fail - The retail dimension, in: Admap, Vol. 21, No. 6, June 1985, S. 338-340

Simon, H.: Preismanagement, Wiesbaden 1982

Simon, H.: ADPULS: An advertising model with wearout and pulsation, in: JoMR, Vol. 19, No. 3, Aug. 1982, S. 352-363

Simon, H.: Revolution im Marketing, in: WiWo, 36. Jg., Nr. 47, 1982, S. 50-52

Simon, H.: Pulsierende Werbung, in: asw, 26. Jg., Heft 5, 1983, S. 60-63

Simon, H./ Kucher, E.: Höhere Marketing-Effizienz mit Scanner-Daten, in: asw, 26. Jg., Heft 2, 1983, S. 81-89

Simon, H./ Kucher, E./ Sebastian, K.-H.: Scanner-Daten in Marktforschung und Marketingentscheidung, in: ZfB, 52. Jg., Heft 6, 1982, S. 555-579

Sittenfeld, H.: Der Testmarkt - Instrument des Marketing, München 1966

Smith, R.S.: BehaviorScan: Yesterday, today and tomorrow, in: Proceedings of the Advertising Research Foundation Key Issues Workshop, New York, December 16, 1983, S. 85-105

Spadoni, M.: Eureka! A lot of prospecting is behind research breakthroughs, in: AA, Vol. 54, No. 46, Oct. 31, 1983, S. M-52 - M-53

Spadoni, M.: Nielsen Telemeter to take pulse of Sioux Falls, in: AA, Vol. 56, Feb. 28, 1985, S. 18

Spiegel, B.: Werbepsychologische Untersuchungsmethoden, 2. Aufl., Berlin 1970

Stapf, K.H.: Laboruntersuchungen, in: Roth, E. (Hrsg.): Sozialwissenschaftliche Methoden, München/Wien 1984, S. 238-254

Stayman, D.M./ Hagerty, M.R.: Methodological issues in simulated shopping experiments, in: Hirschman, E.C./ Holbrook, M.B. (eds.): Advances in consumer research, Vol. 12, 1985, S. 173-176

Steffenhagen, H.: Ansätze der Werbewirkungsforschung im Überblick, in: P&A, 12. Jg., Heft 5, 1985, S. 192-196 (Teil 1), Heft 6, 1985, S. 262-267 (Teil 2)

Steidl, P.E.: Experimentelle Marktforschung, Berlin 1977

Steidl, P.E.: Experimentelle und nicht-experimentelle Methoden absatzwirtschaftlicher Kausalforschung, in: Topritzhofer, E. (Hrsg.): Marketing - Neue Ergebnisse aus Forschung und Praxis, Wiesbaden 1978, S. 47-67

Stern, A.L.: Test marketing enters a new era, in: Dun's Business Month, Vol. 126, Oct. 1985, S. 86-90

Stern, H.: Testmärkte in Europa - Großbritannien, Frankreich und Deutschland bieten die besten Voraussetzungen, in: asw, 6. Jg., Heft 10, 1963, S. 660-665

Stern, H.: Testmarketing sichert den Vorsprung im Markt, in: Marktkommunikation, 2. Jg., Heft 7, 1971, S. 8-12

Stern, H.: Handels-Panelforschung als Instrument der Marktbeobachtung, in: Behrens, K.-C. (Hrsg.): Handbuch der Marktforschung, 1. Halbband, Wiesbaden 1974, S. 463-475

Stern, H.: Neue Testmarktmethode in plaza-Märkten, in: Der Verbraucher, 40. Jg., Heft 4, 1986, S. 6-7

Stoddard, L.R.: Will single source data change media planning?, in: JoAR, Research Currents, Vol. 26, No. 2, 1986, S. RC-13 - 15

Strazewski, L.: Wands trace path from store to shelf, in: AA, Vol. 58, No. 36, Aug. 24, 1987, S. 11-12

Sweet, N.: AdTel scans merits of controlled testing, in: AA, Vol. 54, Feb. 21, 1983, S. M-28

Tarshis, A.M.: Natural sell-in avoids pitfalls of controlled tests, in: MN, Vol. 20, No. 22, Oct. 24, 1986, S. 14

Tietz, B.: Wege in die Informationsgesellschaft: Szenarien und Optionen für Wirtschaft und Gesellschaft, Stuttgart 1987

Topritzhofer, E.: Marketing - Neue Ergebnisse aus Forschung und Praxis, Wiesbaden 1978

Torgerson, W.S.: Theory and methods of scaling, New York u.a. 1958

Tracy, E.J.: Testing time for test marketing, in: Fortune, Vol. 110, No. 9, Oct. 29, 1984, S. 57-58

Treis, B./ Schminke, L.: Die vertagte Revolution, in: asw, 24. Jg., Heft 9, 1981, S. 114-122

Trilck, K.: Zur Optimierung Markoffscher Markenwahlprozesse mit Hilfe der Preispolitik, Wiesbaden 1977

Twardawa, W./ Missner, P.: GfK-BehaviorScan - New perspectives in test market research, in: Proceedings of the ESOMAR seminar on "Improving the use of consumer panels for marketing decisions", Düsseldorf 1987, S. 1-21

Unger, H.: "Behaviourscan" gives instant data on brand sales, in: Super Marketing, Vol. 37, Jan. 22, 1982, S. 22

Urban, G.L.: Sprinter Mod III: A model for the analysis of new frequently purchased consumer products, in: Operations Research, Vol. 18, Sept./Oct. 1970, S. 805-854

Urban, G.L.: Perceptor: A model for product positioning, in: Management Science, Vol. 21, No. 8, April 1975, S. 858-871

Urban, G.L./ Hauser, J.R.: Design and marketing of new products, Englewood Cliffs (N.J.) 1980

Urban, G.L./ Hauser, J.R./ Dholakia, N.: Essentials of new product management, Englewood Cliffs (N.J.) 1987

Urban, G.L./ Katz, G.M.: Pre-test-market models: Validation and managerial implications, in: JoMR, Vol. 20, No. 3, August 1983, S. 221-234

Urban, G.L./ Katz, G.M./ Hatch, T.E./ Silk, A.J.: The ASSESSOR pre-test market evaluation system, in: Interfaces, Vol. 13, No. 6, December 1983, S. 38-59

Veitengruber, D.K.: Die Towntests - Neuentwicklungen in der Testmarktforschung, in: Blickpunkte, o.Jg., Heft 17, März 1987, S. 9-13

Walsh, D.J.: Rating the test markets, in: American Demographics, Vol. 7, May 1985, S. 38-43

Weinblatt, I.: How to pick the best new product laboratory, in: Marketing and Media Decisions, Vol. 21, May 1986, S. 92

Weissman, A.: Verbraucherpanel-Informationen als Grundlage für Marketing-Entscheidungen im Einzelhandel, München 1983

Weissman, A./ Adlwarth, W./ Ruppert, U.: Neuere experimentelle Testverfahren zur Überprüfung der Marktchancen von Konsumgütern, Heft 2 der Arbeitspapiere des Lehrstuhls für Marketing, Internationales Marketing und Handel der Universität Erlangen-Nürnberg, Nürnberg 1983

Weissman, A./ Tröger, G./ Adlwarth, W.: Psychographische Marktsegmentierung, Heft 3 der Arbeitspapiere des Lehrstuhls für Marketing, Internationales Marketing und Handel der Universität Erlangen-Nürnberg, Nürnberg 1983

Wellenreuther, H.: Die Bedeutung der Scanning-Technologie für das Handelsmarketing, in: FfH Mitteilungen, 23. Jg., Heft 10, 1982, S. 1-4

Wellenreuther, H.: Scanning, in: WiSt, 13. Jg., Heft 8, 1984, S. 413-415

Wenzel, W.: HÖR ZU und elektronische Medien im Test, in: Blickpunkte, o.Jg., Heft 7, 1984, S. 22-27

Westwood, R.A./ Lunn, J.A./ Beazley, D.: The trade-off modell and its extensions, in: Journal of the Market Research Society, Vol. 16, No. 3, 1974, S. 227-241

Wettschureck, G.: Methodologische Aspekte der demoskopischen Marktforschung, in: Behrens, K.-C. (Hrsg.): Handbuch der Marktforschung, 1. Halbband, Wiesbaden 1974, S. 29-48

Wettschureck, G.: Meßtechnisches Praktikum für Marktforscher, Hamburg 1977

Wind, Y.: A framework for classifying new-product forecasting models, in: Wind, Y./ Mahajan, V./ Cardozo, R.N. (eds.): New-product forecasting - Models and applications, Lexington (Mass.) 1981, S. 3-42

Wind, Y.: Product policy: Concepts, methods and strategy, Reading (Mass.) 1982

Wind, Y./ Lerner, D.: On the measurement of purchase data: Surveys versus purchase diaries, in: JoMR, Vol. 16, No. 1, Feb. 1979, S. 39-47

Yovovich, B.G.: Competition jumps the gun, in: AA, Vol. 52, Feb. 9, 1981, S. 20-21

Zarth, H.R.: Testmarkt - Planung, Durchführung, Auswertung, in: MA, 36. Jg., Heft 10, 1974, S. 434-442

Zeiselmair, R.: Werbeforschung im Testmarkt, in: Der Marktforscher, 12. Jg., Heft 6, 1968, S. 146-152

Zeltner, H.: When should you market test? Five guides help you decide, in: AA, Vol. 48, Jan. 17, 1977, S. 46-48

Zentes, J.: Mediendynamik und Marketing, in: WiSt, 10. Jg., Heft 1, 1981, S. 19-25

Zentes, J.: EDV-gestütztes Marketing: Ein informations- und kommunikationsorientierter Ansatz, Berlin u.a. 1987

Zentralausschuß der Werbewirtschaft e.V. (Hrsg.): Werbung '88, Bonn 1988

Zepp, R.H.: Telerim - Härtetest für Marketing im realen Umfeld, in: Horizont, o.Jg., Nr. 1/2, 1986, S. 20-21

Zepp, R.H.: Telerim - Härtetest für Marketing-Konzepte im realen Umfeld, in: Holm, K.-F. (Hrsg.): Werbewirkungsforschung - ex ante und ex post, Band 1, Hamburg 1986, S. 115-135

Zepp, R.H.: TELERIM - Ein neuer Weg der Verbraucher-Reaktionsmessung, in: Marktforschung, 31. Jg., Nr. 3, 1987, S. 88-90

Zepp, R.H.: Testmärkte und Testmarkt-Alternativen, in: Media Spectrum, o.Jg., Heft 5, 1988, S. 14-18

Zimmermann, E.: Das Experiment in den Sozialwissenschaften, Stuttgart 1972

GPSR Compliance

The European Union's (EU) General Product Safety Regulation (GPSR) is a set of rules that requires consumer products to be safe and our obligations to ensure this.

If you have any concerns about our products, you can contact us on ProductSafety@springernature.com

In case Publisher is established outside the EU, the EU authorized representative is:

Springer Nature Customer Service Center GmbH
Europaplatz 3
69115 Heidelberg, Germany

Batch number: 10815974

Printed by Printforce, the Netherlands